U0207344

本书列入

2017年国家社会科学基金重大委托项目
"十三五"国家重点图书出版规划项目

中华传统文化百部经典

齐民要术（节选）

贾思勰 著

惠富平 解读

科学出版社

图书在版编目（CIP）数据

齐民要术：节选／（北魏）贾思勰著，惠富平解读．－－北京：科学出版社，2019.12

（中华传统文化百部经典／袁行霈主编）

ISBN 978－7－03－061722－4

Ⅰ．①齐…　Ⅱ．①惠…　Ⅲ．①农学－中国－北魏　②《齐民要术》－注释　Ⅳ．① S092.392

中国版本图书馆 CIP 数据核字（2019）第 121180 号

科学出版社官方微信和科学商城

书　　　名	齐民要术（节选）
著　　　者	（北魏）贾思勰 著　惠富平 解读
责任编辑	李春伶　李　迪　李秉乾
责任校对	韩　杨
封面设计	敬人设计工作室　黄华斌

出　　版	科学出版社（100717　北京市东城区东黄城根北街 16 号）
发　　行	010-64033674　64017321　64030059　64034548
	64009435（图书馆）　64034142（网店）
E－Mail	lichunling@mail.sciencep.com
Website	www.sciencep.com
印　　装	中国科学院印刷厂
版次印次	2019 年 12 月第 1 版　2023 年 2 月第 3 次印刷

开　　本	710×1000（毫米）　1/16
印　　张	24.25
字　　数	300 千字
书　　号	ISBN 978－7－03－061722－4
定　　价	68.00 元（精装）

编纂缘起

文化是民族的血脉，是人民的精神家园。党的十八大以来，围绕传承发展中华优秀传统文化，习近平总书记发表了一系列重要讲话，深刻揭示出中华优秀传统文化的地位和作用，梳理概括了中华优秀传统文化的历史源流、思想精神和鲜明特质，集中阐明了我们党对待传统文化的立场态度，这是中华民族继往开来、实现伟大复兴的重要文化方略。2017 年初，中共中央办公厅、国务院办公厅印发《关于实施中华优秀传统文化传承发展工程的意见》，从国家战略层面对中华优秀传统文化传承发展工作作出部署。

我国古代留下浩如烟海的典籍，其中的精华是培育民族精神和时代精神的文化基础。激活经典，熔古铸今，是增强文化自觉和文化自信的重要途径。多年来，学术界潜心研究，钩沉发覆、辨伪存真、提炼精华，做了许多有益工作。编纂《中华传统文化百部经典》（简称《百部经典》），就是在汲取已有成果基础上，力求编出一套兼具思想性、学术性和大众性的读本，使之成为广泛认同、传之久远的范本。《百部经典》所选图书上起先秦，下至辛亥革命，包括哲学、文学、历史、艺术、科技等领域的重要典籍。萃取其精华，加以解读，旨在搭建传统典籍与大众之间的桥梁，激活中华优秀传统文化，用优秀传统文化滋养当代中国人的精神世界，提振当代中国人的文化自信。

这套书采取导读、原典、注释、点评相结合的编纂体例，寻求优秀传统文化与社会主义核心价值观之间的深度契合点；以当代眼光审视和解读古代典籍，启发读者从中汲取古人的智慧和历史的经验，借以育人、资政，更好地为今人所取、为今人所用；力求深入浅出、明白晓畅地介绍古代经典，让优秀传统文化贴近现实生活，融入课堂教育，走进人们心中，最大限度地发挥以文化人的作用。

《百部经典》的编纂是一项重大文化工程。在中共中央宣传部等部门的指导和大力支持下，国家图书馆做了大量组织工作，得到学术界的积极响应和参与。由专家组成的编纂委员会，职责是作出总体规划，选定书目，制订体例，掌握进度；并延请德高望重的大家耆宿担当顾问，聘请对各书有深入研究的学者承担注释和解读，邀请相关领域的知名专家负责审订。先后约有 500 位专家参与工作。在此，向他们表示由衷的谢意。

书中疏漏不当之处，诚请读者批评指正。

2017 年 9 月 21 日

凡　例

一、《中华传统文化百部经典》的选书范围，上起先秦，下迄辛亥革命。选择在哲学、文学、历史、艺术、科技等各个领域具有重大思想价值、社会价值、历史价值和学术价值的一百部经典著作。

二、对于入选典籍，视具体情况确定节选或全录，并慎重选择底本。

三、对每部典籍，均设"导读""注释""点评"三个栏目加以诠释。导读居一书之首，主要介绍作者生平、成书过程、主要内容、历史地位、时代价值等，行文力求准确平实。注释部分解释字词、注明难字读音，串讲句子大意，务求简明扼要。点评包括篇末评和旁批两种形式。篇末评撮述原典要旨，标以"点评"，旁批萃取思想精华，印于书页一侧，力求要言不烦，雅俗共赏。

四、原文中的古今字、假借字一般不做改动，唯对异体字根据现行标准做适当转换。

五、每书附入相关善本书影，以期展现典籍的历史形态。

耕田第一

收種第二

種穀第三

耕田第一

周書曰神農之時天雨粟神農遂耕而種之
作陶冶斤斧為耒耜鉏耨以墾草莽然後五
穀與助百果藏實世本曰倕作耒耜倕神農
之臣也呂氏春秋曰耕博六寸爾雅曰斪斸
謂之定鑺為今人曰斫斸鉏也一名定⋯⋯文

《齐民要术》十卷杂说一卷　　（北魏）贾思勰撰

明嘉靖三年（1524）马纪刻本　南京农业大学图书馆藏

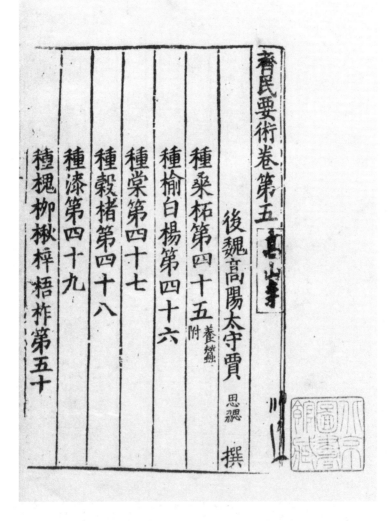

齊民要術卷第五

後魏高陽太守賈思勰撰

種桑柘第四十五 附養蠶

種榆白楊第四十六

種棠第四十七

種穀楮第四十八

種漆第四十九

種槐柳楸梓梧柞第五十

《齐民要术》残二卷　（北魏）贾思勰撰
《吉石庵丛书》影印北宋崇文院本　国家图书馆藏

本书凡例

一、底本选用现代整理本。本书底本采用缪启愉先生《齐民要术校释》（第二版）（中国农业出版社，1998 年），书中简称《校释》。同时，参照石声汉先生《齐民要术今释》（上下两册）（中华书局，2009 年），书中简称《今释》。

二、节录原典的 50 个篇章。《齐民要术》（本书简称《要术》）共 10 卷 92 篇，加上《序》和卷前《杂说》，共 11 万多字，其中正文 7 万多字，作者自注 4 万多字。本书依据各篇章的农业科技价值，取主舍次、取异舍同，选录《序》和卷一到卷九的部分篇章，予以注释和点评。卷前《杂说》现已公认非贾氏原作，而是唐代人添加进去的，所以本书没有选录。原书卷十《五谷、果蓏、菜茹非中国物产者》，属附录性质，内容全部是他人文献的摘录，本书也未选录。

三、选录重点是作者"本文"部分。原书各篇内容大致由解题、本文和引文三部分组成，其中"本文"为作者原创，是各篇的核心，也是全书精华之所在。本书一般仅选录相关篇章的"本文"部分，并予以注解和点评。有些"引文"本身很重要，又是对贾氏"本文"的必要补充，加上其原书早已失传，也适当予以选录。

四、注意选录前人有所忽视的农产品加工贮藏及食品烹饪篇章。《要术》第七、八、九卷讲述酿酒作醋、食品加工烹饪和文化用品等，基本上属于农村副业范畴。对这部分内容，以往的《要术》研究及导读著作往往不予采录或者舍弃过多。今天看来，它们也是传统农业生产及农村生活的重要组成部分，其中包含的科技内容很丰富，同样具有很高的文化遗产价值，体现出《要术》的独特光辉。

五、注重传统农业科技词语的注释。《要术》成书年代久远，涉及的农业部门及学科领域众多，今人阅读中遇到的最大问题便是疑难字词，尤其是有关农业生产的技术性及专门性词语。本书以此为注释重点，可以帮助读者更好地理解相关内容。

六、加入必要的农业图像。《要术》涉及大量农事名物以及生产场景，但原著只有文字记载而没有图像表现。为了更好地反映相关内容，本书有针对性地加入数十幅农业图像。鉴于中国传统农业的早熟性和稳定性，主要选用了汉晋时期墓葬壁画以及元代王祯《农书》（《四库全书》本）、清代吴其濬《植物名实图考》中相关的耕作图、农具图、作物图及农产品加工图。

七、凡属天文、历法、地理、生物、数学、化学等方面，与农业生产直接相关的古说或词语，力求以现代科学概念予以解释；其不易找到科学依据者，即采用古说古解予以表述。

八、对于人名、地名、书名、帝王年号、名胜，凡属必要的，均予注明，对其中与农业历史有关的人物和事物，稍加详注。

九、注意吸收新的《要术》及农业史研究成果。在忠实于原典、参考旧注的基础上，借鉴和利用已有相关论著，力争在解读内容上有一定新意。导读、注释和点评尽量做到合理有据、简明易懂，体现出一定的时代意义。

目　录

导 读

一、作者籍贯、生平与成书年代、版本源流

《齐民要术》（以下简称《要术》）成书时间早，流传久远，内容特色鲜明。阅读这部农业经典，首先要搞清其作者情况、成书年代，还要选择一个好版本。

（一）作者籍贯及生平

《要术》作者贾思勰的籍贯和生平事迹，在史书和其他文献中都没有记载。关于作者情况的唯一直接证据，只有《要术》署名"后魏高阳太守贾思勰撰"这 10 个字。我们由此仅仅可以知道作者当过后魏（即北魏）时期的高阳郡太守。

遗憾的是，即使"高阳太守"这点信息，在认识上也还存在着分歧。因为那时候北魏有两个高阳郡：一个在河北，郡治在今河北省高阳县境内，北魏属瀛州；一个在山东，郡治在今山东省桓台县东，北魏属青州。

贾思勰究竟在哪个高阳郡担任过太守？清代以来，有不少学者对这个问题做过考证，但观点不一，至今也没有定论。近有学者将史籍记载和北魏职官制度考辨相结合，认为贾氏的为官郡治在河北高阳，而且任期很可能是在534—540年这段时间内（刘志国：《贾思勰家缘源流研究》，科学出版社，2019年）。

对于贾思勰是什么地方人或者他的籍贯问题，学者们的意见倒基本一致，即贾思勰是齐郡益都（今山东寿光）人。这主要是因为《要术》的字里行间多少会透露出一些作者籍贯及故里的信息，后人推测的依据更多一些。

1. 从人物关系上推测

北魏时期，齐郡益都出了两位贾姓大人物，那就是贾思伯、贾思同兄弟，《魏书》卷七十二有传。他们都在朝廷做官，有一定政绩，且都精通经史，曾给魏帝讲解《杜氏春秋》。贾思伯卒于孝昌元年（525），贾思同卒于兴和二年（540）。如果能证明贾思勰与这二人为同族兄弟关系，作者的籍贯就基本清楚了。从清嘉庆四年（1799）《寿光县志》等文献记载来看，至迟在清末，有人已推测贾思勰与贾思伯、贾思同处于同一时代，为同族兄弟，这种说法后来得到了学术界的认可。农史学家梁家勉给出的主要理由是：

第一，据《要术》自注，贾思勰与刘仁之有交谊，年辈或比刘氏要晚一些；又据《魏书》的《刘仁之传》和《冯元兴传》来看，刘仁之与冯元兴系深交，冯元兴与贾思伯又同为魏肃宗（516—528年在位）的侍读或侍讲，彼此相处得很好。从这些迹象中，可以想见贾思勰与贾思伯是有关系的，且二人同时、同姓，又同以"思"字为名，很可能就是同族兄弟，都是益都人。

第二，据《魏书·儒林传序》，晋代杜预注解《春秋左传》，说他有两个玄孙（即曾孙的儿子）在宋文帝刘义隆时代都做过青州刺史，并传承了杜氏的家业。因此，齐地学习和传授杜氏著作的人很多。齐郡的贾思伯和贾思同兄弟二人，就是以精研杜氏《春秋左传集解》而名噪一时。在《要术》自序和正文中，作者都引用了《左传》和杜预注的资料，这应当是渊源于家学。据此可推知，作者与贾思伯、贾思同的里籍，同是齐地。

第三，据《要术》卷一《种谷》篇作者自注说，西兖州（今山东菏泽定陶区一带）刺史刘仁之告诉贾思勰，他曾在洛阳试种区田。当时，刘仁之在西兖州刺史任上，而贾思勰应该在家乡益都一带调研，开始写作农书。于是，二人就有了见面机会，并可能因为贾氏正着笔写作农书而谈及"区田"之事。这也是作者为山东人的佐证（梁家勉：《有关齐民要术若干问题的再探讨》，《农史研究》第二辑，农业出版社，1982年）。

2. 据《要术》的内容推测

贾思勰在书中所援引的例证，很少涉及其他地方，而往往关乎山东，提及最多的地域性名称是齐郡、齐人、齐俗、青州以及西安、广饶等，这说明他对青齐一带的情况很熟悉。搞清楚这些名称之间的关系，就可以作进一步推论。齐郡属于青州，益都是齐郡的郡治或郡守府署所在地，西安（今山东淄博临淄区境内）、广饶（今山东广饶县）是齐郡的两个县，与郡治益都邻近，齐郡的行政区域在今山东偏东一带。

作者在《要术》卷四《种枣》中谈到，青州的"乐氏枣"，肉厚核小，汁多味美，为天下第一，是齐郡西安、广安二县的历史名产。在《种椒》篇，作者又说，青州人从外地引种蜀椒（花椒的一种），获得成功，于是蜀椒便在当地传播开来。这两份资料说明，作者对青州的农产品很了解。

还有，书中常说"齐人""齐俗"如何，可见贾氏对齐地风俗很熟悉并充满感情。例如，他在谈到耕犁时说，济州以西的那种长辕犁耕平地还可以，耕山涧之间的狭小地块就不好使了，回转难而费力气，不如齐人的蔚犁灵活轻便，这显然是站在齐人的立场上作比较的。卷八《作黄衣法》："齐人喜当风扬去黄衣，此大谬。"意思是齐人在制作麦䴰这种酱曲时，喜欢对着风把上面黄色的衣簁去，这是很不对的。他接着说，因为所有要用麦䴰来酿造的食品，全靠黄衣的力量。

另外，从书中的方言俗语也能推测出作者的里籍。卷一《耕田》云："耕荒毕，以铁齿镉（lòu）榰（còu）再遍杷之"；"秋耕待白背劳"。这里讲的是田地翻耕后，要等到土壤稍干、地面发白时，用铁齿杷杷地保墒。贾氏所说的"镉榰""白背"等方言俗语，在山东一带长期沿用。其中"镉榰"是当地对整地农具铁齿杷的叫法，"白背"是指雨后地面变干发白的状态。

贾姓是当时齐郡的望族，作者的"地望"和乡土观念、语言习惯显然与"齐郡"分不开。有学者说，益都—齐郡—青州，是贾思勰的家乡辐射圈，其最小的一圈（通常说的原籍）应是益都（缪启愉：《齐民要术导读》，中国国际广播出版社，2008 年）。需要说明的是，这里的"益都"是指北魏时的齐郡益都县。若按照今天的地域概念，作者出生、成长和退休后生活的地方，应在今山东寿光一带。

（二）成书年代

前已述及，在《种谷》篇，贾氏提到他曾与西兖州刺史刘仁之相见，两人谈论了区田之事。据《魏书·刘仁之传》，刘仁之在北魏末帝——孝武帝（532—534 年在位）时，出任西兖州刺史，东魏武定二年（544）去世，后追赠卫大将军、吏部尚书、青州刺史官衔。由此可见，在刘氏担任西兖州刺史之后，未去世之前，贾思勰正在写书。或者说，《种谷》篇的文字写于 532—544 年。

《种枣》篇开头的作者按语说：青州的"乐氏枣"，肉厚核小汁多，肥美为天下第一。据父老们传说，它是当年乐毅攻破齐国时，从燕地带过来种植的。齐郡的西安、广饶二县所出产的名枣，就是乐氏枣。据杨守敬《隋书地理志考证》，该西安县为西汉时所置，北齐天保七年（556）

废。贾氏在此称西安县，说明《种枣》篇完稿至迟在 556 年之前。

卷五《种桑柘》篇自注提到，"杜葛之乱"发生后，饥荒连年不断，黄河以北的民众依靠干桑椹救饥，才活了下来。"杜葛之乱"指杜洛周、葛荣起兵攻占河北六州，其事历经 3 年，于 528 年以失败告终。此事为贾氏所亲见，可见《要术》这部分内容的写作当在战乱发生以后，即距 528 年不远。

此外，《要术》卷七完整记载了 9 种酒曲、40 多种酒的制作技术，其中部分造曲酿酒的技术来自私家作坊。卷七《造神曲并酒》记述了一种"糯米酒"制作方法，并特地说明"此元仆射（yè）家法"。《白醪曲》在标题上注明是"皇甫吏部家法"。贾思勰提到的元仆射和皇甫吏部为何人？他们与《要术》成书有没有关系？北魏时期，仆射和吏部都属于尚书省的职官名，位高权重，史书必有记载。据现有研究成果来看，认识仍有分歧，但相关考证对我们了解《要术》的成书时代有一定帮助。

缪启愉《校释》注曰：皇甫吏部可能是南齐时人皇甫场，他随叔父皇甫光入后魏，任吏部郎，是后魏高阳王元雍的女婿。最新研究则认定皇甫吏部就是皇甫场，而且由皇甫场的生卒年及任吏部郎的时间，推断出《白醪曲》应写于 517—520 年（刘志国：《贾思勰家缘源流研究》）。

关于元仆射所指何人，据《校释》注文，贾氏提到的元仆射可能是元斌。北齐时的元斌为拓跋氏宗室（拓跋氏后改元姓），历任侍中、尚书左仆射。原袭祖爵封高阳王，齐天保初（550）循例降爵为高阳县公。天保二年（551），因罪被赐死。可见，元斌此人所处时代、官名和封邑，都和贾思勰有些瓜葛。《要术》提到的"元仆射家法"，很可能是作者采访得来的元斌家传造酒方法。《北齐书·元斌传》还反映出，元斌担任尚书左仆射的时间在北齐天保元年（550）以前。因此，《要术》卷七的写作时间也应在 6 世纪 40 年代，不会晚于 550 年。

近有研究者仔细梳理《魏书》中的元姓仆射及其任职时间线索，结合北魏时期的职官制度，考证《造神曲并酒》篇所称的"元仆射"应是元晖，而不是以往所说的元斌或元顺（刘志国：《贾思勰家缘源流研究》）。其理由主要有二：一是元晖任仆射时间应在515年8月至519年9月，先后任右、左仆射四年。这与上述《白醪曲》的写作时间（517—520）颇为契合，即内容相近、次序相接的两个篇章应写于同一时期，如此才更符合情理。二是酿酒"家法"的形成要有大规模酿酒的需要及物质条件，只有元晖等权贵阶层才能实现。据《魏书·元晖传》记载，元晖聚敛无极，任吏部尚书时卖官鬻爵，在出任冀州刺史搬家时，运载财货的车辆，自信都至汤阴之间，首尾相继，不绝于道路。这与皇甫场如出一辙，足证二人富庶无比，都具备私家制曲酿酒的条件。本书认同这一新观点，即卷七的《造神曲并酒》应写于515—519年。

由上面的讨论可知，《要术》的写作包括收集资料经历了较长时间。卷一《种谷》篇应写于532—544年；卷五《种桑柘》的写作在528年杜葛之乱结束后不久；卷七《酿酒》篇写作的时间应早一些，在515—520年之间。因为作者在搜集资料及动笔写作之前，应该已对全书的内容结构做出了基本安排，所以各个篇章尤其是各卷的写作并不一定严格按照先后次序进行，只要在后期定稿时对卷篇次序予以统筹和调整即可。这样贯通起来看，《要术》的资料收集和撰写时间大约集中在6世纪20—40年代，全部定稿完成也可能到了6世纪50年代即北齐时代，前后经历了30多年，可以说倾注了作者大半生心血。

（三）版本源流

《要术》版本有二十多种，栾调甫、缪启愉等先生都对其版本源流做过系统梳理。本书吸收新成果，简述如下。

1. 最早的刻本

《要术》问世后长期处于抄写流传阶段，最早的刻本是北宋天圣年间（1023—1031）由皇家藏书馆"崇文院"校刊的本子，一般称为"崇文院刻本"。这个刻本应是旧本中最好的，可惜在中国早已散失。现在它唯一的本子（孤本）保存在日本，但十卷也只残存卷五、卷八两卷。宋代及其以后的版本，都属于崇文院刻本传沿下来的一个系统，包括辗转翻刻本、石印本或排印本，另外还有抄本。

2. 宋本的抄本

现存最早的《要术》抄本，是日本人依据崇文院刻本的抄本再抄的卷子本，即抄好后装裱成卷轴，不装订成册子。该本抄成于1274年，原藏于日本金泽文库，通称"金泽文库本"。后来只存九卷，缺了卷三。1948年，日本农林水产省农业综合研究所借得该九卷本，用珂罗版（一种照相版）影印少量行世，中国人很少得到。

国内的《要术》明代抄本，是根据南宋刻本抄录的。1922年商务印书馆影印明抄本，编入《四部丛刊》，十卷完整不缺，且错漏较少。商务印书馆后来又据这个影印本出版《国学基本丛书》本。

3. 南宋的私家刻本

继崇文院官刻之后，《要术》第一个私家刻本是南宋绍兴十四年（1144）的张辚（lín）刻本。原本早已亡佚，现在保存下来的只有残缺不全的校宋本。所谓校宋本是拿一部《要术》作底本，再拿张辚原本来校对，把原本上不同的内容校录在这个底本上。该本没有校完，只校录了前面的六卷半。校对时容易发生错漏，所以校宋本不如原本好。

4. 明代的三种私刻本及四种删节本

（1）湖湘本。它是1524年马直卿在湖湘（今长沙）所刻的本子。据推测，该本应是元刻本系统的覆刻本，质量不高，印数很少，流传不广。

（2）《秘册汇函》本和《津逮秘书》本。胡震亨将1603年所刊《秘册汇函》原版转让给毛晋，后被毛晋编入《津逮秘书》之中，所以这两个本子实际上是同一个版本。自1630年毛晋本传承翻印之后，《秘册汇函》本已不再增多，而为大量的《津逮秘书》本所替代。故前者存书很少，今人所见到的一般都是后者。而人们往往念及胡氏始刻之功，仍习称后者为胡震亨本。《秘册汇函》本和《津逮秘书》本印数多、流传广，但也是《要术》较差的版本。

（3）华亭沈氏刊刻的竹东书舍本。该本稍好于《津逮秘书》本，但流传稀少，今人难以见到。

（4）删节本。明代除上述三种刻本外，还有四种删节本。它们任意删节内容，但又不予以说明，冒充全书。

5. 清代以后的版本

（1）《四部丛刊》影印明抄本和商务印书馆《国学基本丛书》排印本（即《万有文库》本）。这两个版本有传承关系，是现代整理本出现以前，最完整且质量最好的版本。

（2）1840 年张海鹏刊印的《学津讨原》本及其排印、影印本。《学津讨原》本所据原本为明胡震亨本，由清代黄廷鉴校勘，是第一个补正了胡氏本不少脱误的版本。

（3）1896 年袁昶刊印的《渐西村舍丛刊》本；主要根据渐西村舍本刊印的龙溪精舍本和《丛书集成》本。渐西村舍本所依据的原本是湖湘本，但补正了不少脱误，在清代刻本中也是比较好的，可以说与《学津讨原》本不相上下，互有优劣。

（4）《津逮秘书》本在国内外的嫡系本子。有 1875 年崇文书局刻本、1893 年的《观象庐丛书》刻本、1915 年的《百子丛书》石印本等及 1744 年日本山田罗谷的翻刻本等。除 1840 年的《学津讨原》本经过审慎校勘，胜过原本外，其余的翻刻本或影印本质量不高。

6. 现代整理本

20 世纪 50 年代以来，中国、日本、韩国等国农史学家依据多种较好的版本和有关文献，对《要术》进行重新校勘，并用现代科学知识加以注释，整理成绩超过任何旧本。这些新校注本问世后，成为人们阅读和研究《要术》的主要依据，其他旧本的文献利用价值基本上被替代了。

（1）石声汉整理本。《齐民要术今释》（四册），科学出版社1957年12月至1958年6月出版；《齐民要术今释》（精装上下二册），中华书局2009年6月出版。《今释》采用传统考据学兼现代农学的方法，首次以"校勘、注释、今译"体例完成《要术》整理工作，具有划时代意义，在国内外产生了很大影响。

（2）缪启愉整理本。《齐民要术校释》（精装一册），农业出版社1982年11月出版；《齐民要术校释》（第二版，精装一册），中国农业出版社1998年8月出版。《校释》考校精审，校注分离，体例平易，是迄今最为完善的一部《要术》整理本。

（3）（日本）西山武一、熊代幸雄整理本。《校订译注齐民要术》（删去卷十，上下二册），日本农林省农业综合研究所1957年出版，后以合订本一册重印，是日本学者整理与研究《要术》的重要成果。

（4）（韩国）崔德卿整理本。《齐民要术译注》（韩文版，五册），世昌出版社2018年出版。该译注本吸收中日韩已有的《要术》整理与研究成果，译注内容细致准确，并在每篇末尾插入相关图像，是韩国学者整理《要术》的代表作。

二、成书时代背景和写作体例、方法

（一）成书时代背景

1. 北方鲜卑族拓跋氏政权入主中原

东汉至魏晋时期，由于气候转寒、自然灾害频发，以及中原战乱等原因，北方游牧民族不断南下侵夺，农业民族则逐步退缩，中原地区的政治、经济格局发生了很大变化。公元386年，鲜卑族拓跋珪在盛乐（今内蒙古和林格尔县）建立北魏政权。北魏泰常八年（423），太子拓跋焘

（408—452）继位，史称魏太武帝。拓跋焘经过 20 多年的战争，使北方分裂割据的局面复归统一。接着，北魏又与南方的刘宋政权发生多次交战，交战地区所在的南兖及徐、兖、豫、青、冀六州（今山东西南和江苏北部一带）遭到了极大破坏，江北几成无人区。从此，南方"元嘉之治"的盛世局面一去不复返。同时，北魏的兵马及物资损失也很大。

拓跋焘死后，文成帝拓跋濬、献文帝拓跋弘、孝文帝拓跋宏相继登基，逐步实施改革，使社会经济由游牧经济转变为农业经济。尤其是孝文帝即位后，为了缓和阶级矛盾，限制地方豪强势力，在冯太后的辅佐下进行大范围改革，实行诸如俸禄制、均田制、三长制、迁都、汉化政策等，极大地促进了北魏经济社会的发展，促进了民族大融合。

贾思勰大约出生于 5 世纪七八十年代，正是孝文帝拓跋宏（467—499）积极推行改革，北魏比较强盛的时期。但好景不长，孝文帝死后，他的后继者生活荒淫奢靡，朝政黑暗，社会矛盾激化，终于引发了六镇戍卒和北方各地民众的大起义，北魏进入动乱衰败时期。543 年，北魏分裂为东魏和西魏。不久，东西两魏又分别被北齐、北周所代替。

《要术》的写作年代大概在 6 世纪 20 年代至 40 年代，正当北魏政权动荡分裂、即将落幕之时。作者任职及生活的河北、山东一带，也正处于战乱的中心地区。贾思勰应亲眼看到了连年战乱对农业生产的严重破坏，真切感受到老百姓生活的苦难，才致力于著书立说，总结农业技术经验，谋划"资生之业"，指导民众恢复和发展生产。

2. 游牧文明与农耕文明的交融

北魏政权的建立者拓跋氏是鲜卑族的分支，长期生活在北方草原地区，食肉饮酪，以游牧射猎为生。4 世纪后期到 5 世纪初期，拓跋氏部族经过无数次征战，逐步向南推进，侵占了黄河流域的土地。鲜卑拓跋氏本来是游牧民族，他们通过武力征服建立起来的北魏政权，一旦立足中原，便陷入了强大的汉族农耕文明的包围之中。

游牧文明的基本特征是"逐水草迁徙,毋城郭常处耕田之业……。自君王以下,咸食畜肉,衣其皮革,被旃裘。壮者食肥美,老者食其余,贵壮健,贱老弱"(司马迁《史记·匈奴列传》)。相比而言,农业文明"有城郭之可守,墟市之可利,田土之可耕,赋税之可征,婚姻仕进之可荣"(王夫之《读通鉴论》卷二十八),是更高等级的文明形态。由鲜卑拓跋氏以统治游牧部落的方式来统治汉族民众,必然引起很多矛盾和冲突。因此,北魏政权入主中原以后,不得不推行一系列汉化政策,如大力发展农业生产,起用汉族士人做官等。这既是游牧文明与农耕文明不断碰撞和艰难交融的过程,也是农耕文明最终获胜的过程。

北魏定都平城(今山西大同)以后,农业的重要性日益凸显,鲜卑贵族也逐渐转化为地主,有意于农牧副兼营,求利生财,这就导致畜牧业的地位相对下降。北魏孝文帝迁都洛阳,力行改革,汉化措施进一步增强。为了恢复和发展被战争严重破坏的农业生产,除采取均田制政策以外,北魏政权还注意督促地方官劝勉农耕,推广农业技术,这也有利于游牧民族和农业民族的经济文化融合。一方面,畜牧民族迅速汉化;另一方面,农业民族也吸收了不少游牧民族的生产、生活经验。正是在这种农牧文明相互交融的背景下,贾思勰所写的《要术》,既存留了大量农耕文化传统,又吸收了不少游牧文化内容。

3. 庄园经济发展和均田制推行

秦汉时期,以男耕女织、自给自足为特征的自耕农经济,是整个社会经济的基础。西汉中叶,小农破产以及土地兼并现象日趋严重,地主庄园经济逐步兴盛。东汉以后,战乱不已,社会动荡,更促进了豪强地主庄园经济的发展,大土地所有者成为社会经济的主导力量。大量贫苦农民或者沦为奴婢,或者投靠庄园主,成为徒附、佃客。

北魏统治者进入中原以后,为了维护自己的统治地位,就必须取得大土地所有者的支持。拓跋氏政权恩威并施,对原有的士族地主采取拉拢措施，给予他们经济及政治特权，如允许士族地主向荫附人户征收赋税，实行九品中正制，给士族提供仕进的机会等。北魏孝文帝改革前，门阀士族势力扩张，"富强者并兼山泽"（《魏书》卷七《高祖纪》上），地主庄园经济壮大。在庄园经济中，地主拥有大量土地，占据山林川泽，进行多种经营及规模生产，并役使奴婢从事农业劳动。除了种植粮食以外，庄园还广种瓜果蔬菜，栽桑养蚕，饲养家畜，酿酒作醋。

庄园经济的发展，荫附了大量人口，严重影响了国家的赋役来源。于是，孝文帝时期推行了按人口分配土地的"均田制"。国家把自己控制的土地分配给农民，农民向政府交纳租税，承担徭役和兵役。这有利于国家运转，也在一定程度上解决了流民问题，促进了社会稳定和北方经济的恢复。不过，均田制对庄园经济的抑制有限。因为国家法令并不能阻止贵族、官僚地主的法外占田和法外荫客。有些贵族、官吏还倚仗权势，侵夺和贱买民田。孝文帝死后，政治逐渐腐败，战乱频繁，均田制的施行就越来越困难了。

贾思勰所生活的北魏后期，以至东魏、北齐，地主庄园经济与自耕农经济处于并存状态，而以前者为主导。因此，《要术》在一定程度上反映出当时地主庄园的生产项目和经济发展情况。

另外要提及的是，南北朝时期，战乱频仍，民众生活悲惨，儒学衰退，佛教大行于中国。在这样一种文化背景之下，贾思勰依然坚持儒家思想，倡导以农为本、营农求利的治生理念，写成注重实用的农学著作，的确难能可贵。

（二）写作体例

1. 卷次及篇目安排

《要术》"序"交代写作宗旨，介绍写作方法和内容体系。正文十卷，前六卷依次记述农林牧各业的生产技术，七、八、九三卷论述以农副产品加工为中心的副业生产，卷十讲南方植物，是附录性的参考资料。

卷一、卷二主要讲粮食作物的种植。卷一《耕田》和《收种》两篇，为耕作栽培总论。卷一《种谷》篇和卷二为分论，记载了10多种粮食作物，依次是谷（粟）、黍穄、粱秫（粟的别种）、大豆、小豆、麻（雄麻，纤维作物）、麻子、大小麦、水稻、旱稻和胡麻。其中《种谷》篇最为详细；瓜、瓠、芋放在卷二末尾，大概因为它们既可作蔬菜，也可当粮充饥。这一安排大致反映了当时各种粮食作物的地位。

卷二末尾和卷三讲蔬菜栽培。记述的蔬菜依次是瓜、瓠、芋、葵、蔓菁、蒜、薤、葱、韭、蜀芥、芸苔、芥子、胡荽、兰香、荏、蓼、姜、蘘荷、芹、苣、首蓿，反映当时北方的蔬菜种类和构成。

卷四、卷五讲果树和林木的栽植。卷四开篇的《园篱》和《栽树》可看作总论，其他各篇分论果树和经济林木。果树部分依次为枣、桃、李、梅、杏、梨、栗、奈、林檎、柿、安石榴、木瓜、椒、茱萸。卷五记经济林木和染料植物，以桑柘为首，并附养蚕法，下来依次为榆、白杨、棠、榖楮、漆、槐、柳、楸、梓、梧、柞、竹、红蓝花、栀子、蓝、紫草，最后一篇是《伐木》。

卷六讲畜禽的饲养管理与疾病防治。在篇次安排上，牛、马、驴、骡等役畜居前，羊、猪、鸡、鸭等畜禽随后，基本反映出当时北方地区的畜牧业生产结构及农牧关系。

卷七、卷八、卷九讲述酿造、食品加工、荤素菜谱和文化用品等，基本上属于副业范畴。这三卷的主体部分是记述酿造加工技术和烹饪方法，包括制曲酿酒、作酱、作酢（醋）、作豉、八和齑、作鱼鲊（zhǎ）、脯腊、羹臛（huò）法、蒸缹（fǒu）法、胵（zhēng）腤（ān）煎消法、菹绿、炙法、饼法等，饮食文化内容很丰富。

卷十是《五谷、果蓏、菜茹非中国物产者》。该卷只有一篇，即第九十二篇，全是引述前人的文献资料，主要记述北魏疆域以外南方地区的热带、亚热带植物资源，体现出作者广阔的农学视野以及自然资源保护与利用的思想。

全书所记生产技术以种植业为主，兼及林业、蚕桑、畜牧、农副产品加工贮藏等各个方面，内容全面系统，反映出传统农业的基本结构，规模大大超过了先秦两汉的农书，后世农书能出其右者也为数不多。

2. 各篇目的内容构成

卷一至卷九是《要术》最重要的部分，各篇大体上由解题、本文、引文三部分组成，安排有条不紊。

首先是解题，在篇题下以小字注形式出现。一般先引用前人文献，再加作者按语，内容包括该篇作物（或动物）名称的解释，辨误正名，历史记载，过去、当代的品种和地方名产，引种来源，兼及生物形态、性状等。卷七、八、九记载农产品加工及食品烹饪，未设解题内容，基本上由本文和引文两部分构成。

解题之后是本文，记述土壤耕作、农作物栽培、畜禽饲养、农产品加工贮藏等技术经验，内容都是作者观察、调查和实践所得，是全篇的核心和精华部分。

本文之后是引文，各篇引文数量有多有少。通过引录前人的相关记载，对本文所记述的农业生产技术予以补充说明。

解题、本文和引文相互结合，使各个篇章层次分明，重点突出，体系完整。

（三）写作方法

《要术》的写作主要是通过广泛收集文献资料、实地调研采访和亲身验证来完成的，即《序》中所谓"采掇经传，爰及歌谣，询之老成，验之行事"。

"采掇经传"，即搜集和利用各种文献资料。据研究，《要术》征引前人著作达180多种（胡立初：《齐民要术引用书目考证》，《国学汇编》

第二册上，山东齐鲁大学国学研究所，1934 年）。从他人文献中征引的农业资料，成为作者原创内容的重要补充。

"爱及歌谣"，即采集民间流传的歌谣农谚。《要术》收录谣谚 40 多条，它们是农民挂在口边的生产经验，言简意赅、生动形象，一般以注文形式出现，恰当地穿插在正文之中。

"询之老成"，即向有农业生产经验的人请教。除了标明出处的文献资料以外，该书所记载的各种农业技术，大部分是作者调查访问得来的。山东一带自古好农重桑，民众农业生产经验口耳相传，这也为贾氏的调研活动提供了良好条件。

"验之行事"，即以自己的农业实践检验前人的经验和结论，不轻信或盲从。《要术》的记载显示，贾氏晚年曾在其家乡种地养羊，经营农业，有丰富的实践经验，该书实际上就是民间生产经验与作者自己农业活动相结合的产物。《要术》自注，就包含了大量对已有农业技术的验证性文字。

三、主要科技成就

（一）以顺天时、量地利、适物性为核心的农学思想

1. 顺天时、量地利的思想

战国时期《吕氏春秋·审时》曰："夫稼，为之者人也，生之者地也，养之者天也。"总结了传统农学的"三才"理论。《齐民要术·种谷》进一步明确提出："顺天时，量地利，则用力少而成功多。任情返道，劳而无获。"这种顺应天时，估量地利，不违背自然规律的农学思想，贯穿于全书始终，成为人们从事农业生产活动的基本指导原则。

《要术》所讲的"天时"是指光照、温度、热量、降水等综合性天气因素，它们既有年内变化，也有年际波动，前者形成"四时八节二十四

气"，后者形成"年景"或"年成"差异。"地利"主要是指地势高低、土壤性状及肥力等条件所决定的土地出产情况。地利不同，所适宜种植的庄稼也就不同。所谓土宜则地利，地利最终是通过土宜或地宜表现出来的。

贾思勰强调，农业生产的成败，与天时地利这样的自然条件有直接关系，发挥人的主观能动性，要在尊重天地自然的前提下进行。就是说，耕种收获首先要了解时令变化和地宜差别，遵循自然规律，趋利避害，这样才能提高劳动效率，增加作物收成。

2. 适应物性的思想

除了天时地利要素以外，《要术》还经常提到动植物本身的"性"或"天性"，即遗传性问题，要求人们在农牧业生产中加以把握和利用。

例如，梁秫收刈要晚一些，因为"性不零落，早刈损实"，即梁秫天生不落粒，收割早了会受损失。大豆必须耧播，因为"豆性强"，即大豆有扎根深的特性，所以要种得深一些。白杨，"性甚劲直"，可用作盖房屋的材料。牛马等大牲畜的饲养应该"适其天性"；"羊性怯弱"，"猪性甚便水生之草"，在圈舍建造和饲草利用方面要加以注意。上述"物性"显然不会轻易发生改变，可以传给后代，相当于现代科学的遗传性概念。就农业生产的需要而言，各种动植物的"天性"有利也有弊。因此，贾思勰常常有针对性地提出耕种牧养的具体措施，以便适应动植物的天性，取得较好的栽培或饲养效果。

贾氏还考察了"物性"的变异现象。《种蒜》篇说：山西并州的大蒜种子是从河南朝歌买的，种过一年以后，蒜瓣就变小了；而并州的芜菁，也是从别处买来的，但种过一年后，芜菁的根却变大了。还有，并州的豌豆品种拿到河北井陉以东地区种植，山东的谷子品种拿到山西壶关、上党去种植，只能徒长，而不会开花结实。对此，作者开始还有些迷惑不解，后来终于悟出这是由于土地条件的不同而造成的。

　　贾氏进一步发现，有些植物的天性也可以经过人工干预而发生变化。《花椒》篇说：花椒"性不耐寒"，生长在阳光充足地方的花椒树，冬天必须用草包裹起来防寒，否则就会冻死；而生长在背阴之处的花椒树，由于经过了寒冷的锻炼，即使不用草裹也不会冻死。就是说，花椒的本性虽然是不耐寒的，但如果改变它的生活环境，这种遗传性也会逐渐改变。

　　作者在考察"物性"的基础上，对动植物遗传变异特性的认识和利用，具有重要科学意义。因为人们既可以利用生物的遗传稳定性进行选种育种，也可以利用生物的变异性创造新品种。

　　（二）以保墒抗旱为目标的土壤耕作技术

　　春季是作物播种和生长的关键时期，需要充足的水分。而这个季节黄河中下游地区干旱多风，春旱就成为当地农业生产的最大威胁。兴修灌溉工程需要耗费大量人力和物力，不易实现，且作用有限，北方农业只有通过土壤耕作措施收蓄雨雪，为作物生长创造水分条件。于是，战国秦汉以来，"耕田"这种以保墒防旱为目标的土壤耕作活动就成为北方农业的首要任务，《要术》开篇《耕田第一》对此有集中反映。

　　据作者记载，北魏时期的土壤耕作除了前代已有的耕和耱两个环节之外，又增加了耙地环节，形成耕—耙—耱相结合的一整套抗旱保墒技术。其基本程序是，先借助牛力耕翻土地，接着耙碎土块，再耱细土块，压实地面。耕、耙、耱三个环节密切配合，有利于形成细碎松软的耕土层，更好地保持土壤水分，克服了只耱不耙所造成的跑墒缺陷。

　　书中还记载了不少具体的耕作保墒措施。第一，耕田时以土壤墒情为标准。不论春耕还是秋耕，都要在土壤所含水分适中的时候进行。第二，耕地深度应因时制宜。秋季深耕利于接纳雨雪，熟化土壤；春夏浅耕则可防止土壤水分蒸发，也不致翻出生土，影响作物播种和生长。第三、耕翻和耙、耱要紧密配合。春天耕过的地，要随即耱平并多耱几次，防止田地空虚跑墒。秋天要等地面变干发白的时候再耱，湿耱会使土壤板结坚硬。

《要术》以蓄水保墒为目标的"耕田"措施，在提高作物产量的同时，还具有改良土壤的作用。今天，通过合理的耕作技术抗旱保墒，依然是北方农业发展和土壤保护的关键措施。

（三）作物选种和繁殖技术

选种的主要含义是选择优良的作物、家畜个体进行留种繁殖。在长期定向选种繁殖的基础上，可以培育出新品种。在《要术》关于粮食、蔬菜、果树、林木的篇章中，都有选种、播种或无性繁殖的内容，其中的技术经验及科学认识，曾对提高农牧产品产量与品质发挥了巨大作用。

1. 粮食作物的穗选和防杂保纯

《要术》专设《收种》篇，重点总结了粮食作物的选种和良种繁育经验。书中记载，粟、黍、穄、粱、秫等作物，每年都要在田间选出籽粒饱满、颜色纯净的优良单穗，割下穗子，高高地悬挂着，到了来年春天打下种子，各自分开播种，并经常锄治，准备收来作为明年的种子。种子田的作物收割后要先脱粒，分别埋在窖里，仍然用原蒿秆覆盖窖口。作者将穗选、留种、建立种子田、精细管理、单收单藏、防止混杂等措施密切结合在一起，总结出一套良种选育方法，对传统作物品种培育的贡献很大。

2. 蔬菜、果树的选种与繁殖

贾氏记载的蔬菜有 30 多种，对瓜、葵、芜菁等主要栽培蔬菜的种植方法，总结得尤其详细。《要术》中首次出现的甜瓜留"本母子瓜"作种、大蒜"条中子"繁殖法等，都是独特的蔬菜选种技术。

书中所见的果树有 17 种 100 多个品种类型，其中枣、桃、李、杏、梨、葡萄为北方常见果树，繁育技术内容也最为精湛。当时的果树繁殖方法包括播种、扦插、压条、分根和嫁接等，已相当全面。果树种类不同，使用的繁殖方法也有差别：枣树用根蘖分株繁殖法；桃、栗繁殖用实生苗；安石榴用扦插法；柰、林檎等用压条法，也用分根法；梨、棠常用嫁接法。

嫁接法最能代表北魏时期果树栽培的技术水平。《插梨》篇对于梨树的嫁接，从选择砧木、接穗到具体操作方法，再到嫁接成活后的管理等，都有详细说明，反映出嫁接法在梨树繁殖中已普遍采用。

（四）播种技术

只有播下种子，才有收获的希望。播种是作物栽培活动的开端，其质量高低往往决定收成的多少。

1. 种子处理

该书所见的种子处理方法有水选去杂、晒种、浸种催芽等，目的在于保持种子的品质，提高种子发芽率。

水选。谷子、黍稷等小粒作物的种子，在播种前要用清水淘洗。"浮秕去则无莠"，去除漂浮在水面上的秕谷，田里就不会长杂草了。其他如水稻、甜瓜、茄子、桑椹等也要经过水淘选种。

晒种。五谷种子贮藏前要晾晒干燥，"浥郁则不生"，即种子受潮发热就难以发芽。在播种前晒种，可以降低种子含水量，促进其后熟作用的发挥，提高发芽率，对杀灭种子上的病菌也有一定效果。

浸种催芽。浸种主要是为了让种子吸足水分，加速营养物质的转化，有利于播种后较快发芽。《要术》总结了麻子、水稻、蓼蓝、槐子的催芽播种技术，应是中国关于浸种催芽的最早记载。

另外，书中还记载了桃、梨、板栗、胡荽、莲子等果蔬种子的特殊处理法。例如，桃子成熟时，将它整个埋在多粪肥的田地里，到来年春天桃树苗长出来后，再移栽到别处。这种全桃埋种法，可促进种胚的后熟过程，使得桃树发芽早、生长快，结果大而多。

2. 播种

《要术》能根据作物特性、土壤和水分条件的不同，采取多种多样的播种方法，抵御北方春旱的影响，尽量保证出苗齐全和健壮。播种方法主要有以下几种：漫掷，即撒播，一般以精细整地为前提；耧种，就是用耧车进行条播；锄掊（póu）掩种，是用锄头刨坑点播；耩（tì）种，指前作收获后，不经过耕翻就下种，所谓"不耕而种"；逐犁掩种，指随着犁沟点播，然后覆土盖种。可以看出，撒播、条播、点播等播种方法，北魏时都已具备。

贾思勰还记载了 10 多种作物的具体播种期，并有"上时""中时"和"下时"之分，而各种作物因时因地播种的经验最为突出。作者指出，在一般情况下，播种宁早毋晚，早播的大多产量高，品质也好；土地肥力不同，播种早晚应有差别："良田宜种晚，薄田宜种早，良地非独宜晚，早亦无害。"尤其是对作物播种期、播种量、播种深度之间的关系，书中也有了进一步认识。例如，早播的播种量要少些，迟播的要多些。谷子、大麻、大葱等，肥地播种量多些，薄地少些。水稻、大小豆，肥地少些，薄地多些。

（五）中耕技术

中耕有除草、松土、壅根、间苗等多种作用，是传统田间管理的主要措施。战国秦汉文献中所见的"耘""耨""锄地"，都是指中耕活动。《要术》表明，北魏时期北方传统中耕技术已趋于完善。

《种谷》篇说明了锄地的两大作用："春锄起地，夏为除草。""起地"就是破地松土，切断土壤毛管水的上升蒸发，起到保墒作用。与前代相比，《要术》时代更加重视早锄和多锄："凡五谷，惟小锄为良"，"锄不厌数，周而复始，勿以无草而暂停"。充分认识到锄地不仅可以除草，还能够熟化土壤，提高谷子产量与品质，所谓"锄者非止除草，乃地熟而实多，糠薄米息"。《种瓜》篇也说："多锄则饶子，不锄则无实。"作者还在此条下面加了自注：五谷、蔬菜、瓜果之类，都是如此。

北魏时期，北方普遍使用锄头这种人力农具中耕除草，并依据作物生长阶段，借助耙、耢、锋等畜力农具予以配合。谷苗出垄以后，每下过一场雨，地面发白时，就要用铁齿耙纵横耙过，并且用耢耱平。大小豆，长叶后就得用耙耢"纵横耙而劳之"。大小麦，"正月、二月，劳而锄之；三月、四月，锋而更锄"，将锄与耢、锋结合起来，这样做的好处是"锄麦倍收，皮薄面多"，即多锄麦既能增加收成，还能改善粮食品质。

后世农谚说："锄头下有水，锄头下有火。"意思是锄地可以蓄水保墒，还可以松土并提高地温，促进庄稼生长。长期以来，传统农业非常重视锄地，原因主要在于农家既缺乏粪肥，也没有灌溉条件，只能依靠辛勤劳作，通过精细的土壤耕作和早锄多锄措施，来抗御干旱、杂草对作物生长的影响，提高产量。

（六）农业生物灾害防治

农业生物灾害包括杂草危害、鸟兽危害和作物病虫害。《要术》记载的相关防治技术有农业防治法、物理防治法、药物防治法等，这些传统方法合理有效，还可以起到生态保护的作用。

农业防治法。据书中记载，古人主要通过轮作、培育抗逆性强的作物品种等农业措施，防治病虫害以及杂草危害。例如，谷子不宜连作，连作则杂草多，收成少，必须轮作换茬。《种谷》篇还列举了很多抗旱、耐水、免虫、免鸟雀啄食的谷子品种，说明当时抗逆性品种的选育已很有成绩。种大麻不能用重茬地，否则会有茎叶夭折的害处。种芜菁，必须在七月初种，六月种的多虫，通过控制播种时间来避开害虫的发生期。枣树行间的杂草必须清除干净，因为杂草多的地方容易滋生害虫，"荒秽则虫生，所以须净"。

物理防治法。《要术》主要是利用火烧和曝晒方法防治病虫害。苜蓿为宿根植物，每年正月烧去地面枯死的茎叶，有杀灭害虫病菌的作用，也可增加土壤中的钾肥。榆和楮的实生苗，正月里贴地砍去，再"放火烧之"，这种平茬烧头处理法，有促进苗株旺长的作用，同时也有烧灭病菌虫害的效果。贮藏小麦，利用伏天烈日曝晒，趁热进仓贮藏，以便在密闭条件下延续高温状态，进一步消灭尚未晒死的害虫和病菌，这是小麦热进仓技术的最早记载。

药物防治法。贮藏麦子时，夹杂干艾草来防虫。种甜瓜时，先用水将瓜子洗净，再用盐拌和，瓜就不生病了。瓜苗长起来后，清早趁露水还在，用小棍把瓜蔓挑起来，在瓜根附近撒些灰，过一两天，再用土培在根上，以后就没有虫了。还有一种诱杀蚂蚁的简便方法：用带髓的牛羊骨放在瓜窝旁边，等到蚂蚁聚集到骨头上，就拿起来丢掉，这样反复几次，蚂蚁就没有了。

（七）轮作复种制度

轮作复种是在一定的年限内，在同一块地上轮换种植几种不同的作物。合理轮作能调节土壤中的养料和水分，恢复和提高土壤肥力，防除杂草和病虫害。这种耕作制度出现很早，是中国农民的重要增产经验，相关内容贯穿在《要术》作物栽培篇章，体现出明确的科学性和实践意义。

中国历史上耕作制度的发展，经历了撂荒制、休闲制和轮作制几个阶段。东汉时期，北方地区已出现粟、麦、豆的轮作复种制。《要术》时代，轮作复种有了显著发展，这主要表现在豆科作物普遍加入以粮食为中心的种植制度之中，形成丰富多彩、用地养地相结合的轮作方式。

贾思勰充分认识到轮作的重要性，明确指出大多数作物不宜连作，如稻田"唯岁易为良"；种麻"不用故墟"，即不用重茬地。因为连作会造成作物减产，易于发生病虫害，杂草猖獗。书中总结了多种轮作复种方式，指明各类作物的前后茬关系及好、中、差的茬口搭配。从中可以看出，北魏时期黄河中下游地区可能存在着粮豆、粮麻、粮菜、粮瓜等多种轮作复种类型，其中粮豆轮作占绝对优势。《要术》特别指出，豆茬是谷类及蔬菜作物的良好前茬，引导人们将具有肥田作用的豆科作物加入轮作体系之中，实现用地养地相结合。另外，该书还提倡专门种植绿豆、小豆作为绿肥的"美田之法"，可见当时对豆科作物的肥田作用有明确认识。

除了轮作复种以外，《要术》还注意总结合理搭配农作物，充分利用生长空间和光热资源的经验，记载了10多种间作套种和混种的例子。例如，桑粮、桑菜间作，葱与胡荽间作，大麻与蔓菁套种，甜瓜与大豆混种，楮子与大麻子混播等。

（八）畜禽饲养管理技术

春秋战国至秦汉时期，马牛等家畜的良种鉴定和饲养管理已积累了丰富的经验，可惜相关畜牧著作均已失传，后人难知其详。《要术》全面总结了北魏及其之前的相畜术、畜禽饲养与繁育技术，在一定程度上弥补了上述缺憾。后世农书关于畜牧技术的记载，则以传承《要术》为主，超越有限。

在相畜术方面，贾氏主要记载了相马法和相牛法。相马首先要从总体上把握马重要部位的机能与要求："马头为王，欲得方，目为丞相欲得光，背为将军欲得强。"然后用失格淘汰法去除"三羸五驽"，即看起来有身体缺陷的劣马，再去鉴定其他的马匹。要根据良马的要求，从马的内脏和外部器官的联系出发，来规定相应外部性状的表现，如"肝欲得小；耳小则肝小，肝小则识人意。肺欲得大；鼻大则肺大，肺大则能奔"等。关于相牛法的记载也较为全面，对牛体各个部位的相法都有涉及，如"眼欲得大""毛欲得短密""头不用多肉""身欲得促，形欲得如卷"。

在饲养技术方面，《要术》首先提出马牛等大牲畜的饲养原则："服牛乘马，量其力能；寒温饮饲，适其天性；如不肥充繁息者，未之有也。"作者接着说，马的具体饲喂方法要做到"三刍"和"三时"。"三刍"是将饲料分为"恶刍""中刍""善刍"三等，牲畜饥饿时饲喂粗饲料，快吃饱时给予精饲料。"三时"则是将马的饮水分为朝饮、昼饮和暮饮三个时间，朝饮要少，昼饮要有节制，暮饮则要充足。

关于猪、羊和鸡、鸭、鹅的饲养管理措施，作者的记载也比较详细，内容包括：羊的放牧与舍饲、种羊选留、病羊鉴别；猪的仔母分圈喂养、仔猪阉割掐尾、仔猪肥育、种猪选择；鸡鸭的肥育、蛋鸡饲养等。例如，放羊时春夏早放，秋冬晚出，防止羊贪吃露水草，得腹胀病；羊舍要干燥，通风见光。

书中对家畜的安全越冬问题特别重视，这实际上也是传统农区家畜饲养实际情况的反映。《养牛马》篇引用农谚说"羸牛劣马寒食下"，意思是瘦弱的牛马过不了寒食节，就会倒地死去。因为没有储备充足的越冬饲料，牛马吃不饱，就会日渐掉膘消瘦，逃不出冬瘦春死的规律。猪羊饲养同样要注意越冬饲料储备，贾思勰自己曾养过二百只羊，由于经验不足，没有备足越冬茭豆，结果冬天过后，羊饿死了大半，教训惨痛。

在家畜疾病防治方面，《要术》收录了不少治疗马病、牛病及羊病的处方，并强调在饲养管理过程中预防疾病。书中还记载了一些简便易行的外科治疗方法：用掏结术治疗马的粪结；用削蹄和羊脂涂蹄等方法治疗驴、马的漏蹄及夹蹄症；用无血去势法为大尾绵羊去势；仔猪截尾，防止去势后感染破伤风等。

（九）农产品加工贮藏与食品烹饪

《要术》全书正文共九卷，而关于农产品加工贮藏及食品烹饪方法的内容就占了三卷。酿酒、作醋、制酱、腌渍、干制、贮藏以及多种肉类、谷类食品的加工烹饪法，都见诸贾氏笔端，从而极大地弥补了北魏及其以前相关文献记载的不足。书中关于微生物利用及各种食品加工烹饪技巧的总结，包含了传统食品科技的精华，也反映出中国农业生活以及饮食文化的特点。

1.酒、醋、酱、豉制作

《要术》时代，以粮食为主要原料，酿制酒类饮料和醋、酱、豉类调味品已很普遍，并且都有了比较完备的程序和方法，其中不少工艺至今还在采用。

酿酒包括制曲和造酒两个步骤。制曲是酿酒前培养微生物菌种的过程，对酒的品质影响很大。制成的酒曲分为神曲和笨曲两大类，前者形体小，发酵效率高，后者形体大，发酵效率较低。酿酒的方法有近40种，酿酒过程中对曲、料、水的品质及配比都有严格要求，并要随时观察发酵情况，根据"曲势"，即曲中糖化酶和酒化酶的活力，确定加料的多少和次数，以便酿出醇厚的美酒。需要说明的是，北魏时期所酿的酒相当于今天的黄酒，借助蒸馏法制成的白酒大约到元代才出现。

《要术》记载的作醋方法有22种之多，制醋原料除用粟米外，还有秫米、大麦、烧饼、酒糟、小豆、小麦、粗米、乌梅、蜂蜜等。当时人们已观察到，醋的生成和"衣"有关系。"衣"就是在醪液中形成的醋酸菌膜。醋酸发酵成熟，醋酸菌变老，衣也就沉在瓮的底部了，衣生、衣沉正是醋酸菌活动正常的表现。古人虽然不了解醋酸菌发酵的原理，但他们通过对酿醋原料的选择，对发酵过程的细致观察和有效控制，成功酿制出各种风味的天然食用醋。

2.果品、蔬菜贮藏与加工

果品贮藏加工技术包括地窖藏梨、曝晒藏枣、沙贮板栗、果品粉制、果品干制、柿果脱涩、盐渍白梅等。《插梨》"藏梨法"："初霜后即收（霜多即不得经夏），于屋下掘作深阴坑，底无令湿润，收梨置中，不须覆盖，便得经夏。"因北方土窖中夏天温度较低，且能保持常温和干燥，因而梨经夏也不会变坏。

蔬菜贮藏加工，既有鲜菜贮存法，也有蔬菜腌渍法。其中腌渍法多种多样，有盐渍、酱渍、干藏、糟渍、蜜渍与酸渍等。《作菹》篇记载了一种蔬菜酸渍泡制法：先将菜择好，在开水中过一下，再在冷水中洗一下，容器中加入盐、醋及胡麻油，加入准备好的蔬菜，最后密封，菜腌好后香脆可口。还有一种"作酢菹法"，是用米汤代替盐水来腌菜。因为米汤中含有大量淀粉，有利于酵母菌和乳酸菌发酵产生酒精和乳酸，起到酸渍保藏作用，并增加腌菜的酸香味。可以看出，《要术》记载的各种"菹"，就是利用乳酸菌发酵保藏的盐菜或酸菜。今日民间制作泡菜及酸白菜的方法，历史上很早就出现了。

3. 肉类加工与烹饪

贾思勰记载的肉食加工与烹饪方法包括酱、鲊、脯腊、羹臛、蒸焦、胚腤煎消法、菹绿、炙、脾（zǐ）奥糟苞等 9 大类 30 多种。现代肉类加工烹饪的酱制、腌制、干制、煮制、蒸制、烤制等基本手段，北魏时期几乎全部具备。

肉食加工烹调不仅方法多样，所采用的原辅材料也很丰富。原料除了各种畜禽鱼肉，还有动物内脏及猪羊血等。加工辅料有三大类，包括调味料、香辛料和其他添加材料。其中"添加剂"有曲、麦䴷（huàn）、饭、米汁等助发酵材料；清酒、鸭蛋黄、猪油、麻油等上色提香材料；有米、面、秫米糁（shēn）、粳米糁、羊网油等增稠赋形材料；有豆豉等抗氧化材料。贾氏"添加剂"本身就是食物，属纯天然产品，对人体健康有益无害。

4. 主食及副食加工制作

北魏时期，中国北方种植的粮食作物主要有粟、黍、豆、麦、稻等，《要术》全面总结了以其产品为原料的各种食品的加工方法。除了前述酒、醋、酱、豉以外，书中关于饼、粽、糗（miàn）、粥、饭等主食及副食的记载也很引人注目。

以饼食为例，《要术》中所见的"饼"，有名称者共计 15 种，分别是白饼、烧饼、髓饼、膏环、粲（一名乱积）、鸡鸭子饼、环饼（一名寒具）、截饼（一名蝎子）、馉（bǒu）𩛿（tǒu）、水引、馎（bó）饦（tuō）、切面粥（一名棋子面）、𥻦（luò）𥻗（suǒ）粥、粉饼（一名搦饼）、豚皮饼（一名拨饼）。这些饼食几乎包括了所有的面食品种，与后世"饼"的含义有所不同。其制作方法包括烘烤、油炸、水煮等三种，有死面饼，也有发面饼；制作原料既有面粉，也有米粉。

从贾氏的记述看，北魏时期以小麦面粉为主要原料的饼食，花样繁多，已开始成为北方农区饮食文化的代表。尤其是发面不但改善了面食的口感，还有利于消化吸收，从而极大地促进了面食的普及。《要术》明确记载了发面饼的制作过程，反映出从死面到发面这一面食加工技术的飞跃。

四、农学地位及深远影响

先秦学术九流十家，农家居其一。农家学派以农学研究为根本，独树一帜，数千年来绵延不绝。《齐民要术》为秦汉以来农家学派的代表性著作，也是举世公认的传统农学经典，对中国农业发展有重大贡献。

（一）《要术》的农学地位

1. 从古农书体系来看

中国农业文化源远流长，农书层出不穷，存留至今的尚有 400 多种。《要术》承上启下，在农书体系中处于核心地位（图 导读 -1）。

《要术》之前，中国最早的农书应是《汉书·艺文志》"农家类"著录的《神农》等 9 种著作，可惜它们都已失传。只有西汉《氾胜之书》和东汉《四民月令》，由于《要术》等书的征引而有幸保存了主要内容。先秦及秦汉时期的其他典籍也有一些专讲农业或涉及农事活动的篇章。例如，《夏小正》是最早的农家物候历，《诗经》有《豳风·七月》等农事诗，《管子·地员》讨论土壤与植物生长的关系，《吕氏春秋》有专论耕作栽培技术的篇章。北魏时期，《要术》问世，万流归宗。其内容全面，规模宏大，上述农业文献资料大多被贾氏纳入他的农学体系之中，这一点显然具有划时代意义。

《要术》之后，中国农书日益增多，但部头较大的综合性著作，只有元代的《农桑辑要》、王祯《农书》、明代徐光启的《农政全书》和清代的《授时通考》四部。这四部书加上《要术》，是中国农书的代表，日本学者称之为"五大农书"。而在这五大农书中，《要术》居于首位，或者说处于源头地位，其内容的原创性亦非他书可比。至于后世涌现的大量关于果蔬、蚕桑、竹木、畜牧

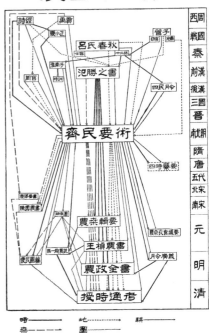

图　导读 -1　石声汉《中国古代农书评介》"农书系统图"局部

兽医的专业性农书，以及记载某一地区农业生产经验的地方性农书，也往往以《要术》为典范，或仿照它的体例，或采用它的材料，或补充它的内容。

另外，如果放开视野，从中西传统农学比较的角度看，《要术》也是首屈一指的。在欧洲，古罗马时代先后出现了几部小型农书，反映意大利半岛奴隶制大庄园的农业生产情况，其中包括 M. P. 加图的《农业志》、M. T. 瓦罗的《论农业》、L. J. M. 科路美拉的《农业论》等。在漫长的中世纪，西方传统农学出现了明显的断层和倒退现象，农书屈指可数，其内容也没有多少新意。《要术》产生于公元 6 世纪，正值欧洲中世纪科技文化衰退的初期，因而该书长期代表了世界农学发展的最高水平。

2. 从《要术》的内容体系来看

古农书是传统农学知识的主要载体，在中国传统农学的传承和创新体系中，《要术》居于首要地位。该书 11 万多字，内容包括种植业、养殖业、农产品加工业等大农业的各个门类。该书之前的农业著作，无论是专书还是单篇，规模都很狭小，从来没有涉及农林牧副渔各个门类。一些综合性及月令体的农书，如《氾胜之书》《四民月令》等，内容范围稍广，但篇幅很小。

北魏之前的农书或农业篇章，在写作方法上也比较单一，或者偏重理论总结，或者主要记述个人的农业经验，还有的重于摘编他人文献。《要术》的写作则以作者自己的调研采访资料为主，以他人文献资料为辅，还通过亲身实践来验证某些技术经验的可靠性，具备了农学研究的基本理念和方法。另外，该书记载详尽而系统，专业性强，农学概念及术语丰富多彩，体例安排独出心裁，行文浅近易懂，具备了科技著作的特质。《要术》的写作方法不仅明显超越了前代，而且为后世农书树立了典范。

南北朝之后，农书大量增加，但与《要术》规模相近的农书，自元至清只有四部，这在上面已经提到。与《要术》相比较，这四部书的内容体系各有特色，但也有一定的局限性：《农桑辑要》强调农桑并重，但对农产品加工利用没有涉及，第一手资料也不多；王祯《农书》以农具图谱为主体，篇幅几乎占到全书的 4/5；《农政全书》50 余万字，内容注重开垦、水利与荒政，其中作者本人的农学研究心得或原创性文字只有 6 万多字，主体内容由他人文献摘编而成；《授时通考》只是前人农业资料的汇编，没有新内容。另外，这几部大型农书的写作，无不以《要术》作为首要材料来源。

总之，《要术》在总结农学成就，传承农业文化方面，为后人开辟了可以遵循的途径。它成书于写本卷轴时代，且向来不受儒家重视，写作和流传十分不易。该书能够保存下来并世代相传，也在一定程度上体现出其在中国农业史上的地位和价值。

（二）《要术》在中国古代的流传和影响

从农作物种植到家畜饲养，从农产品加工贮藏到食物烹饪，《要术》无所不包，其中所涉及的谋生技能，有很多是前人没有总结过的新经验、新技术。所以，该书一出现就受到官方重视，并很快在民间传播开来。

1.《要术》的流传

隋唐五代以前，《要术》长期依靠手抄流传。到了北宋天圣年间（1023—1031），该书才由皇家藏书馆"崇文院"正式雕版印行，这时距其成书已有近500年时间。可惜崇文院本刊印量很少，政府只配发给各地劝农官员，作为其指导农业生产的依据，一般人很难得到，民间流传绝少。据南宋初年《要术》张辚刊本序言记述，当时想找个善本看已经很难了！

不过，由于《要术》内容范围广，实用价值高，可以满足各行各业的需要，所以它突破了刻本稀少的限制，依靠手抄本形式，在民间长期流传。从崇文院刻本时代直到南宋初年，为了获得书中的农业技术知识，人们或者全抄，或者抄写自己需要的部分内容。这样辗转传抄，使得该书得以广泛传播。

在手抄流传的过程中，《要术》颇受宋人好评，有出类拔萃之称誉。良好的声誉和广泛的实用性，为其再次刊行创造了机会。南宋绍兴十四年（1144），济南人张辚在龙舒（今安徽舒城县）做县官，为了向天下人推广"务农种谷"技术，就将他从民间得到的崇文院本刊印行世。随着《要术》第一个重刻本的刊行，其影响进一步扩大。此后，该书版本不断增加，元明清到民国多有翻刻、影印、石印和排印本出现，流传日益广泛，好评不断。明代思想家王廷相曾在马直卿刻本后序中说，《要术》记载的是"训农裕国之术"。

就传播地域来说，北宋以前，《要术》主要以手抄方式在北方地区传播。南宋以后，随着长江流域经济文化的发展，它开始流行于南方。从明后期到清代，该书在江浙地区大量刊行。可能有人会问，《要术》讲的是北方旱地农业，为什么会在江南水田区得到大量刊行呢？这虽然与宋代之后江南地区经济繁荣、文人荟萃、刻书业发达有关系，但更重要的原因应在于，该书所记载的农业生产原理、原则是南北通用的；书中关于农作物繁育栽培、畜禽饲养、农产品加工贮藏及食品烹饪的具体技术经验，南北各地可以变通利用。另外，尽管南宋之后，南方地区性农书不断涌现，《要术》的实用性下降，但其内容的经典性和重农文化价值，依然长期受到人们的推崇。所以，《要术》从北宋首次雕版印行以来，到清末民初已有 20 多种版本。

2.《要术》对传统农学的影响

唐初太史令李淳风（602—670）撰写的《演齐人要术》一书，实际上就是《演齐民要术》。因为"民"是唐太宗李世民的名讳，所以作者改"民"为"人"。此书早已失传，顾名思义，它应是对《齐民要术》的补充和阐发。

唐初还出现了由武则天（624—705）主持编撰和颁行的首部官修农书《兆人本业》，其书名的"兆人"就是"齐民"的意思。此书也已失传，从有关文献得知，它记载的主要是"农俗四时种植之法"，内容来源与《要术》分不开。贾思勰的著作问世不久，就受到朝廷的重视和利用，说明其社会影响较大。

唐代及其以后，王旻（mín）的《山居要术》、明代温纯的《齐民要书》、清代包世臣的《齐民四术》、清代王文清的《治生要术》等书，尽管内容不尽相同，书名却一直在套用《齐民要术》。除此以外，历史上出现的数十部书名带有"要"字的农书，似乎也是受到了《要术》的影响，如《四时纂要》《农家切要》《秦农要事》《农桑要旨》《农桑撮要》《农事机要》《农桑衣食撮要》《山居四要》《神农最要》《东篱纂要》《相牛心镜要览》《防旱要言》等。

再从内容层面来看，《农桑辑要》《农政全书》等多部大型综合性农书，无不以《要术》的内容结构和规模作为范本，以《要术》的文字记载作为基本资料来源。大量专业性农书和地方性农书，很多也引用了《要术》的资料。可见，《要术》对传统农学的影响非常深远。

（三）近现代以来中国学者的《要术》整理与研究

在长期的传抄翻印过程中，《要术》文字错讹严重，给人们的阅读和使用带来很大困难。尤其是印数最多，书市长期流行的《津逮秘书》本问题最为突出。清代乾嘉学派兴起以后，有学者着手进行《要术》的校勘工作，黄廷鉴所校《学津讨原》本和刘寿曾所校《渐西村舍》本，先后得以刊印出版，促进了《要术》的传播。

民国时期，尤其是"五四"新文化运动以后，科技著作开始受到重视。1922年商务印书馆影印《要术》南宋本的明代抄本，为读者提供了唯一完整的善本，即《四部丛刊》本。接着，《要术》研究开始起步，社会上陆续出现相关评介和考证文章，其中万国鼎、栾调甫的论著学术影响较大。

新中国成立后，有组织地开展了祖国农业遗产的整理工作，《要术》的整理处于十分突出的地位。相关农史学家将现代农学知识与传统考据学相结合，重新对该书进行校勘和注释，石声汉《齐民要术今释》（1957—1958）和缪启愉《齐民要术校释》（1985）先后问世。这两部重要成果，为《要术》的进一步整理、研究及利用奠定了良好基础。

20世纪50年代以来，关于《要术》研究的论著也大量涌现。它们大体可以分为三类：一是对作者及成书过程的考证，包括贾思勰的里籍、活动地区、写作方法、思想观点及成书年代等；二是对全书的整体研究与评述；三是对书中所记各类农业生产知识的专题研究。重要成果有：万国鼎《论齐民要术——我国现存最早的完整农书》（《历史研究》，1956年第1期）；石声汉《从齐民要术看中国古代的农业科学知识》（科学出版社，1957 年）；梁家勉《齐民要术的撰者注者和撰期》（《华南农业科学》，1957 年第 3 期）；李长年《齐民要术研究》（农业出版社，1959 年）；游修龄《〈齐民要术〉及其作者贾思勰》（人民出版社，1976 年）等。

20 世纪 80 年代以来，《要术》研究与时俱进，今译，词汇考析，以及农业经营管理思想、农产品加工贮藏、食品烹饪、果蔬园艺等方面内容的探索，都取得突出成绩。值得一提的是，20 世纪 90 年代起，贾思勰的故乡山东省寿光市很重视《要术》的研究和利用工作，不仅成立了专门的研究会，还定期举办相关学术会议，出版多种研究论著，进一步扩大了这部农学经典在国内外的影响。

（四）《要术》在国外的流传及影响

《要术》问世后，很早就传播到了世界上其他国家和地区，并对当地的农业科技与文化产生了重要影响。从这一点上说，《要术》既是中国的，也是世界的。

1.《要术》在日本的传播和研究

日本宽平年间（889—898）的《日本国见在书目录》载有"《齐民要术》十卷"，说明该书早在唐代已传到日本。《要术》最早的刻本——北宋崇文院本，在中国早已失传，而日本高山寺却收藏有卷五、卷八两卷，今已成为孤本珍籍。

除了上述直接从中国传去的本子外，后来还有日本人所抄的两种《要术》本子在流传。其中之一就是南宋末年他们依据北宋本抄写的本子，该抄本现在还保存着，但只剩下九卷，卷三丢失，被称为"金泽文库本"。1950 年底，日本方面将其影印本赠送给中国科学院等单位，基本完整的北宋本《要术》，终于返回了故土。

《要术》在日本的第一个刻本，是日本延享元年（1744），山田罗谷根据中国明代《津逮秘书》本覆刻的。该刻本作了简单的校注，还附上日语译文。对于刻印这部书的原因，山田罗谷在《序》中说他从事农业生产三十余年，凡是民家生产、生活上遇到的事，只要向《齐民要术》求教，依照着去做，经过历年的试行，没有一件不成功的。可见，刊刻者长期利用《要术》来指导自己的农业活动，获得了成功，所以对这部书推崇备至，要把它刻印出来，推荐给日本民众。

1826 年，日本出现《要术》的第二部刻本，是山田罗谷本的覆刻本。明治年间（1868—1912），这个刻本又被重印出版。日本学者猪饲敬所（1761—1845）则进一步用宋本来校正山田罗谷本的错失，为后来日本所开展的《要术》整理与研究工作，创造了良好条件。

到了现代，日本学者对《要术》的整理与研究投入了更大热情，工作专心而精细。他们首先致力于校勘、注释和日译等基础性工作，以便推进它的阅读和普及。其次是从中西比较角度，探究《要术》的内容，认为它很早就把握住了旱地保墒农业技术的精髓，与现代科学原理非常接近，具有重要的应用价值。值得一提的是，日本学者还将《要术》的研究称为"贾学"，足见他们对该书推崇程度之高。

在日本，《要术》研究的著名学者有天野元之助、篠（xiǎo）田统、西山武一、熊代幸雄等人。西山、熊代二氏 20 世纪 50 年代完成的《校订译注齐民要术》一书多次再版，说明《要术》在日本读者广泛。如今，日本的《要术》整理与研究工作，仍然在继续进行。

2.《要术》在朝鲜半岛的流传及影响

《要术》传入朝鲜半岛的时间也很早。朝鲜"三国时期"（前 2 世纪—7 世纪），直接引进了中国的旱作农业技术，也就是依据公元前 1 世纪成书的《氾胜之书》和 6 世纪成书的《齐民要术》等中国农书，来提高当地的农业生产水平。高丽时代末期（约 14 世纪）朝鲜引入了中国元代官修的《农桑辑要》一书，而《农桑辑要》的材料主要来自《齐民要术》，就是说，这一时期朝鲜半岛的农业生产仍然以《要术》的内容为指导。

在朝鲜王国前期（约 1400—1600），世宗王颁布了以重农为理念的《经国大典》，还命令官员根据朝鲜老农的经验和实地调查，编纂了《农事直说》这部农书。《农事直说》大约有 3500 字，内容以粮食种植技术为主，包括备谷种、耕地、种麻、种稻、种黍粟、种稷、种豆、种大小麦、种胡麻、种荞麦等 10 项，没有记载园艺和蚕桑。书中关于水稻栽培的内容有 1200 字，占到 1/3，基本反映出 15 世纪朝鲜农法的特色。不过，该书系参考《农桑辑要》等中国农书编纂而成，而其内容源头则是北魏时期的《齐民要术》。例如，《农事直说》记载，耕地"秋深耕，春夏浅耕，初耕深，转耕浅"。这段文字显然源于《要术》的《耕田》篇。

到了现代社会，《要术》在韩国依然受到重视，并出现不少研究成果。一方面，人们认为《要术》是韩国农学的一个源头，是古农学研究的宝贵资料；另一方面，韩国学者在讨论有机农业和农产品加工时，经常引用的典籍就是《齐民要术》。1993 年，韩国学者尹瑞石等人出版《齐民要术：食品烹饪加工篇研究》一书。2007 年，由具滋玉等四人译注的韩语版《齐民要术》出版发行。2018 年底，釜山大学崔德卿教授出版《齐民要术译注》（韩文版），他在"序言"中说，翻译和整理《要术》之目的，在于让人们了解农业技术变迁在社会文明进化中的基础作用，强调农业在保障人类生命、健康及环境安全方面的重要性。可见，在朝鲜半岛，《要术》这部中国古农书的价值至今也没有消失。

3.《要术》在欧美国家的流传及影响

约从 16 世纪起，西方官员、商贾、传教士接连来到中国，他们在传播西方文化的同时，也把中华文化介绍给西方。《要术》或者该书中的部分内容，至迟在 19 世纪就被译介传播到了欧洲，并且很可能成为达尔文（1809—1882）创立生物进化论的重要依据。

达尔文《物种起源》在谈到人工选择时提到："如果以为选择原理是近代的发现，那未免与事实相差太远。……在一部中国古代（农业）百科全书中，就已有关于选择原理的明确记述。"据考证，这里所称的"百科全书"，很可能就是《齐民要术》。在《动物和植物在家养下的变异》一书中，达尔文又说，中国人对于各种植物和果树，应用了选择原理，其文献依据应该也是贾思勰的著作。

到了 20 世纪，《要术》又一次显示出了它的魅力。1958 年 7 月，著名中国科技史研究专家、英国剑桥大学李约瑟（Joseph Needham，1900—1995）博士在访华期间，专程到地处陕西武功杨陵镇的西北农学院，拜会农史学家、《齐民要术今释》作者石声汉先生，讨论《中国科学技术史》"生物学卷"和"农学卷"的编写问题。后来，该书第六卷"农业分册"，由李约瑟的助手白馥兰（Francesca Bray）女士执笔完成，其中《要术》被引用 50 多处，并有专节论述。另外，《意大利百科全书》"中国科学史卷"还收载了白馥兰撰写的"齐民要术"词条。欧美一些大图书馆都收藏有《要术》的相关版本；欧美国家也很早就注意利用该书关于旱地耕作及有机农业的技术经验，并在实践中取得了突出成就。

（五）《要术》对现代农业发展的意义

20 世纪中期以来，人们逐步认识到，源于西方的现代常规农业依赖化肥、杀虫剂、除草剂等外源性物质投入，它在提高农作物产量的同时，也往往导致生态破坏和食品安全问题。同时，中外学者高度评价中国传统农业科技，认识到它对于解决现实农业危机具有重要借鉴意义。

第一，《要术》在继承农业天地人"三才"学说的基础上，提出农业生产应当"顺天时、量地利"，不可逆天而行。这种尊重天地自然的思想符合生态原理，可以作为当今生态农业建设的指导原则。从古到今，农业生产的本质是相同的，都是自然环境、动植物和人类劳动相互作用的再生产过程。贾思勰的农学思想，始终强调天时、地利的基础作用，认为农业生产只有顺应自然，趋利避害，才能收到事半功倍的效果。这样的思想原则可以引导我们重新思考农业现代化实践中的"天人关系"和"人地关系"问题，合理利用自然资源，促进农业的可持续发展。

第二，《要术》十分重视土壤耕作、因时因地栽培和轮作套种等技术措施，现实意义明确。中国传统农业的主要特点是精耕细作，它除了需要加大劳动力的投入以外，还要尽量解决土壤肥力供给与农业产出之间的矛盾。在资金和肥料投入有限的情况下，古人主要依靠精细的耕作栽培技术，如耕、耙、耱，早锄多锄，种植绿肥，以及轮作复种、间作套种等，协调光照、热量、降水自然条件与作物生长的关系，同时减少病虫害的发生，努力提高作物产量和品质。现代农业大量使用化肥、农药，主要依靠外源性物质投入提高产量，会对水土资源以及食品安全造成危害。《要术》所记载的农业生产经验，至今仍是减少农业投入、保护农业生态的一种替代技术，被世界各国普遍采用。

第三，《要术》农林牧副多种经营的思想及举措，对于当今的自然资源保护与合理利用具有重要借鉴价值。该书的内容体系反映出，传统农户除生产粮食外，还要种菜栽树、饲养家畜，甚至酿酒作醋，努力做到地尽其利，物尽其用，良性循环。贾思勰强调，种植五谷要因地制宜，并注意轮作倒茬；不宜种植五谷的土地，可用来栽种榆树、白杨等树木；农副产品可以饲养猪羊鸡鸭，畜禽粪便则可以肥田。现代农业过分依赖化石能源投入，单一化生产问题严重，农业生态受到很大威胁。例如，单一的粮食或经济作物栽培，会引起土壤中某些营养要素的极端消耗，而该作物需求很少的另外一些元素则日积月累，导致土壤性状改变、肥力下降，同时引起病虫害多发。这样，势必进入化肥和农药使用量不断增加的恶性循环之中。因此，作为基础产业和衣食之源，现代农业很有必要吸收《要术》多种经营的思想精华。

第四，《要术》记载的农产品加工及食品烹饪方法丰富多彩，是探索中华饮食文化源流的基本依据，也对当今的传统食品资源保护与利用具有重要启发意义。近年来，随着中国经济文化的发展和民众生活质量的提高，各地传统食品及其加工制作技艺重新受到人们的关注与重视，

《舌尖上的中国》这部关于民间饮食文化的电视纪录片广受欢迎。不过，同日本、韩国等邻国相比，中国传统食品保护及其文化挖掘尚有较大距离，这需要我们将实地调查和文献记载结合起来，加以认真总结和研究，提出切实有效的解决对策。《要术》一书详细记载了北魏及其以前中国北方地区的酿酒、作醋、制酱、作豉、腌渍、干制、贮藏以及各种肉类、谷类食品的加工烹饪法，体现出传统食品注重天然性、营养性和风味性的特点，以及古人的生活方式和文化观念，是今人整理和利用中国传统饮食文化最重要的文献依据之一。

第五，《要术》强本节用、防灾备荒的思想与举措，对当代农业及社会具有一定的警示意义。古代中国是一个饥荒的国度，北魏时期政治腐败，战乱相继，自然灾害尤为严重，粮食稍有歉收，就会饿殍遍野。该书《杂说第三十》指出：风、虫、水、旱为灾，饥荒连年，十年之中，常有四五年歉收，怎么可以不预防凶年呢？贾思勰深切体会到，抗御自然灾害，除了提高农业技术、多打粮食，以及勤俭节约之外，还必须注意栽培和利用救荒植物，防患于未然。作者在相关篇章中强调，桑椹、稗子、芋、蔓菁、杏、橡子、芰（菱角）等都可以用来救灾备荒。对这些救荒作物，官方和民间都要多加注意，如果放任不种，就是坐而待毙，非常可悲。此外，《要术》卷十《五谷、果蓏、菜茹非中国物产者》，作为全书篇幅最大的一卷，也与防灾救荒有密切关系。从该卷的作者自注和具体内容来看，贾氏显然重在从前人文献中，采录那些可供食用救饥的南方野生植物资源，以弥补人力耕种之不足。当今社会的农业生产能力显著提高，人们的物质生活也大为改善，但同时农业资源保护和防灾备荒意识变得薄弱起来，对粮食安全问题盲目乐观，暴殄天物、奢侈浪费的现象相当严重。联系到中国人吃饱饭的时间不过半个多世纪这一基本事实，《要术》防灾备荒的思想与举措，时刻提醒今人重农防灾，居安思危，取用有度，以促进农业以及社会文明的可持续发展。

齐民要术

齐民要术序

《史记》曰："齐民无盖藏[1]。"如淳注曰："齐，无贵贱，故谓之齐民者，若今言平民也。"

盖神农为耒耜[2]，以利天下；尧命四子[3]，敬授民时；舜命后稷[4]，食为政首；禹制土田[5]，万国作乂[6]；殷周之盛，诗书所述，要在安民，富而教之[7]。

《史记》为帝王将相和大工商业者立传，《要术》为平民老百姓立传，相映生辉。

此段源于《汉书·食货志》，寥寥数语，概括先秦农史，阐明儒家"富教"观点，揭示著述宗旨。

[注释]

[1] 盖藏：积蓄贮藏。见《史记·平准书》，原书作"齐民无

图序-1　东汉山东嘉祥武梁祠神农"耜耕像"

藏盖"。　[2]盖：句首发语词，无具体含义。神农：传说中农业、医药的发明者。耒（lěi）耜（sì）：原始木制翻土工具，单齿为耒，双齿为耜（图序-1）。　[3]尧：传说中的上古帝王之一。四子：尧帝时掌管天象四时的四位大臣，即羲仲、羲叔、和仲、和叔。《尚书·尧典》记载，他们分别居住在东、南、西、北四方，把握春、夏、秋、冬四季变换，告知民众农时节令，所谓"敬授民时"。　[4]舜：传说中的上古帝王，尧让位于他。后稷（jì）：周人的始祖，名弃。史书上说他从小就善于种植庄稼，在舜帝时担任农官，教民稼穑（sè）。现陕西省武功镇还有后稷"教稼台"遗址。　[5]禹制土田：大禹规划了土地田亩。禹，传说中的上古帝王，舜让位于他。相传禹组织各部落民众开挖沟洫，治理洪水，发展农业生产，三过家门而不入。后来禹将王位传给了他的儿子，建立起中国历史上第一个父子传位的夏王朝，这意味着"家天下"的开始。　[6]万国作（zhà）乂（yì）：全国各地开始安定下来了。作，通"乍"，始、初之意。乂，安定。　[7]"殷周之盛"四句：是说从商周王朝的兴盛，以及《诗经》《尚书》等文献所讲述的道理来看，治理国家的关键，首先在于使得老百姓生活安定，衣食丰足，然后才能去教化他们。

《管子》曰[1]："一农不耕，民有饥者；一女不织，民有寒者。""仓廪实[2]，知礼节；衣食足，知荣辱。"丈人曰[3]："四体不勤，五谷不分，孰为夫子[4]？"《传》曰[5]："人生在勤，勤则不匮。"古语曰："力能胜贫，谨能胜祸。"盖言勤力可以不贫，谨身可以避祸。故李悝为魏文侯作尽地力之教[6]，国以富强；秦孝公用商君[7]，急耕战之赏，倾夺邻国而雄诸侯。

引述经典重农言论，论证农业对国计民生的意义。

[注释]

[1]《管子》：记载春秋时期齐国政治家、思想家管仲及管仲学派言行事迹的书籍，大约成书于战国至秦汉时期。引文见《管子·揆度》《管子·牧民》。　[2]仓廪：粮仓，方形叫仓，圆形叫廪。　[3]丈人：古时对老年男子的尊称。引文出自《论语·微子》。　[4]孰为：什么是，也就是"算什么"。夫子：弟子们对孔子的尊称。　[5]传：指《左传》。此书又称《春秋左氏传》《左氏春秋》等，相传是春秋末年鲁国人左丘明为《春秋》做注解的一部编年体史书，儒家经典之一。引文出自《左传·宣公十二年》。　[6]李悝（kuī）：战国初政治家，法家重要代表人物，曾出任魏文侯相，主持变法。尽地力之教：发挥土地生产能力的政令。　[7]"秦孝公用商君"三句：是说秦孝公任用商鞅主持变法，大力奖赏勤勉耕作和英勇作战的人，结果招来邻国大量民众，称雄于诸侯。秦孝公，战国时期秦国国君（前361—前338年在位）。商君，即商鞅，战国时政治家、改革家，法家重要代表人物。急，

迫切地施行，就是以奖赏耕战为当务之急。倾夺，争夺。

《淮南子》[1]曰："圣人不耻身之贱也，愧道之不行也[2]；不忧命之长短，而忧百姓之穷。是故禹为治水，以身解于阳盱之河[3]；汤由苦旱[4]，以身祷于桑林之祭。""神农憔悴，尧瘦癯[5]，舜黎黑，禹胼胝[6]。由此观之，则圣人之忧劳百姓亦甚矣。故自天子以下，至于庶人[7]，四肢不勤，思虑不用，而事治求赡者[8]，未之闻也。""故田者不强，囷仓[9]不盈；将相不强，功烈不成[10]。"

桑林之祭：传说汤即位之初，商王畿之内连续多年大旱，祭祀也没有效果。大旱延续到第七年，汤又在桑林边设坛，祭天求雨。史官占卜后说，要用活人作牺牲，上天才肯降雨。汤说，祈雨本是为民，岂可戕害于民！便决定由自己充任牺牲。他沐浴洁身，向上天祷告，祈求惩罚自己，保护民众，祷毕便坐到柴堆上。正当巫祝要点火燃柴时，大雨骤降，万民欢呼，作歌舞赞颂汤的德行，乐曲取名为"桑林"。

[注释]
[1]《淮南子》：汉初淮南王刘安（前179—前122）及其门客集体编写的一部书。三条引文均出自《淮南子·修务训》。 [2]道：政治理想。 [3]以身解于阳盱（xū）之河：意思是夏禹用自己的身体为牺牲，在阳盱河畔祈祷神灵消除洪水灾害。解，解祷，为消除灾害而祈祷。阳盱河，《淮南子》高诱注："在秦地。" [4]"汤由苦旱"二句：是说商汤由于遇到了连年的旱灾，甘愿在桑林之旁以自己的身体作祭品，向上天祷告消除旱灾。汤，商汤（约前1670—前1587），商朝的创建者。桑林，据说在今河南省商丘市夏邑县桑堌乡。桑堌古称"桑林社"，商汤曾于此祷神求雨。祭，通"际"，非"祭祀"。桑林之祭，即桑林边或桑林间。 [5]癯（qú）：消瘦。 [6]胼（pián）胝（zhī）：手脚上的老茧。 [7]庶人：平民百姓。 [8]事治：事情办成功。求赡（shàn）：要求得到满足。

赡，满足。　[9]囷（qūn）仓：粮仓，圆者称囷，方者称仓。　[10]功烈：功业。

　　《仲长子》曰[1]："天为之时，而我不农，谷亦不可得而取之。青春至焉[2]，时雨降焉，始之耕田，终之簠簋[3]。惰者釜之[4]，勤者钟之。矧夫不为[5]，而尚乎食也哉[6]？"《谯子》[7]曰："朝发而夕异宿[8]，勤则菜盈倾筐。且苟有羽毛[9]，不织不衣；不能茹草饮水，不耕不食。安可以不自力哉[10]？"

天时，地利，尚赖人勤。

［注释］

　　[1]《仲长子》：东汉末期仲长统（180—220）的著作，今已失传。仲长，复姓。　[2]青春：春天草木茂盛，呈青绿色，故称之为青春。焉：指示代词兼语气词，这里用在句尾，相当于"了"，也指代主语"青春"。　[3]簠（fǔ）簋（guǐ）：古代两种盛谷物的器具，竹木制或铜制。簠，外方内圆。簋，外圆内方。这里指代收获。　[4]釜（fǔ）：釜和钟都是古代量器的名称，六斗四升为一釜，十釜为一钟。　[5]矧（shěn）夫（fú）：何况。　[6]而尚乎食也哉：还想有吃的吗？而，承接上句"矧夫"，表示转折，有"还""却"的意思。尚，想望。乎，介词，相当于"着"。哉，疑问语气词，相当于"吗"。　[7]《谯子》：可能是三国时谯周（201—270）的书，后失传。　[8]"朝发而夕异宿"二句：是说早晨同时出发，晚上各自歇宿在不同的地方，只有勤快的人才能

得到满筐的蔬菜。发，上路、启程。倾筐，即顷筐，一种斜口筐。
[9]"且苟有羽毛"四句：意思是说，即使有了鸟羽兽毛，而不去纺织，依然没有衣穿；人不能像动物那样茹草饮水，不去耕作，就没有饭吃。且苟，即使，如果。 [10]安可以不自力哉：怎么能不尽自己的力量去搞好生产呢？安，疑问代词，这里表示反问。

晁错曰[1]："圣王在上，而民不冻不饥者，非能耕而食之，织而衣之，为开其资财之道也[2]。""夫寒之于衣，不待轻暖；饥之于食，不待甘旨[3]。饥寒至身，不顾廉耻。一日不再食则饥，终岁不制衣则寒。夫腹饥不得食，体寒不得衣，慈母不能保其子，君亦安能以有民[4]？""夫珠、玉、金、银，饥不可食，寒不可衣。粟、米、布、帛，一日不得而饥寒至。是故明君贵五谷而贱金玉。"刘陶曰[5]："民可百年无货，不可一朝有饥，故食为至急。"陈思王曰[6]："寒者不贪尺玉而思短褐[7]，饥者不愿千金而美一食。千金尺玉至贵，而不若一食、短褐之恶者，物时有所急也[8]。"诚哉言乎[9]！

劝诫帝王重农安民。

[注释]

[1]晁错：汉文帝、景帝时政治家，主张重农抑商，纳粟受爵，

发展粮食生产。晁错之言出自《汉书·食货志》。　[2] 为开其资财之道也：只是替老百姓开启生财之道罢了。资，产生、创造。财，财富。　[3] 甘旨：美味佳肴。　[4] 君亦安能以有民：君王怎么能获得民心呢？　[5] 刘陶：东汉末年人，约汉桓帝至灵帝熹平末在世，主张改革财政，减轻百姓徭役负担，发展农业生产。《后汉书》卷五十七有传。　[6] 陈思王：曹植，曹操第三子，三国曹魏时文学家，生前封为陈王，去世后谥号为思，故称陈思王。据《艺文类聚》卷五，引文是他奏章中的几句话。　[7] 褐（hè）：粗布或粗布衣服。　[8] 物时有所急也：物品在急需的时候才是最有价值的。　[9] 诚哉言乎：上面说的话，确实没错啊！这里的"哉、乎"都是感叹词。"诚哉"被提前，构成倒装句，表示强烈的感叹语气。

　　神农、仓颉[1]，圣人者也；其于事也，有所不能矣。故赵过始为牛耕[2]，实胜耒耜之利；蔡伦立意造纸[3]，岂方缣、牍之烦[4]？且耿寿昌之常平仓[5]，桑弘羊之均输法[6]，益国利民，不朽之术也。谚曰："智如禹、汤，不如尝更[7]。"是以樊迟请学稼[8]，孔子答曰："吾不如老农。"然则圣贤之智[9]，犹有所未达，而况于凡庸者乎？

由此段开始，列举历史上重农劝耕的人物及事例，阐述农业生产的重要性。

[注释]

[1] 仓颉：相传是黄帝时的史官，发明了汉字。　[2] 赵过：汉武帝时曾任搜粟都尉，主管军粮征收和军队屯田，应是大司农的

属官，据说他在农业上有不少发明。 [3]蔡伦：东汉和帝时的宦官。他总结前人经验，改进造纸方法，利用植物纤维等材料，造出了书写纸。 [4]岂方缣、牍之烦：意思是蔡伦下决心造纸，与过去用绢帛和木片写字相比，免去了不少麻烦。方，比。缣（jiān），一种丝织品，即双丝的细绢，可用来写字作画。牍（dú）：古代写字用的木片。 [5]耿寿昌：生卒年不详，汉宣帝时曾任大司农中丞。他建议在西北设置"常平仓"，用来稳定粮价兼作国家储备粮库，谷贱时加价收进，谷贵时减价卖出，以调节和平抑粮价，为后世"义仓""社仓""惠民仓"的滥觞。 [6]桑弘羊：西汉时期政治家、理财家，武帝时历任侍中、大农丞、治粟都尉、大司农等职，先后推行算缗告缗、移民屯垦、盐铁官营、均输平准等一系列经济政策。均输法：由桑弘羊创立，是汉朝官府利用各地贡输收入为底本，进行贩运贸易的一种经济措施。 [7]不如尝更：即使有大禹、商汤那样的聪明才智，自己不去亲身实践也是不行的。尝，曾经。更，经历。 [8]樊迟：孔子的弟子，他兴趣广泛，曾向孔子请教如何种粮种菜。故事出自《论语·微子》。 [9]然则：连词，用在句子开头，表示"既然这样、那么"的意思。

　　猗顿[1]，鲁穷士，闻陶朱公富[2]，问术焉。告之曰："欲速富，畜五牸[3]。"乃畜牛羊，子息万计。九真、庐江[4]，不知牛耕，每致困乏。任延、王景乃令铸作田器[5]，教之垦辟，岁岁开广，百姓充给。敦煌不晓作耧犁；及种，人牛功力既费，而收谷更少。皇甫隆乃教作耧犁，所省庸力过半，得谷加五[6]。又敦煌俗，妇女作裙，孪缩如羊肠，用布一匹。隆又禁改之，所省复不赀[7]。茨充为桂阳令[8]，俗不种桑，无蚕织丝麻之利，类皆以麻枲头贮衣[9]。民惰窳[10]，少麤履[11]，足多剖裂血出，盛冬皆然火燎炙[12]。充教民益种桑、柘[13]，养蚕；织履，复令种纻麻[14]。数年之间，大赖其利，衣履温暖。今江南知桑蚕织履，皆充之教也。五原土宜麻枲，而俗不知织绩；民冬月无衣，积细草卧其中，见吏则衣草而出。崔寔为作纺绩织纴之具以教[15]，民得以免寒苦。安在不教乎[16]？

好官循吏，奉公守法，重农爱民，造福一方。

[注释]

[1]猗顿：春秋时人，猗顿是其号，姓名与生卒年代已无可考。他原是鲁国的穷书生，后在猗氏（今山西临猗县境）经营畜牧而致富。　[2]陶朱公：范蠡。春秋末期，曾辅助越王勾践灭吴国，后弃政经商，成为巨富，自号陶朱公。　[3]畜五牸：多养母畜。牸，母畜。　[4]九真：汉郡名，在今越南中部。庐江：汉郡名，今安徽庐江一带。　[5]任延：东汉光武帝时任九真郡太守。王景：东汉章帝时任庐江郡太守，水利专家，曾主持治理黄河。　[6]皇甫隆：三国时魏人，嘉平年间（249—254）任敦煌太守，颇有政绩。他曾教给当地老百姓制作耧车播种，省去一半多劳力，而谷子产量却增加了五成。耧犁：指耧车，一种畜力条播器，可同时完成开沟、下种、覆土等多项工作，是中国古代重要农业发

图 序 -2 王祯《农书》"耧车"

明之一（图序 -2）。《今释》标点为"敦煌不晓作耧、犁"，包括两种农具。 [7] 所省复不赀（zī）：皇甫隆下令敦煌妇女改变做裙子的习俗，节省了很多布匹。赀，计算。 [8] 茨（cí）充：东汉光武帝时任桂阳太守。桂阳郡，在今湖南郴州一带。 [9] 类皆以麻枲（xǐ）头贮衣：是说当地人大多将废麻头装在夹衣里保暖。类，大多、大都。麻枲头，指短碎的麻纤维。 [10] 惰窳（yǔ）：懒惰、懈怠。窳，懒。 [11] 麤（cū）：据《校释》注，指草鞋、麻鞋之类，此处不是"粗"的异体字。履：鞋子。 [12] 然："燃"的本字。燎炙（zhì）：烘烤。 [13] 柘（zhè）：落叶灌木或乔木，叶可以喂蚕。 [14] 纻麻：苎麻，多年生草本植物，茎皮纤维可做纺织原料。 [15] 崔寔：东汉桓帝时任五原（今内蒙古河套以东至山西偏关县西北一带）太守，撰写了《四民月令》等著作。 [16] 安在不教乎：怎么能不教给老百姓谋生的办法呢？安在，在哪里，在什么地方。

历史上常将龚遂和黄霸作为"循吏"的代表，"龚黄"并称。白居易有诗曰："有期追永远，无政继龚黄。"

黄霸为颍川 [1]，使邮亭、乡官皆畜鸡、豚 [2]，以赡鳏、寡、贫穷者 [3]；及务耕桑，节用，殖财，种树 [4]。鳏、寡、孤、独，有死无以葬者，乡部书言 [5]，霸具为区处 [6]：某所大木，可以为棺；某亭豚子，可以祭。吏往皆如言 [7]。龚遂为渤海 [8]，劝民务农桑，令口种一树榆，百本薤 [9]，五十本葱，一畦韭，家二母彘[10]，五鸡。民有带持刀剑者，使卖剑买牛，卖刀买犊，曰："何为带牛佩犊[11]？"春夏不得不趣田亩[12]；秋冬课收敛[13]，益蓄果实、菱、芡。吏民皆富实。召信臣为南阳[14]，好为民兴利，务在富之。躬劝农耕[15]，出入阡陌，止舍离乡亭，稀有安居。时行视郡中水泉，开通沟渎，起水门提阏[16]，凡数十处，以广溉灌，民得其利，蓄积有余。禁止嫁娶送终奢靡，务出于俭约。郡中莫不耕稼力田。吏民亲爱信臣，号曰"召父"。僮种为不其令[17]，率民养一猪，雌鸡四头，以供祭祀，死买棺木。颜斐为京兆[18]，乃令整阡陌，树桑果；又课以闲月取材，使得转相教匠作车[19]；又课民无牛者，令畜猪，投贵时卖，以买牛。始者，民以为烦；一二年间，家有丁车、大牛[20]，整顿丰足。王丹家累千金，好施与，周人之急[21]。每岁时农收后，察其强力收多者，辄历载酒肴[22]，从而劳之，便于田头树下，饮食劝勉之，因留其余肴而去；其惰懒者，独不见劳，各自耻不能致丹，其后无不力田者。聚落以至殷富。杜

"召父杜母"，称赞地方官的成语。《后汉书》卷三十一："前有召父，后有杜母。"杜母指东汉南阳太守杜诗。

畿为河东[23]，课民畜牸牛、草马[24]，下逮鸡、豚，皆有章程[25]，家家丰实。此等岂好为烦扰而轻费损哉[26]？盖以庸人之性，率之则自力，纵之则惰窳耳。

[注释]

[1]黄霸：汉宣帝时两次出任颍川太守，先后八年之久，政绩突出。为颍川：指担任颍川太守，文中省去了官名。颍川：汉郡名，在今河南禹州市一带。　[2]邮亭：古时传递文书的驿馆。乡官：管理一乡事务的下级官吏。汉代以三老（掌教化）、啬夫（掌赋税、诉讼）、游徼（掌治安）为乡官，帮助郡县处理一乡之事。汉代亦将乡官的治所称为乡官，相当于乡政府办事处。豚：小猪，这里泛指猪。　[3]鳏：年老无妻。　[4]殖财：生财、增加收入。　[5]乡部：乡官的办事处。书言：打书面报告。　[6]具：一一、逐一。区处：分别处置。　[7]吏往皆如言：承办官吏到那里去，果然都如黄霸所说的那样，有大树或猪可以利用。　[8]袭遂：汉宣帝时任渤海太守，政绩卓著。渤海郡：约当今河北省沿渤海地区。　[9]薤（xiè）：又称"藠（jiào）头"、小蒜、野蒜等，百合科葱属多年生草本，古代的一种蔬菜。　[10]彘（zhì）：猪。　[11]何为带牛佩犊：为什么把牛、犊佩戴在身上。意思是说，不把刀剑卖掉，买来牛、犊，就等于把牛、犊佩戴在身上。　[12]趣：通"趋"，也通"促"，奔赴、奔向。　[13]课：检查。收敛：收获。　[14]召信臣：稍后于龚遂，曾任零陵、南阳、河南三郡太守。汉元帝时任南阳太守，在任期间很重视农田水利，主持兴建灌溉工程多处，其中最有名的是六门堨和钳卢陂。　[15]"躬劝农耕"四句：召信臣深入田间地头，经过各乡

各亭，就在乡亭里休息，很少有安适的时候和住处。阡（qiān）陌（mò），田间小路，这里泛指田野间。止舍，安顿休息。离，经历。　[16]起水门提阏：修建引水口和水闸。提阏（è），水闸。

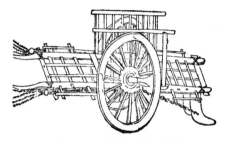

图序-3　王祯《农书》"大车"

[17]僮种：东汉时人。不其（jī）：今山东青岛市即墨区一带。　[18]颜斐：三国魏文帝黄初年间任京兆太守。京兆郡：大致相当于今西安市辖境。　[19]使得转相教匠作车：使得老百姓能够互相传授技术制作车辆。匠，制作技术（图序-3）。　[20]丁：壮健，引申为"坚实"。　[21]王丹：东汉初人，为人正直，多有义举，晚年征为太子太傅。周人：周济人、救济人。　[22]辄：总是。历：逐个。酒肴：酒肉。　[23]杜畿（jī）：东汉末魏初人，曾任河东太守十六年。河东：在今山西西南部。　[24]草马：母马。　[25]章程：规章制度。　[26]此等岂好为烦扰而轻费损哉：上面说的这些人，难道是喜欢麻烦、搅扰老百姓而轻率地耗费财物吗？岂，难道。轻费损，轻率地耗费或耗损。

故《仲长子》曰："丛林之下，为仓庾之坻[1]；鱼鳖之堀[2]，为耕稼之场者，此君长所用心也。是以太公封而斥卤播嘉谷[3]，郑、白成而关中无饥年[4]。盖食鱼鳖而薮泽之形可见[5]，观草木而肥硗之势可知。"又曰："稼穑不修，桑果不茂，

据《史记·河渠书》，郑国渠兴修本来是韩国的"疲秦之计"，但水渠修成后，灌溉放淤相结合，大片盐碱地得到改良，关中变成沃野，粮食产量大增，"秦以富强，卒并诸侯"。白渠在《汉书·沟洫志》中有记载。

畜产不肥，鞭之可也；杝落不完[6]，垣墙不牢，扫除不净，笞之可也。"此督课之方也。且天子亲耕，皇后亲蚕[7]，况夫田父而怀窳惰乎[8]？

[注释]

[1]庾（yǔ）：露天粮仓。坻（dǐ）：场地。　[2]堀（kū）：古同"窟"，洞穴。　[3]是以：所以。太公：指太公望，又称姜太公，即姜子牙。商末周初人，助周灭殷，封于齐地。斥卤：盐碱地。　[4]郑、白：郑国渠、白渠，都在陕西关中地区，为大型引泾灌溉渠道。郑国渠为战国末期秦国所开，由韩国水工郑国主持修筑，故名；白渠为汉武帝时所开。　[5]"盖食鱼鳖而薮泽之形可见"二句：是说吃到鱼鳖就能想到沼泽的水产情况，观察草木生长，就能知道土地的肥瘦。薮泽，浅水湖沼。盖，发语词。硗（qiāo），土地瘠薄。　[6]杝（lí）落：篱笆。杝，古通"篱"。　[7]天子亲耕：古代帝王春耕时到田间亲自扶犁耕作的一种典礼，以表示重农劝耕之意。皇后亲蚕：古代皇后在蚕月亲临蚕事的典礼，表示重视蚕桑业。　[8]田父：农民，"父"在此是尊称。

李衡于武陵龙阳泛洲上作宅[1]，种甘橘千树。临死敕儿曰[2]："吾州里有千头木奴[3]，不责汝衣食，岁上一匹绢，亦可足用矣。"吴末，甘橘成，岁得绢数千匹。恒称太史公所谓"江陵千树橘，与千户侯等"者也[4]。樊重欲作器物[5]，先种梓、漆，时人嗤之。然积以岁月，皆得其用，向之笑者，咸求假焉[6]。此种殖之不可已已也[7]。谚曰："一年之计，莫如树谷[8]；十年之计，莫如树木。"此之谓也。

要想富，多植树。要想长远富，莫忘多栽树。

[注释]

[1]李衡：三国吴时人，曾任丹杨郡（今南京一带）太守。武陵龙阳：武陵郡龙阳县，治所在今湖南汉寿县。泛（fàn）洲：即湖中淤沙冲积而成的大片沙洲。　[2]敕：嘱咐。　[3]"吾州里有千头木奴"四句：是说我村庄里有一千个"木奴"，它们不向你要吃要穿，一棵树每年还会献给你一匹绢，足够你花销了。木奴，指柑橘树。责，要求、索取。　[4]恒称：通常所说。太史公：指司马迁。江陵：今湖北江陵一带。千户侯：古代的封号，意为食邑千户的侯爵。　[5]樊重：东汉初人。《要术》所述，见《后汉书·樊宏传》。　[6]咸求假焉：都来向他求借木材。　[7]已已：停止，叠用以加重语气。　[8]树谷：种植粮食。

《书》曰[1]："稼穑之艰难。"《孝经》曰[2]："用天之道，因地之利，谨身节用，以养父母。"《论语》曰："百姓不足，君孰与足[3]？"汉文帝曰[4]："朕为天下守财矣，安敢妄用哉！"孔子曰："居家理，治可移于官[5]。"然则家犹国，国犹家，是以家贫则思良妻，国乱则思良相，其义一也。

人之行，莫大于孝。

勤谨节用，家国一理。

[注释]

[1]《书》：指《尚书》，五经之一。引文出自《尚书·周书·无逸》："先知稼穑之艰难，乃逸。" [2]《孝经》：以孝为中心，集中阐述了儒家的伦理思想，十三经之一。引文出自《孝经·庶人》。 [3] 君孰与足：百姓不富足，君王怎么能富足呢？孰，谁，这里用作介词"与"的宾语而前置。[4] 汉文帝：西汉第三位皇帝刘恒（前180—前157年在位）。他励精图治，兴修水利，减省刑法，汉朝逐渐强盛起来，与其子汉景帝统治时期被合称为"文景之治"。引文出自《后汉书·翟酺传》。 [5] 居家理，治可移于官：家务管得好，它的方法可以用来治理国家。引文出自《孝经·广扬名》。

夫财货之生，既艰难矣，用之又无节；凡人之性，好懒惰矣，率之又不笃 [1]；加以政令失所，水旱为灾，一谷不登 [2]，胔腐相继 [3]：古今同患，所不能止也，嗟乎 [4]！且饥者有过甚之愿，渴者有兼量之情 [5]。既饱而后轻食，既暖而后轻衣。或由年谷丰穰，而忽于蓄积；或由布帛优赡 [6]，而轻于施与：穷窘之来，所由有渐 [7]。故《管子》曰："桀有天下 [8]，而用不足；汤有七十二里，而用有余，天非独为汤雨菽、粟也 [9]。"盖言用之以节。

居安思危，蓄积防灾。

[注释]

[1] 率之又不笃（dǔ）：人的习性是好逸恶劳的，政府又不

去认真引导。率：引导、领导。笃：真诚、尽心。　[2]登：成熟。　[3]胔（zì）腐：腐尸。胔：腐烂的肉。　[4]嗟（jiē）乎：叹词，表示悲叹。　[5]兼量：加倍的量。情：欲望。　[6]优赡：充足、富厚。　[7]所由有渐：穷困窘迫是由于不知节俭而逐渐到来的。　[8]桀：夏桀，夏朝最后一位君主，历史上有名的暴君。引文出自《管子·地数》。　[9]雨菽、粟：天上像下雨一样落下大豆和谷子。雨，用作动词，落下。

《仲长子》曰："鲍鱼之肆[1]，不自以气为臭；四夷之人[2]，不自以食为异：生习使之然也[3]。居积习之中，见生然之事[4]，夫孰自知非者也？斯何异蓼中之虫[5]，而不知蓝之甘乎[6]？"

运用比喻手法，指出从事农业要谋新求变，不能墨守成规，为下文作铺垫。

［注释］

[1]鲍鱼：腌鱼，不是又名鳆鱼或石决明的鲍鱼。东汉刘熙《释名·释饮食》："鲍鱼，鲍，腐也，埋藏腌使臭也。"肆：店铺。　[2]四夷：东夷、南蛮、北狄和西戎，为古代华夏族对四方少数民族的统称。　[3]生习：生活习惯。　[4]生然：本来如此。　[5]斯：此，这个。蓼（liǎo）：蓼科的水蓼，一年生草本植物，生长在水边或水中。茎叶有辛辣味，可用以调味。　[6]蓝：蓼科的蓼蓝，一年生草本，叶形似蓼而味不辛辣，可制蓝靛染料。

今采捃经传[1]，爰及歌谣，询之老成，验之行事，起自耕农，终于醯醢，资生之业，靡不毕书，号曰《齐民要术》。凡九十二篇，束为十卷[2]。卷首皆有目录，于文虽烦，寻览差易[3]。其有五谷、果蓏非中国所殖者[4]，存其名目而已；种莳之法[5]，盖无闻焉[6]。舍本逐末，贤哲所非，日富岁贫，饥寒之渐，故商贾之事，阙而不录[7]。花草之流，可以悦目，徒有春花，而无秋实，匹诸浮伪[8]，盖不足存。

交代写作原则。不录"商贾之事"和"花草之流"，或与自然经济时代以粮为本的农业经营理念有关。

[注释]

[1]"采捃（jùn）经传"九句：是说现在我采集文献资料，并引用民间歌谣，请教年高有经验的人，亲身实践加以验证，从耕作栽培开始，到制醋作酱的方法，凡是对生产和生活有帮助的事项，无不全部记载下来，书名题为《齐民要术》。采捃，采集。捃，原意是在人家收割庄稼后，到地里捡拾残穗。爰（yuán），爰，援引，引证。醯（xī）醢（hǎi），即醋、酱，醯也可指酒，这里指代各种酿造方法。　[2]束：卷束。北魏时写书卷束成圆轴，以一轴为一卷，书籍还没有分页装订成册，即册页体式还没出现。　[3]寻览差易：检索和阅读比较容易。　[4]果蓏（luǒ）：指各种瓜果。果：木本植物的果实。蓏：草本植物的果实。中国：这里指北魏统治下的中原地区。　[5]种莳（shì）：即种植。莳：栽种。　[6]盖无闻焉：则没有听说过。盖，连词，略当"则"。下文"盖不足存"的"盖"，表示因果关系，略当"因此""所以"。　[7]阙（quē）：古同"缺"。　[8]匹诸浮伪：如同浮华虚伪的东西。匹诸，比之于，如同。

　　鄙意晓示家童[1]，未敢闻之有识，故丁宁周至，言提其耳，每事指斥，不尚浮辞。览者无或嗤焉[2]。

交代写作目的及行文风格，又带有自谦意味。

[注释]

[1]"鄙意晓示家童"六句：我写这本书是为了教导家中从事生产劳动的人，不是写给有学识的人看的，所以会反复而详尽地加以嘱咐，甚至恨不得提着他们的耳朵去讲，每件事都讲得直截了当，不崇尚浮华的词句。鄙意，谦辞，自己的意见。家童，家中从事农副业生产的奴仆。丁宁，叮咛。指斥，直接讲出来，这里无斥责之意。　　[2]无或：不要。嗤（chī）：嗤笑、讥笑。

[点评]

　　序文表达了贾思勰的重农思想及写作宗旨，交代了《要术》的撰写方法、内容范围和撰写目的，体现出该书在劝勉农耕和技术指导两大方面的重要价值。

　　写作宗旨：可以用"富民资生"来概括。序文一开始就强调，从尧舜禹时期到有文字记载以来的历史证明，只有搞好了农业，解决了平民百姓的衣食问题，才能更好地教导民众，从而保持社会安定，所谓"要在安民，富而教之"。接着，作者用大量历史上重农劝耕的言论和事例，论述发展农业对国计民生的重要意义。从作者所举例证和行文语气来看，他一方面是在劝诫帝王和官吏要高度重视农业，以农为本；另一方面也要求老百姓辛勤劳作，并注意学习和掌握农业新技术。大概因为贾氏的技术指导书，蕴含了儒家"富民教民"的思想，立意高远，所以后世多次刊印，成为广泛流传的劝农书。

写作方法：文献资料利用与实地调研、试验相结合。《要术》的农业科技资料来源于纸本文献、民谚歌谣和调查采访等各个方面，每一方面都有其科学依据及合理性，体现出传统农学研究的基本方法已经形成，这是贾思勰的重大贡献。因为除了纸本文献记载和谣谚传唱以外，传统农业知识及技能往往留存于农民的头脑和农耕实践中，通过口传手授的方式加以传播，向富有经验的老农和内行请教，是获得第一手资料的重要途径。另外，作者还通过亲身实践对一些生产知识的真实性、可靠性加以验证，使得该书的科学性和技术指导价值更为突出。

内容范围：从土地耕作、作物栽培、家畜饲养到农产品加工利用的技术知识，以至烹饪方法等，书中都有总结。另外，采录了有利用价值的南方植物近150种。作者还特别说明，对于舍本逐末的商贾之事，即丢弃农业根本，一味追求赚钱谋利的那些方法，以及好看不中用的花花草草，一概不予收录。由于受时代背景及个人经历的影响，作者对栽花种草的观赏园艺存有偏见，也无可非议。

撰写目的：作者最后写的几句话并非故作谦虚，而是由其农学著作的性质及读者对象所决定的。贾氏很明白，他的书主要是用于指导农业生产，或者说是写给老百姓看的。因此，他在撰写过程中追求语言朴实无华，叙述全面周详，内容切实有用，要让用到书的人容易理解和掌握，能够对其农业生活真正起到帮助和指导作用。

齐民要术卷一

耕田第一

凡开荒山泽田[1]，皆七月芟艾之[2]，草干即放火，至春而开垦。根朽省功。其林木大者劙杀之[3]，叶死不扇[4]，便任耕种。三岁后，根枯茎朽，以火烧之。入地尽矣[5]。耕荒毕，以铁齿镉榛再遍杷之[6]，漫掷黍穄[7]，劳亦再遍[8]。明年，乃中为谷田[9]。

小字为贾氏自注，下同。以小字注的形式对正文内容予以阐释或补充。

首讲开荒造田以及耕耙耢配合的措施。

［注释］

[1] 泽田：低洼潮湿的田地。　[2] 芟（shān）艾（yì）：割除杂草。芟：割草。艾：通"刈"，割草。　[3] 剺（yīng）：环割。在树干近根处环割去一定宽度的树皮，深及木质部，从而切断了向下运输有机养料的筛管，树因缺乏营养而自然枯死，故有"树怕剥皮"一说。　[4] 不扇：不遮阴。　[5] 入地尽矣：连地下的根也烧尽了。　[6] 铁齿镉榛：牲口拉的铁齿耙，有方耙和人字耙（图 1-1）。用于耕后耙细地块，平整土地，灭除杂草，也用于中耕松土。杷：现写作"耙"。　[7] 漫掷黍穄：撒播黍子和穄子。黍，糜子；穄，黏糜子。糜子抗旱能力极强，与杂草竞争的能力也很强，还耐瘠薄，耐盐碱，生育期短，

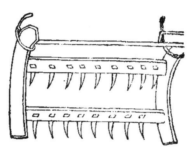

图 1-1　王祯《农书》"方耙"

可作新开荒地的"先锋作物"。 [8] 劳：无齿耙，后写作"耢"或称"摩"，今写作"耱"。此处用作动词，表示耱地这种作业。耢是用荆条、藤条之类编成的整地农具，用于耙后进一步平地和碎土，兼有轻压保墒作用，也用于种后覆土和苗期中耕（图 1-2）。　[9] 中：可以，合适。中原地区方言，《要术》中常见。新开荒地第一年种过黍穄，第二年就可以种谷子。

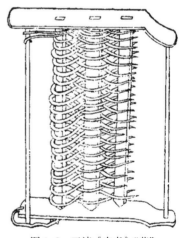

图 1-2　王祯《农书》"劳"

凡耕高下田，不问春秋，必须燥湿得所为佳[1]。若水旱不调，宁燥不湿。燥耕虽块[2]，一经得雨，地则粉解。湿耕坚垎，数年不佳。谚曰："湿耕泽锄，不如归去[3]。"言无益而有损。湿耕者，白背速锄榛之[4]，亦无伤；否则大恶也。春耕寻手劳[5]，古曰"耰"[6]，今曰"劳"。《说文》曰："耰，摩田器。"今人亦名劳曰"摩"，鄙语曰[7]："耕田摩劳"也。秋耕待白背劳。春既多风，若不寻劳[8]，地必虚燥。秋田塈实[9]，湿劳令地硬。谚曰："耕而不劳，不如作暴[10]。"盖言泽难遇[11]，喜天时故也。

视墒情而耕，耕耢结合，为北方耕田之要。

[**注释**]

[1]得所：土壤的干湿度刚好合适。得：得到、获得。所：适宜的，为其所需的。 [2]"燥耕虽块"五句：是说土壤干燥的时候耕地，虽然土垡容易结块，但只要下过雨，土块就会粉碎。土壤湿潮的时候耕地，土垡干后结成硬块，那地几年都好不了。坚垎（hè），干硬，不易破碎。垎，土块因失水而干硬。 [3]"湿耕泽锄，不如归去"：这条农谚是说，湿时耕地，雨后锄地，不如回家去。 [4]白背：土地表面发白。锄（lòu）榛：铁齿耙。 [5]寻手：随手、随即。 [6]耰（yōu）：即长柄木榔头，古代打碎土块、平整土地的木制农具，功用

图1-3 王祯《农书》"耰"

与耢相近（图1-3）。　[7]鄙语：俗语。　[8]寻劳：随即耢地。寻，寻手、随即。　[9]塈（zhí）实：土地坚实，应为北方方言。《校释》注：塈实指北方秋季雨水较多，地土含水量较多，因而下沉塌实的状况。　[10]"耕而不劳，不如作暴"：这条农谚是说，耕地而不耢地，还不如不耕。作暴，作罢的意思。与上文谚语"湿耕泽锄，不如归去"说法相近。　[11]泽：土壤水分，这里指土壤墒情好，耕作保墒机会难得。

耕田深浅，因时而定。犁廉耢再，地熟保泽。

凡秋耕欲深，春夏欲浅。犁欲廉[1]，劳欲再。犁廉耕细，牛复不疲；再劳地熟，旱亦保泽也。秋耕掩青者为上[2]。比至冬月[3]，青草复生者，其美与小豆同也。初耕欲深，转地欲浅[4]。耕不深，地不熟；转不浅，动生土也。菅茅之地[5]，宜纵牛羊践之。践则根浮。七月耕之则死。非七月，复生矣。

［注释］

[1]犁：这里指用犁耕翻土地（图1-4）。廉：狭窄，指犁沟要留窄一些，这样土地会耕得更匀透，也节省牛力。　[2]掩（ǎn）青：掩通过耕翻把青草掩埋到地里作为绿肥，现在也叫"压青"。　[3]"比至冬月"三句：秋耕压青之后，等到冬天另一批青草长出来，到来年春天再耕翻入地，它的肥效与小豆绿肥一样美。比至，及至，等到。　[4]转地：第二次耕，也单称"转"。　[5]菅（jiān）茅：本是两种禾本科杂草，古时常统称茅草。茅草根茎长，蔓延深广，生命力强，很难根除。

图1-4 陕西绥德东汉牛耕画像石

凡美田之法[1]，绿豆为上，小豆、胡麻次之。悉皆五、六月中穊种[2]，七月、八月犁掩杀之，为春谷田，则亩收十石，其美与蚕矢、熟粪同[3]。

种植绿肥，压青美田。

[注释]

[1]"美田之法"三句：是说使得土地肥美的方法，以种绿豆作绿肥最好，其次是种小豆、芝麻。凡，凡是，有概括之意。小豆，即红小豆、赤豆、赤小豆。胡麻，这里指芝麻。 [2]穊（jì）：同"概"，稠密。 [3]蚕矢：蚕屎、蚕粪、蚕沙。矢，古同"屎"。

凡秋收之后，牛力弱，未及即秋耕者，谷、黍、穄、粱、秫茇之下[1]，即移赢速锋之[2]，地恒润泽而不坚硬。乃至冬初，常得耕劳，不患枯

牛力缺少情况下的耕作措施。

旱[3]。若牛力少者，但九月、十月一劳之，至春稴种亦得[4]。

图1-5　王祯《农书》"锋"

[注释]

[1]谷：谷子，粟。粱：谷子良种，味道香美。秫（shú）：糯性的粟。这里的粱、秫是粟类，不是现在的高粱。茇（bá）：草根，这里指作物收割后留在地里的根茬。　[2]移羸：指把弱牛牵来锋地。羸（léi），瘦弱，指牛，承上文"牛力弱"省去牛字。锋：一种有犁铧而没有犁壁的整地农具，用牛牵挽，具有浅耕灭茬及保墒作用，起土浅，牛曳起来较轻松，这里指锋地作业。《今释》认为"锋"也可能是一种人力农具（图1-5）。　[3]枯旱：酷旱，严重干旱。　[4]稴（tì）种：不耕地而直接种下去。

[点评]

该篇所讲的土壤耕作技术，可以视为作物栽培总论。土地是作物生长的基本条件，种庄稼首先必须整好地，这一点是中国传统农业精耕细作的根本所在。古代北方旱作农业区，农田灌溉非常有限，通过土壤耕作措施抗旱保墒，一直是提高作物产量的前提条件（图1-6）。所以，《耕田》被列为开卷首篇。

作者记载的耕田技术包括四个层面：一是开垦荒地，以各种人力措施把荒山低地改造成农田，扩大耕地面积。二是详记耕地的土壤耕作措施，包括土地的适耕期，墒

图 1-6 甘肃嘉峪关魏晋墓壁画中的耕、耙、糖图像

情的把握，耕翻的深浅，耕后耙、糖保墒的重要性，以及顽固杂草的清除等问题。三是强调栽培绿肥，改良和培肥土壤，充分肯定了绿豆等豆科作物压青肥田的效果。四是考虑到在牛力不足的特殊情况下，可采用秋后浅耕灭茬及九、十月只榜不耕的办法来蓄水保墒。

如果联系贾思勰所在地区的自然环境来分析，我们更能认识到开篇内容安排的意义。黄河中下游地区春季干旱多风，降雨主要集中在夏秋两季。而一年之计在于春，春天是播种季节，怎样趋利避害，使得农作物能够在春季干旱条件下，顺利播种和正常出苗生长，最关键的就是水分问题。在当时灌溉条件缺乏、靠天吃饭的情况下，人们只有着眼于一年四季的天气情况，从前一年的夏秋季开始，就抓住耕作时机，耕、耙、耱配套，保住天上雨，蓄住土中水，提高抗旱能力，增加庄稼收成。

文中"秋耕欲深，春夏欲浅"的耕作要求，包含明确的科学道理。北方秋季多霖雨，深耕有利于接纳和蓄积雨水，减少地表径流，对收墒、蓄墒有显著作用，能为来年春播提供好墒情；秋耕后经冬入春，土壤经过反复冻融，性状和结构会得到改善，而且深耕加深了耕作层，有利于深土熟化，还能有效地消灭田间杂草。而春多风旱，夏天高温，如果深耕，等于揭底跑墒，土壤又不易熟化，所以不宜深耕。为了减少跑墒，一般春夏耕作要尽早进行，深度要浅，并与耙、耱等措施结合起来。

从该篇乃至全书，我们都能看到当时几乎所有的耕作栽培技术措施，在很大程度上都是围绕着抗旱保墒这个中心来安排的。今天，中国农业深受水资源短缺、土壤环境污染和化肥农药过度使用等问题的困扰，《要术》开篇强调的一整套耕田技术措施，对于解决这些农业生态问题具有一定的借鉴意义。

收种第二

凡五谷种子[1]，浥郁则不生[2]，生者亦寻死。种杂者，禾则早晚不均，舂复减而难熟[3]，粜卖以杂糅见疵[4]，炊爨失生熟之节[5]。所以特宜存意，不可徒然[6]。

种子混杂，危害很大。保纯选育，不可马虎。

[**注释**]

[1]五谷：古代主要有两种说法：一种指麻、黍、稷、麦、菽，另一种指稻、黍、稷、麦、菽。这里泛指粮食作物。　[2]浥郁：潮湿闷热，指种子在贮藏中因潮湿郁闷而发热变质，不能发芽。浥：湿黏、发潮；郁：郁积不通。　[3]舂复减而难熟：指春捣时出米率降低，还难以加工。熟，指加工处理。　[4]粜（tiào）：卖粮食。糅（róu）：混合。见疵（cī）：被嫌弃。见，被；疵，通“訾（zǐ）”，意思是挑剔、非议、诋毁。　[5]炊爨失生熟之节：做成的饭生熟不匀。炊爨（cuàn），烧火做饭。　[6]徒然：犹枉然，引

申为马虎，掉以轻心。

粟、黍、穄、粱、秫，常岁岁别收[1]：选好穗纯色者，劁刈高悬之[2]。至春治取[3]，别种，以拟明年种子。耧耩掩种[4]，一斗可种一亩[5]。量家田所须种子多少而种之。

留地别种，有了专门的种子田。

[注释]

[1]别收：分别收割。　[2]劁（qiáo）刈（yì）：割，劁、刈近义，这里都是割取谷穗的意思。　[3]"至春治取"三句：是说到春天打下种子，另外找一块地种植，准备收来作为明年的种子。别种，另外种植。　[4]耧耩（jiǎng）：用耧车耩构。耩，一种犁具，这里是指开沟播种。　[5]一斗可种一亩：种子不同而用种量相同，因为粟、黍、穄等都属于小粒谷物，种子大小很接近。

其别种种子，常须加锄。锄多则无秕也。先治而别埋[1]，先治，场净不杂；窖埋，又胜器盛。还以所治蘘草蔽窖[2]。不尔，必有为杂之患。

将种前二十许日，开出水淘[3]，浮秕去则无莠[4]。即晒令燥，种之。依《周官》相地所宜而粪种之[5]。

种子水选法，沿用至今。

[**注释**]

[1]"先治而别埋"三句：是说留种的谷子要最先脱粒，这样谷场上比较干净，没有混杂其他谷粒。　[2]蘘（ráng）草：作物秸秆。　[3]水淘：用水淘洗，去除浮秕种子。　[4]秕（bǐ）：秕谷。莠：草名，即狗尾草。　[5]《周官》：即《周礼》，儒家经典，其《地官》篇有种庄稼要因地制宜的记载。

[**点评**]

古人早已认识到，种子的好坏直接影响到作物的产量和品质。因此，《收种》《耕田》一同被贾氏作为耕作栽培总论放在卷首。

该篇内容名为"收种"，实际上良种选育是重点，这一点比前代农书有很大进步。作者首先指出种子受潮变质和混杂，会造成很大损失，不可马虎大意。接着主要讲了种子保纯及选育所用的穗选法：选择"好穗纯色者"，单收、单打，单种，收获后用作明年的种子；明年依然是留地单种，专门贮藏，严防混杂和变质；下种之前，还要经过水选晒种。年年如此，周而复始，经过长期的保纯和繁育过程，就有可能选育出符合人们需要的优良品种。

该篇提到的穗选法在中国出现很早，是古人采用的主要良种选育法。汉代《氾胜之书》中已有穗选法的明确记载，贾思勰则对这一重要人工良种选育法，有进一步总结。其中预留种子田，单种单收是北魏时期良种选育技术的重要进步。《要术》以后，直至明清时期，人们利用穗选法培育出大量优良品种，清代所谓的康熙御稻就是通过这种方法培育成功的。在近现代，穗选法依然是重要的育种技术手段。

种谷第三

北魏及其以前，谷子是北方主粮，位置居首。该篇解题部分（本书未录）明确记载并加以分类的谷子品名已达到86个，其中有早熟和晚熟、高秆和矮秆的差别，有耐旱、耐水、抗风、抗虫等抗逆性强者，还有味道美恶不同者等。

农业天地人"三才"论的新表达。"用力少而成功多"，涉及经营绩效。

凡谷，成熟有早晚，苗秆有高下，收实有多少，质性有强弱，米味有美恶，粒实有息耗[1]。早熟者苗短而收多，晚熟者苗长而收少。强苗者短，黄谷之属是也；弱苗者长，青、白、黑是也。收少者美而耗[2]，收多者恶而息也。地势有良薄，良田宜种晚，薄田宜种早。良地非独宜晚，早亦无害；薄地宜早，晚必不成实也。山、泽有异宜。山田种强苗，以避风霜；泽田种弱苗，以求华实也。顺天时，量地利，则用力少而成功多。任情返道[3]，劳而无获。入泉伐木，登山求鱼，手必虚；迎风散水，逆坂走丸[4]，其势难。

[注释]

[1]息耗：指出米率有多有少。息：增多。耗：减少。　[2]收少者美而耗：产量小的谷子，品质好，出米率低；产量大的谷子，品质差，出米率高。这也是农业上的一般现象，即产量与品质往往成反比。　[3]任情：任意、恣意、不加节制。返道：违反自然规律。返：通"反"。　[4]逆坂（bǎn）走丸：逆着斜坡向上滚球，比喻形势困难。坂，山坡、斜坡。

凡谷田，绿豆、小豆底为上[1]，麻、黍、胡麻次之[2]，芜菁、大豆为下[3]。常见瓜底[4]，不减绿豆，本既不论，聊复记之。

良地一亩，用子五升，薄地三升。此为稙谷[5]，晚田加种也。

谷田必须岁易[6]。㜑子则莠多而收薄矣[7]。

二月、三月种者为稙禾，四月、五月种者为稚禾[8]。二月上旬及麻菩、杨生种者为上时[9]，三月上旬及清明节、桃始花为中时，四月上旬及枣叶生、桑花落为下时。岁道宜晚者[10]，五月、六月初亦得。

轮作换茬属种植制度，作用重大。

将节气和物候相结合，把握农时。

[注释]

[1]底：指前作物，即前茬。"茬"是北方口语，原指作物收割后地面留下的根茬，后来由此引申出一系列概念：前作叫前茬，

后作叫后茬；换种别的作物叫换茬，连作叫重茬；前后作物的衔接关系叫茬口，前作的土壤也叫茬口。这些名称或习语在耕作栽培上沿用至今。　[2]麻：指大麻。一年生草本植物，雌雄异株，茎部韧皮纤维可供纺织。胡麻：芝麻。　[3]芜菁：也叫蔓菁，古书中又称为"葑（fēng）"，俗称大头菜，是根类蔬菜作物，其肉质根常用于制作腌菜。　[4]"常见瓜底"四句：是说常常见到前茬种瓜的地种谷子，并不比前茬种绿豆的差，本文既没有说到，姑且附记在这里。　[5]稙（zhī）谷：早种或早熟的谷子。　[6]岁易：每年要换茬。　[7]飔（yuàn）子：指落子发芽。这里是说重茬播种，原先的落子与播子同地重生，谷莠子和杂草会很多，严重影响收成。农谚有"谷后谷，坐着哭"的说法。　[8]穉（zhì）禾：晚谷子。穉：通"稚"，幼小之意，引申为晚种、晚熟。　[9]麻菩：大麻子发芽。菩，借作"勃"，萌发的意思。杨生：杨树开始发芽。　[10]岁道：指一年的气候状况。

《要术》所涉地区主要是黄土。黄土除沙质土外，一般是黏性土。黏性土的特点是湿时黏滞，干后坚硬，但古人有对付它的措施。

凡春种欲深，宜曳重挞[1]。夏种欲浅，直置自生[2]。春气冷，生迟，不曳挞则根虚，虽生辄死。夏气热而生速，曳挞遇雨必坚垎。其春泽多者，或亦不须挞；必欲挞者，宜须待白背，湿挞令地坚硬故也。

凡种谷，雨后为佳。遇小雨，宜接湿种[3]；遇大雨，待秽生[4]。小雨不接湿，无以坐禾苗[5]；大雨不待白背，湿辗则令苗瘦[6]。秽若盛者，先锄一遍，然后纳种乃佳也。春若遇旱，秋耕之地，得仰垄待雨[7]。春耕者，不中也。夏若仰垄，非直荡汰不生[8]，兼与草秽俱出。

凡田欲早晚相杂。防岁道有所宜。有闰之岁，节气近后，宜晚田。然大率欲早[9]，早田倍多于晚。早田净而易治，晚者芜秽难治[10]。其收任多少，从岁所宜，非关早晚。然早谷皮薄，米实而多；晚谷皮厚，米少而虚也。

[注释]

[1]曳：拉、牵引。挞（tà）：一种覆土和镇压的农具。用一丛枝条绑缚成扫把的样子，上压泥土或石块，由牛马或人牵拉着前行，以覆土和压实虚土。　[2]直置自生：就放着让它自然出苗。直，只、就。　[3]接湿：趁湿。　[4]秽：杂草。　[5]坐：生成。　[6]辗：一种碢压农具，用于播种后的覆土镇压。　[7]仰垄（lǒng）待雨：敞开田垄等天下雨。　[8]非直：不但。荡汰：指种子被水冲走或冲埋在泥土下面，这样就难以发芽。　[9]大率：大多、通常。　[10]芜秽：杂草丛生。芜，杂乱。

苗生如马耳则镞锄[1]。谚曰："欲得谷，马耳镞。"稀豁之处[2]，锄而补之。用功盖不足言，利益动能百倍。凡五谷，唯小锄为良[3]。小锄者，非直省功，谷亦倍胜。大锄者，草根繁茂，用功多而收益少。良田率一尺留一科[4]。刘章《耕田歌》曰："深耕概种，立苗

农谚："谷锄寸，顶上粪。"

《耕田歌》：朱虚侯刘章是刘邦的孙子，他不满吕后专政，诸吕擅权，于是在一次宴会上借机唱此农歌，以苗喻人，暗申诛除诸吕之意。见《史记》卷五二《齐悼惠王世家》。

欲疏；非其类者，锄而去之。"谚云："回车倒马，掷衣不下，皆十石而收[5]。"言大稀大概之收[6]，皆均平也。

薄地寻垄蹑之[7]。不耕故。

[注释]

[1]苗生如马耳则镞锄：谷苗刚长出来，像马耳朵那样，就要开始锄地了。镞（zú）锄：一种锄地方法，意思是用锄角小心松土，避免损伤幼苗。镞，本义是箭头。　[2]稀豁：稀少空缺。　[3]小锄：谷苗小时就锄。粟、黍等小粒谷物，幼苗弱小且苗期生长慢，抗逆性弱，易受杂草影响，因而小锄很重要。小锄可结合间苗除草进行浅锄，只锄破土皮，使苗间土壤疏松，并有利于保持水分。（图1-7）[4]科：相当于"丛"。　[5]回车倒马：比喻田里谷子很稀，稀到可以让车马在其中调头。掷衣不下：比喻田里谷子很稠，稠到把衣服扔到它上面，也不会掉下去。十石而收：不是确指，仅表示产量很高。　[6]大稀大概：指谷子留苗很稀或很稠的两种极端情况。作者自注是为了表达良田应合理稀植的思想。因为良田中的谷子分蘖旺盛，植株营养充分，穗大粒饱，产

图1-7　山东泰安汉画像石锄草图摹本

量高，还能节约管理成本。这里还隐含一层意思：在北方旱作区，春夏季往往会遇到旱灾，导致谷子出苗不好或苗期生长受阻，地里谷子较稀，这个时候不必灰心丧气，只要后期风调雨顺，精细管理，照样可以获得不错的收成。　[7]寻垄蹑之：沿着垄踩踏。寻：沿着、顺着。垄：谷子行与行之间的空地。蹑：踩踏。这是谷子苗期的中耕管理措施，具有促根壮苗的作用。

苗出垄则深锄。锄不厌数[1]，周而复始，勿以无草而暂停。锄者非止除草，乃地熟而实多，糠薄米息[2]。锄得十遍，便得"八米"也[3]。

春锄起地[4]，夏为除草，故春锄不用触湿[5]。六月以后，虽湿亦无嫌。春苗既浅[6]，阴未覆地，湿锄则地坚。夏苗阴厚，地不见日，故虽湿亦无害矣。《管子》曰："为国者，使农寒耕而热芸[7]。"芸，除草也。

苗既出垄[8]，每一经雨，白背时，辄以铁齿镉榛纵横杷而劳之。杷法：令人坐上，数以手断去草；草塞齿，则伤苗。如此令地熟软，易锄省力。中锋止[9]。

苗高一尺，锋之。三遍者皆佳。耩者[10]，非不壅本苗深，杀草益实，然令地坚硬，乏泽难耕。锄得五遍以上，不烦耩。必欲耩者，刈谷之后，即锋茇下令突起，则润泽易耕。

锄地可除草、松土、壅根、保墒，早锄多锄，增产作用明显。

春夏锄地，各有目的。春季干旱多风，春锄重在松土起地，切断土壤毛细管，防止水分蒸发。夏季气温高，雨水多，杂草生长快，所以夏锄重在除草壮苗。

锋、耩作业，配合锄地，提高中耕效率。

[注释]

[1] 锄不厌数（shuò）：锄的次数不嫌多。数：多次、屡次。 [2] 糠薄米息：谷糠少而米粒饱满，出米率高。 [3] 八米：出米率达到八成。 [4] 起地：松土壅根。 [5] 春锄不用触湿：春季不能在地湿时去锄地。触湿，碰上湿。 [6]"春苗既浅"六句：是说春季谷苗幼小，苗荫还不能遮蔽土地，日晒会使湿锄翻起的泥土变成硬块，所以不能湿锄；夏天禾苗已长起来了，苗荫遮蔽，地面晒不到太阳，能保持湿润，因而锄地时湿一些也没有多少危害。 [7] 寒耕而热芸：天寒时耕地，天热时除草，相当于"春耕夏耘"。芸：古同"耘"，除草。 [8] 出垄：指谷苗长高，超出了田埂。垄，这里指田埂。 [9] 中锋止：到适合锋的时候停止耢耙。中，适合、可以。 [10]"耩者"五句：是说耩地时将土培壅在苗株根部，可使作物根深叶茂，但它掀土走墒，收割后土壤干硬，犁地时口紧难耕，不如锋的保泽性好。耩，用犁浅耕。壅本，向根部壅土。本，根部。耩与锋不同，犁耩较深，向两旁壅土；锋，指用锋这种农具划破表土，不壅土。

凡种，欲牛迟缓行，种人令促步以足蹑垄底^[1]。牛迟则子匀，足蹑则苗茂。足迹相接者，亦可不烦挞也。

以牛拉犁，开沟播种。

熟，速刈。干，速积^[2]。刈早则镰伤^[3]，刈晚则穗折，遇风则收减。湿积则蕴烂^[4]，积晚则损耗，连雨则生耳^[5]。

五谷以早种为好。

凡五谷，大判上旬种者全收^[6]，中旬中收，下旬下收。

[注释]

[1] 种人：应指随犁下种的人。促步：脚步紧挨着。　[2] 速积：赶快堆积起来。　[3] 镰伤：损伤镰刀，实指籽粒未成熟、不饱满。北方农谚："谷子伤镰一把糠"，是说谷子收割过早则秕糠多。　[4] 藁（gǎo）：禾秆。　[5] 生耳：发芽。　[6] 大判：多半、大致。判，半。

[点评]

谷 [学名：*Setaria italica*（L.）Beauv.]，又称粟、稷，加工脱壳后称"小米"。它原产于中国，已有七八千年的栽培史。中国新石器时代考古发现，粟的遗存相当普遍，黄河流域是粟出土最多、最集中的地区。河北武安磁山遗址和内蒙古赤峰兴隆沟遗址，曾发现距今 8000 年以上的粟遗存。从先秦到唐代之前，粟一直是北方地区的首要粮食作物。古人曾说粟为百谷之长，关乎社稷安危。

魏晋南北朝时期，谷子依然是北方地区的主粮，因而《种谷》被列为作物栽培的第一篇，并且记述特别详细，集中反映出传统作物栽培技术的要点。不过，大约从唐代开始，粟的地位已明显下降，麦子后来居上，成为北方的首要粮食作物。今天粟已成为一种小杂粮，种植不多。

作者首先指出，谷子有不同品种，土地也有良薄、高低的差别，种庄稼要因时、因地、因物制宜，这样才能投入少而收获多。如果违反自然规律，则会劳而无获。

这种农学思想源于天地人"三才"理论，成为后世人从事农业生产所要遵循的基本原则。篇中接着讲了从谷子品种类别、整地、播种、中耕除草到收获的全过程，叙述详尽。贾氏反复说明谷子为什么这样栽培的道理以及利弊，反映出他对相关问题有细致观察和深入调研。

值得注意的是，该篇重点讲了谷子田间管理的中耕除草环节，而没有讲到施肥和灌溉。追溯到战国时期来看，《吕氏春秋》中《任地》《辩土》等农学篇章也未见关于施肥与灌溉的总结。其实这并非偶然，而是因为当时的农家缺乏施肥与灌溉的条件，相应的举措在生产实际中很少见到。田间管理缺少了施肥和灌溉环节，人们只能竭力通过精细的土壤耕作和中耕除草措施，来保障作物收成。因此，《要术》强调，锄地不光是为了除草，它还有松土保墒和熟化土壤的作用。这种重视中耕的做法，很早就成为中国传统农业的基本特点之一。

齐民要术卷二

黍穄第四

凡黍穄田，新开荒为上，大豆底为次，谷底为下。

地必欲熟。再转乃佳[1]。若春夏耕者，下种后，再劳为良。

一亩，用子四升。

三月上旬种者为上时，四月上旬为中时，五月上旬为下时。夏种黍穄，与穊谷同时；非夏者，大率以椹赤为候。谚曰："椹厘厘[2]，种黍时。"

黍、穄，二者同类不同种，可统称为糜子。它们抗旱耐瘠，是开荒先锋，北魏时地位仅次于粟。

燥湿候黄塙^[3]。种讫不曳挞。常记十月、十一月、十二月冻树日种之^[4]，万不失一。冻树者，凝霜封着木条也。假令月三日冻树，还以月三日种黍；他皆仿此。十月冻树宜早黍，十一月冻树宜中黍，十二月冻树宜晚黍。若从十月至正月皆冻树者，早晚黍悉宜也。

苗生垄平，即宜杷劳。锄三遍乃止。锋而不耩。苗晚耩，即多折也。

刈穄欲早，刈黍欲晚。穄晚多零落，黍早米不成。谚曰："穄青喉，黍折头^[5]。"皆即湿践^[6]。久积则浥郁，燥践多兜牟^[7]。穄，践讫即蒸而裛之^[8]。不蒸者难舂，米碎，至春又土臭^[9]；蒸则易舂，米坚，香气经夏不歇也。黍，宜晒之令燥。湿聚则郁。

凡黍，黏者收薄。穄，味美者收亦薄，难舂。

［注释］

[1] 再转：初耕后再耕两遍。　[2] 厘厘："离离"，形容桑椹繁多而下垂的样子。　[3] 黄塙（shāng）：指土壤的一种湿度和结构状况。塙：也写作"暘"，即"墒"字。黄墒的标准是，土壤湿度合适，土色较褐色墒浅，颜色发黄，手捏能成团，有湿凉感，落地散碎。清代山东淄川（今山东淄博市淄川区）人蒲松龄《农蚕经》转音称"黄壤（shuǎng）"。　[4] 冻树：指树木枝条上结了霜，是古人判断农时的物候。　[5] 青喉：指穄茎穗基部与茎秆

春夏秋冬四季皆可种，冬季以"冻树"物候把握种黍时机。

认识到产量与品质成反比。

相连的部分呈青色。折头：指黍穗弯曲下垂的时候。　　[6] 湿践：湿着碾打脱粒。　　[7] 兜牟：也写作兜鍪（móu），战士戴的头盔。这里比喻黍稷如果在干燥之后碾打脱粒，容易造成颖壳粘在籽粒脱不下来，像戴着头盔那样。　　[8] 蒸而裛之：采用蒸的办法使热气透入稷粒并密闭一定时间，以改善其性状及气味。裛（yì），通"浥"，意思是受潮发热。　　[9] 土臭（chòu）：像泥土那样的臭气。"臭"与下文的"香气"相对。

[**点评**]

　　黍和稷（*Panicum miliaceum* L.）为小粒谷物，在植物分类上属同一物种，外形也很接近，但品种不同，北方口语中往往统称为"糜子"（图 2-1）。黍、稷原产于中国，在北方新石器时代遗址中有广泛遗存。山西万荣荆村遗址、甘肃秦安大地湾遗址、内蒙古赤峰敖汉旗兴隆沟遗址出土的黍和稷，距今均在六七千年以上。

　　黍，黏（nián）性，即黏糜子，古代多用以酿酒；稷，不黏的糜子，以食用为主。黍稷古代主要是作为应急、救荒作物及开荒的先锋作物来种的，地位在粟（谷子）之下。不过，黍和稷生

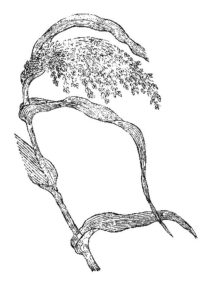

图 2-1 《植物名实图考》卷一
《谷类·黍》

长期短，抗旱耐寒能力强于粟，所以黄河以北地区历来种植较多。宋元明清时期的相关农书和方志中，仍然有不少黍的记述，认为黍"宜旱田"，"早熟，荒年后人多种之"。山西的黄米糕和陕北的黄馍馍分别是用黍、穄（糜子）做成的。

大豆第六

春大豆，次稙谷之后。二月中旬为上时，一亩用子八升。三月上旬为中时，用子一斗。四月上旬为下时。用子一斗二升。岁宜晚者，五、六月亦得；然稍晚稍加种子。

地不求熟。秋锋之地，即稙种。地过熟者，苗茂而实少。

苗茂而实少：指营养生长盛而生殖生长弱，产量减少。

收刈欲晚。此不零落[1]，刈早损实。

必须耧下[2]。种欲深故。豆性强[3]，苗深则及泽。锋、耩各一。锄不过再。

叶落尽，然后刈。叶不尽，则难治。刈讫则速耕。大豆性炒[4]，秋不耕则无泽也。

大豆青刈晒干，用作牛羊的越冬饲料。

种荏者[5]，用麦底。一亩用子三升。先漫散讫，犁细浅畤而劳之。旱则其坚叶落[6]，稀则苗茎不高，深则土厚不生。若泽多者，先深耕讫，逆垡掷豆[7]，然后劳之。泽少则否，为其浥郁不生[8]。九月中，候近地叶有黄落者，速刈之。叶少不黄必浥郁。刈不速，逢风则叶落尽，遇雨则烂不成。

[注释]

[1]零落：豆荚开裂落粒。   [2]耧下：指用耧下种，即耧播。   [3]豆性强：大豆直根系有扎根深的特性。   [4]大豆性炒：大豆的生理特性是水分吸收多，种过大豆的地比较干燥，收割过后若不迅速耕耙蓄墒，土壤中就没有水分。炒，与"燥"意义接近。   [5]"种荏者"五句：是说种大豆用作粗饲料的，要接麦茬下种。一亩地用三升种子。先撒播下去，接着用犁浅浅地犁过，随即耢平覆盖。荏（jiāo），干草。大豆连茎带叶青刈，晒干收贮起来，主要作为牲口越冬的饲料，也叫作"荏豆"。麦底，种过麦子的地。畤（liè），犁地起土。   [6]其（qí）坚叶落：豆秆坚硬，叶子脱落。其：大豆的茎秆。   [7]逆垡：逆着土垡，即与翻倒的土块相反的方向。因为"泽多"黏湿的泥土经过犁头犁壁的挤压，翻转面的正面呈曲凸状，作弧形下覆，显得比较紧实光滑，不易散开。如果顺着撒种，豆子大多落到土垡正面，在耢地后入土很浅，不利于其萌发生长。如果逆着土垡撒种，则种子会落入其反面较为松散的土中，耢地后种子入土较深。   [8]浥郁不生：大豆发芽的需水量较大，如果水分不足，即使种子吸水膨胀了，也发不了芽，顶不出土面，半路就被闷死了。所以在水分少的情况下，

种豆不能采用深翻法，只能浅耕浅种。

[点评]

大豆［学名：*Glycine max*（L.）Merr.］，通称黄豆，原产于中国，古代重要粮食作物，已有三千多年的栽培历史。先秦文献中经常提到"菽"或"豆"，如"中原有菽""豆饭藿羹"等。现在世界各国栽培的大豆，都是直接或间接从中国传过去的，他们对大豆的称呼，几乎都保留了中国大豆古名"菽"的语音。

作为"五谷"之一，大豆比较耐旱，容易种植，具有防灾救荒作用。《要术》引西汉《氾胜之书》曰："大豆保岁易为，宜古之所以备凶年也，谨计家口数，种大豆，率人五亩。"就日常饮食而言，大豆可当主粮，可制酱作豉，可榨油，还可磨豆腐、长豆芽，人们的餐桌上离不开它。大豆蛋白质含量高，营养丰富，缺少肉食的中原农业民族，可用其弥补蛋白质营养的不足，维持身体健康。

在农业生产中，大豆的根瘤具有肥地作用，是重要的轮作换茬作物。从战国、秦汉时期连种制推广以来，它便加入了以粟、麦为中心的轮作体系中，发挥出了用地养地的作用，从而保持了土地的可持续利用。另外，大豆茎叶营养丰富，青刈晒干后可用作牲畜越冬的优质饲草，还可以实现麦豆轮作，一举两得。该篇记载反映出，贾思勰曾养了二百只羊，因为冬贮饲料不足，结果死掉大半，幸存下来的也半死不活。有过这样的教训，使得作者对种植青刈大豆格外留意。

历史上中国的大豆生产一直居于世界首位，是重要的大豆出口国，但进入 21 世纪后，情况发生了改变。由于受到国外转基因大豆的冲击，加之国内大豆生产效益低下，东北等传统大豆产区的农民已不愿意种植大豆，中国大豆生产迅速衰落。现在，中国需要的大豆主要依靠进口。就是说，今天我们喝的豆浆、炒菜的食用油、特色菜品豆腐等，大多是用来自国外的大豆加工而成。

种麻第八

凡种麻[1]，用白麻子。白麻子为雄麻[2]。颜色虽白，啮破枯燥无膏润者[3]，秕子也，亦不中种。市籴者，口含少时，颜色如旧者佳；如变黑者，衰。崔寔曰："牡麻子，青白，无实，两头锐而轻浮。"

麻欲得良田，不用故墟[4]。故墟亦良，有点叶夭折之患[5]，不任作布也[6]。地薄者粪之。粪宜熟。无熟粪者，用小豆底亦得。崔寔曰："正月粪畴。畴，麻田也。"

耕不厌熟。纵横七遍以上，则麻无叶也[7]。田欲岁易。抛子种则节高[8]。

良田一亩，用子三升；薄田二升。概则细而不长[9]，稀则粗而皮恶。

夏至前十日为上时，至日为中时，至后十日为下时。"麦黄种麻，麻黄种麦"，亦良候也。谚曰："夏至后，不没狗。"[10] 或答曰："但雨多[11]，没犊驼。"又谚曰："五月及泽[12]，父子不相借。"言及泽急[13]，说非辞也。夏至后者，非唯浅短，皮亦轻薄。此亦趋时不可失也[14]。父子之间，尚不相假借，而况他人者也?

麦麻种植，互为物候。

种麻谣谚很生动。

[注释]

图 2-2 《植物名实图考》
卷一《谷类·大麻》

[1] 麻：这里指大麻，其雄株可剥制麻纤维，雌株可收取籽实当粮食（图 2-2）。 [2] 白麻子为雄麻：是说白色麻子种下去长出来的是雄麻。这种关于大麻性别鉴定的说法，系沿自前代，不准确。因为种皮色素的深浅和麻的性别没有必然联系。 [3] 啮（niè）：用牙咬。膏润：含油分多，不干燥。 [4] 故墟：指麻的连作地，重茬地。 [5] 点叶：可能是一种病害。 [6] 不任作布：不能用来制作麻布。不任，不堪、不能。 [7] 麻无叶：田地耕作得很精细，可以使麻茎长得又密又粗长，连叶子都看不见了。句中麻没有叶子似乎不合理，实际上是作者的一种表达方式，即书中常对"少"或"有限"的数量用"无"字来加强语气。 [8] 抛子种：指轮作换茬。这与《种谷》篇称重茬为"飙（yuàn）子"的说法相反。抛子：母子相离。飙子：母子同地。落子在地为母，新收种子为

子。节高：节与节之间距离长，麻也就长得高。　[9]概（jì）则细而不长：种得太稠，麻秆纤细且长不高。下句意思是，种得太稀，麻秆粗壮而麻皮纤维粗劣。　[10]不没狗：埋没不了狗，意思是麻长得很矮。　[11]"但雨多"二句：意思是只要下雨多，麻就会长得很高，能遮盖住骆驼。但，只要。橐（tuó）驼，骆驼。　[12]"五月及泽"二句：五月份赶上下雨的时候，父子之间也不会相互帮忙。寓意是到了五月这个时候，雨水对种麻很重要，不能错过时机。及，赶上。相借，相互借用，即相互帮忙。　[13]"言及泽急"二句：只是为了说明趁雨要赶紧播种，并不是真的讲父子不相帮。说非辞，说不真实的话。非，不真实。　[14]趋（qū）时：赶时间。

泽多者，先渍麻子令芽生[1]。取雨水浸之[2]，生芽疾；用井水则生迟。浸法：着水中，如炊两石米顷，漉出着席上，布令厚三四寸。数搅之，令均得地气，一宿则芽出。水若滂沛[3]，十日亦不生。待地白背，耧耩，漫掷子，空曳劳[4]。截雨脚即种者[5]，地湿，麻生瘦；待白背者，麻生肥。泽少者，暂浸即出，不得待芽生，耧头中下之[6]。不劳曳挞。

麻生数日中，常驱雀。叶青乃止。布叶而锄[7]。频烦再遍止[8]。高而锄者，便伤麻。

勃如灰便收[9]。刈，拔，各随乡法。未勃者收，皮不成；放勃不收，而即骊[10]。叶欲小[11]，穊欲薄[12]，

雨脚，指降落至地面的雨丝。又如："床头屋漏无干处，雨脚如麻未断绝。"（唐·杜甫）"月傍云头吐，风将雨脚吹。"（宋·陈三聘）

盛花期散放花粉时收麻。

为其易干。一宿辄翻之。得霜露则皮黄也[13]。

获欲净。有叶者喜烂。沤欲清水，生熟合宜[14]。

浊水则麻黑，水少则麻脆。生则难剥，大烂则不任[15]。暖泉不冰冻，冬日沤者，最为柔韧也。

沤麻要点。

［注释］

[1]渍：浸泡。 [2]"取雨水浸之"三句：是说取雨水浸泡麻子，则发芽快；用井水浸泡，则发芽迟缓。雨水比较纯净，有利于麻子萌芽；黄河流域井水含盐分高，会抑制种子吸水萌发的过程。 [3]滂（pāng）沛：水很多，这里指种子长久浸泡在水里，就会因缺氧而不能发芽。 [4]空曳劳：拉着空耢，即耢上不站人或不压重物耢过去。因为地比较湿，且已催过芽，不宜重耱。 [5]截雨脚：这里指雨刚停住，意近"接踵"。截，截住、拦住。 [6]耧头中下之：用耧播种。 [7]布叶而锄：叶子展开了就开始锄。布，展开、散开。 [8]频烦再遍止：连锄两遍停止。频烦，不止一次，《要术》常用词语。 [9]勃如灰：花粉发散出来像灰尘那样。勃，粉末，这里指雄麻的花粉。大麻是风媒花，花粉成熟，气温升高时，药囊便会自动裂开，散放出一阵花粉，像灰尘一样，所以称为"勃"。 [10]骊（lí）：原指黑色马，这里指麻纤维发黄变黑。 [11]蕟（jiǎn）：小束，这里指绑成小捆。 [12]榑（fū）：与"铺"同义，指铺积要薄。 [13]得霜露则皮黄：若受到霜露的影响，麻皮纤维就会变黄，品质下降。 [14]生熟合宜：麻皮发酵分解程度合适。沤麻是用浸水分解法使麻茎的韧皮部与木质部的胶质物分离，使麻皮易于剥制。沤制过度麻纤维受损，不坚韧，沤制不足则生黏难剥，都会影响麻纤维产量和品质。 [15]大烂则不任：沤麻太烂，会使麻纤维

承受力降低。大烂，即太烂，过于烂。

[点评]

该篇的麻是指大麻（学名：*Cannabis sativa* L.），桑科大麻属植物，一年生直立草本，又称线麻、绳麻、火麻等。中国是大麻的原产地之一，至少已有六七千年的大麻栽培史。麻有雌有雄，古人称雄麻为"枲（xǐ）"，雌麻为"苴（jū）""芓（zì）"。雄麻的韧皮纤维可用来纺线织布，制作绳索、麻袋等。在没有棉花以前，北方人的衣服多是用麻布制成的。雌麻的籽实可当粮食，古代属五谷之一，在南北朝时期还有吃麻粥的。

《种麻》详细记载了大麻生产从播种到收获的整个过程。大麻喜水肥，要用良田种植，精细整地，施用底粪；同时强调不能连作，必须每年换茬，否则麻苗会生病夭折。播种前要浸种催芽，如果土壤墒情好，采用浅耕撒播的办法播种，否则，采用耧种深播的办法播种。种雄麻是为了收获麻纤维，生长期比雌麻短得多，所以作者强调必须及时播种，最晚不能过夏至日。这样会使麻在生育前期就能吸收到充足养料，促进麻长高长壮，提高皮纤维的品质和产量。盛花期是雄麻的适收期，当看到其花粉像灰尘那样放散出来的时候，就要开始收割。过了这个时候，由于有色物质的沉积，麻纤维会逐渐变得灰暗起来，质量就下降了。

当今，麻类作物种类明显增加，包括苎麻、黄麻、青麻、大麻、亚麻、罗布麻和槿麻等，它们的韧皮纤维可加工制成各种各样的纺织品。现在，大麻种植已退居到很次要的地位。因为它早已不作为粮食来种植了，即使作为纤维作物，种得也不多。

大小麦第十

《要术》时代，小麦还不是北方的主粮，故篇目位次靠后。

大、小麦^[1]，皆须五月、六月暵地^[2]。不暵地而种者，其收倍薄。崔寔曰："五月、六月菑麦田也^[3]。"

种大、小麦，先畤，逐犁掩种者佳^[4]。再倍省种子而科大^[5]。逐犁掷之亦得，然不如作掩耐旱。其山田及刚强之地，则耧下之。其种子宜加五省于下田^[6]。凡耧种者，非直土浅易生，然于锋、锄亦便。

掩种、掷种、耧种三种方式，各有利弊，耧种最佳。

穬麦^[7]，非良地则不须种。薄地徒劳，种而必不收。凡种穬麦，高、下田皆得用，但必须良熟耳。高田借拟禾、豆^[8]，自可专用下田也。八月中戊社前种者为上时^[9]，掷者，亩用子二升半。下戊前为中时，用子三升。八月末九月初为下时。用子三升半或四升。

［注释］

[1]大、小麦：指冬大麦和冬小麦，秋季播种，来年春季或夏季收获。　[2]暵（hàn）地：翻晒土地，类似于江浙的"烤田"。暵：曝晒。　[3]菑：翻耕、开垦。　[4]逐犁䅖种：种大、小麦，先用犁开沟，然后随着犁沟打穴点播。逐，随着。䅖，挖坑下种。　[5]再倍省：省两倍，就是只用三分之一的种子。科大：指麦子分蘖多，麦丛大。　[6]加五省：省去一半多。　[7]穬（kuàng）麦：裸大麦。长江流域叫元麦、米麦，青藏等地叫青稞。大麦是有稃大麦和裸大麦的总称，现在通常称有稃大麦为大麦，而别称裸大麦为裸麦、穬麦或元麦。有稃大麦（皮大麦）种皮和内外颖结合紧密，不易分离。裸大麦是裸粒的，二者分离，籽粒易于脱出。　[8]高田借拟禾、豆：高田假如准备种植谷子和大豆的话，（穬麦）自然可以专门用下田来种。借，假使。拟，准备。　[9]八月中戊社前：八月中旬逢戊的秋社日之前。社，社日，这里指秋社日，是立秋后第五个逢戊的日子，民间在这一天祭祀土地神。八月中旬的戊日不一定就是社日，这里的意思是赶在秋社前下种最好。下文"上戊社前"则是指八月上旬逢戊的社日之前。

小麦的水分需求多于粟黍。

秋社日大约在秋分前后，关中农谚说："白露早，寒露迟，秋分种麦正当时。"

小麦宜下田。歌曰："高田种小麦[1]，䅖穄不成穗。男儿在他乡，那得不憔悴？"八月上戊社前为上时，掷者，用子一升半也。中戊前为中时，用子二升。下戊前为下时。用子二升半。

正月、二月，劳而锄之。三月、四月，锋而更锄。锄麦倍收，皮薄面多；而锋、劳、锄各得再遍为良也。

令立秋前治讫。立秋后则虫生。蒿、艾箪盛之[2]，良。以蒿、艾蔽窖埋之，亦佳。窖麦法[3]：必须日曝令干，及热埋之。多种久居供食者[4]，宜作剿麦[5]：倒刈，薄布，顺风放火；火既着，即以扫帚扑灭，仍打之。如此者，经夏虫不生；然唯中作麦饭及面用耳。

小麦热进仓技术的最早记载。

放火烧麦防虫，难以掌控，实际应用很少。

[注释]

[1]"高田种小麦"二句：是说在水分不足的高田上种小麦，没有好收成。穖（liàn）穇（shān），禾穗空而不实，也形容作物长得细弱。　[2]蒿、艾箪：用蒿、艾茎秆编成的圆形盛谷物的器具（图 2-3）。　[3]窖麦法：小麦晒干后，趁热进仓，密闭保管的方法。在密闭状态中，小麦温度的延续能把日晒时还没有杀灭的虫害病菌彻底消除。唐代《四时纂要》进一步指出，在烈日下地面最热时晒麦，并且做到快晒快收，可使麦温更高，效果更好。　[4]久居：久贮、久藏。居，贮藏。　[5]剿（qiāo）麦：麦子割倒后，顺风放火烧麦，以杀灭病

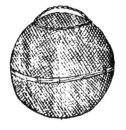

图 2-3　王祯《农书》"种箪"

虫害的办法。剿，阉割，使牲畜丧失生育功能。放火烧麦，可导致其胚芽受损，不能作种子，意近"剿"。

[**点评**]

小麦（学名：*Triticum aestivum* L.）古称"来"，大麦（学名：*Hordeum vulgare* L.）古称"牟"，二者在中国的栽培历史已有四五千年。一般认为，大麦为中国原产，而小麦是从西亚传入中国的。

小麦是西来的，但令人迷惑的是，考古出土的中国小麦遗存却表现为东早西晚、由东向西梯次传播的反方向布局。例如，目前已知最早的小麦遗存几乎全部出土于中国东部的海岱地区，年代距今在 4600—4000 年之间，中原地区出土的早期小麦遗存距今 3900—3500 年，西北地区出土的小麦遗存似乎都没有早过 3500 年。这就引发了一个重要问题，小麦究竟是通过哪条路线传入中国的？

长期以来，人们普遍认为小麦是沿着丝绸之路传入中国的，但是这却难以解释早期小麦在中国的分布格局。有学者研究指出，小麦东传，丝绸之路并不是唯一的路径，应该还有欧亚草原通道。这条古通道以欧亚大陆草原为主线，东起南西伯利亚和蒙古高原，穿过中亚，西至西亚乃至东欧。它的东段经过蒙古高原，向南沿着河谷地带，如黄河、桑干河、永定河等，可以直接通达中国古代文化的核心区域——黄河中下游地区。事实上，在丝绸之路出现之前欧亚草原通道很有可能就是连接东西方文化的主要干线。如果这个传播途径能够最终得到证实的话，目前考古发现的中国早期小麦东早西晚的年代逆向分布就不足为奇了（赵志军《小麦东传与欧亚草原通道》，《三代考古》，科学出版社，2009 年 8 月）。

依据相关考古发现及文献记载还可看出，公元前 6 世纪以前，小麦主要分布于黄淮流域，战国时期，栽培地区继续扩大，内蒙古南部以及吴越地区也已种麦。战国、秦汉时期石转磨的发明和推广，改善了小麦的加工方法，使小麦由粒食转变为面食，这在很大程度上促进了小麦栽培技术的发展。古代北方小麦栽培的扩大，也由于其秋种夏收，能够接绝续乏，解决春末夏初的青黄不接问题。另外，黄河下游地区小麦种植推广较早，则与其收获季节可以避开黄河汛期水患，比粟作更能保障收成有一定关系。

　　魏晋南北朝时期，虽然小麦在北方粮食作物中的地位依然居于粟、黍之下，但它的种植已开始普遍起来，种植技术也趋于完善，这在贾思勰笔下有明确反映。该篇首先强调种大、小麦的田地必须夏耕晒垡。这样不但熟化了土壤，也有利于收蓄雨水，为麦子的生长打好基础。书中对大、小麦的播种措施讲得较为细致，要求按不同地势、土质和气候条件，采取随犁点播、条播，或者耧播等方式。播种的时机则要求赶在秋社之前，即必须早种，生长期要经过秋社。古时有"麦经两社产量高"的农谚，两社是指秋社和春社。秋社在秋分前后，春社在春分前后。麦子一般来年夏季收获，必然要经过春社，所以，关键是要赶在秋社之前播种。在田间管理方面，书中仅提到要加强中耕作业，施肥、灌溉措施则未见提到，这主要是因为当时的农家没有相应的生产条件。

　　到了唐代，麦子的种植发展很快，逐步替代谷子成为北方地区的首要粮食作物，中国"北麦南稻"的种植格局基本形成。直到今天，麦子依然是北方人的主粮，而粟、黍早已成为杂粮。

水稻第十一

北方靠近河流，引水方便的地方也可种水稻。

稻，无所缘^[1]，唯岁易为良。选地欲近上流^[2]。地无良薄，水清则稻美也。

三月种者为上时，四月上旬为中时，中旬为下时。

先放水^[3]，十日后，曳陆轴十遍^[4]。遍数唯多为良。地既熟，净淘种子^[5]，浮者不去，秋则生稗。渍经三宿，漉出，内草篅中裹之^[6]。复经三宿，芽生，长二分，一亩三升掷。三日之中，令人驱鸟。

精细整地，播前要选种、催芽。

稻苗长七八寸，陈草复起，以镰侵水芟之^[7]，草悉脓死^[8]。稻苗渐长，复须薅^[9]。拔草曰薅。薅讫，决去水，曝根令坚。量时水旱而溉之。将熟，又去水。

霜降获之[10]。早刈米青而不坚，晚刈零落而损收。

反复中耕除草、灌水去水，辛劳之至。但相较后世江南稻作而言，还是粗放一些。

[注释]

[1]无所缘：水稻对田土没什么要求，只要不重茬就好。缘，理由、凭借。　[2]上流：河的上游。稻田应选在河流上游，这里用水有保障，且水质好无污染。　[3]放水：引水灌田。　[4]陆轴：一种由牲畜牵挽，用于辊压水田的农具，有木制的，也有石制的，如王祯《农书》所记的"礰（lì）礋（zé）"，与碌碡有所不同（图2-4）。　[5]净淘种子：用水淘净种子。这是水选种子的最早记载，目的在于去除漂浮在水面上的比重较小的秕粒、空粒、碎粒、草籽。稗（bài）是稻田的主要草害，水淘选种后可以减少稗草危害。　[6]内：同"纳"，放入。草篅（chuán）：用草编的小箩筐。裹：把浸涨的稻种捂在篅中催芽（图2-5）。　[7]以镰侵水芟之：用镰刀入水贴地割去杂草。　[8]脓死：烂死。　[9]薅（hāo）：拔

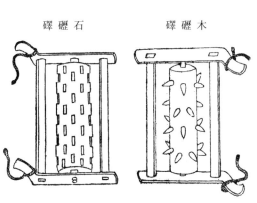

图2-4　王祯《农书》"石礰礋""木礰礋"

图2-5　王祯《农书》"篅"

草。 [10]霜降：二十四节气之一，含有天气渐冷、初霜出现的意思，在每年公历 10 月 23 日左右。

烧而耕之：用火烧地，然后耕作，可提高土壤温度；消灭部分害虫和病菌；促进硝化作用；使某些有机质腐败中间产物挥发消散。

为方便清除稻田杂草，人们先把稻苗全部拔出来，将田里的草彻底薅掉，再把稻苗栽回到田里。后世的水稻育秧移栽也许是由此发展而来的。

北土高原，本无陂泽[1]。随逐隈曲而田者[2]，二月，冰解地干，烧而耕之，仍即下水；十日，块既散液[3]，持木斫平之[4]。纳种如前法。既生七八寸，拔而栽之。既非岁易，草稗俱生，芟亦不死，故须栽而薅之。溉灌，收刈，一如前法。

畦畤大小无定[5]，须量地宜，取水均而已。

藏稻必须用箪。此既水谷，窖埋得地气则烂败也。若欲久居者，亦如“劁麦法”。

春稻，必须冬时积日燥曝[6]，一夜置霜露中，即舂。若冬春不干，即米青赤脉起[7]。不经霜，不燥曝，则米碎矣。

秫稻法[8]，一切同。

[注释]

[1]陂（bēi）泽：陂塘、水塘。　[2]隈（wēi）曲：溪谷、河流曲折处。　[3]散液：消散、融化。液，用作动词，即变成融化流动的状态。　[4]木斫：木椎。　[5]“畦畤大小无定”三句：是说田块大小不固定，要根据地势情况来安排，以便使田面平整，水层深浅一致。这对直播田尤其重要，否则低处因水深缺氧容易

烂种，高处露出水面种子容易遭受草害和鸟害和冻害。畦畔，即田块。畦，田面。畔，田埂。　　[6]积日燥曝：连晒几天，使稻子充分干燥。　　[7]青赤脉起：指稻谷发霉变色的样子。冬春的稻谷如果没有晒干，舂成米后，在贮藏过程中容易引起自热霉变，即被青赤霉菌所侵染。　　[8]秫（shú）稻：糯稻。

［点评］

水稻（学名：*Oryza sativa* L.）原产于中国，自古以来就是中国南方地区的首要粮食作物。据考古发现，一万多年以前，长江中下游地区就有水稻种植。北方地区水稻栽培较少，一般分布在水源充足的地方。《要术》反映的是黄河中下游地区的农业生产情况，水稻自然处于很次要的位置。

该篇记载的水稻栽培，采用的是直播法，就是把稻种直接播在大田里，还没有采用育秧移栽的方法。水稻之外还有旱稻，也叫陆稻，耐旱又耐涝，能较好地利用自然降水，其种植不受人工灌水的限制，适应在春旱而夏秋易涝的低洼地区和夏季雨水较多的高地种植。《要术》有《旱稻第十二》，本书未录。

汉代《氾胜之书》记载了稻田水温调节技术，《要术》所见之水稻栽培技术又有明显进步，出现了种子水选、种子催芽和烤田措施。书中对烤田方法没有具体交代，只提到"曝令根坚"这一基本要求。文字虽然简练，但包含的技术内容很丰富，科学性也很明显。稻田经过去水烤晒，土温升高，可加强有机养分的分解，促使根系下扎和萌发新根，控制了茎叶的生长和无效分蘖的发生，复水后稻株生长健壮，不易倒伏。

北魏之后，水稻栽培在南北方均有较大发展。尤其是随着北人大量南迁以及北方先进农业技术的传播，南方稻作逐步改变了过去"火耕水耨"的粗放状态，形成了精耕细作的技术体系，这在唐代陆龟蒙《耒耜经》和南宋陈旉《农书》中有集中反映。与水稻栽培技术的进步有关，唐宋时期长江流域的水稻生产开始兴盛，中国的经济、文化重心也逐步由北方转移到南方地区，中华文明在稻、麦生产的共同支撑下，呈现出新的面貌。

胡麻第十三

今称芝麻，西汉时来自胡地，故名。

胡麻宜白地种[1]。二、三月为上时，四月上旬为中时，五月上旬为下时。月半前种者，实多而成；月半后种者，少子而多秕也。

提倡早种。

种欲截雨脚。若不缘湿，融而不生[2]。一亩用子二升。漫种者[3]，先以耧構，然后散子，空曳劳。劳上加人，则土厚不生。耧構者[4]，炒沙令燥，中半和之。不和沙，下不均。垄种若荒[5]，得用锋、構。

小粒作物的播种方式之一。

锄不过三遍。

刈束欲小[6]。束大则难燥；打，手复不胜。以五六束为一丛，斜倚之[7]。不尔，则风吹倒，损收也。候口开，乘车诣田斗薮[8]；倒竖，以小杖微打之。还丛之[9]。三日一打。四五遍乃尽耳。若乘湿横积[10]，

芝麻果实为蒴果，成熟时果皮会裂开。

蒸热速干，虽曰郁裹，无风吹亏损之虑。裹者，不中为种子，然于油无损也。

[注释]

图2-6　《植物名实图考》
卷一《谷类·胡麻》

[1]胡麻：芝麻。白地：这里指休闲地，或非连作地。芝麻忌连作，否则病害严重（图2-6）。　[2]融而不生：因水分不足导致芝麻种子干死、消失。融：融化、消融。　[3]漫种：撒播。　[4]"耧耩者"三句：是说芝麻种子小，用耧播的话，把沙子炒干，与种子对半和起来播种，下种均匀。　[5]垄种若荒：是说耧播胡麻如果杂草多，就要用锋、耩中耕除草。　[6]"刈束欲小"四句：是说收割下来的芝麻要捆成小把，把子大了，在拍打芝麻时，手照应不过来，而且把子里面不容易干燥。打，用小杖拍打芝麻束。手复不胜，意思是一手执杖，一手拿把，把子大了操作不便。　[7]斜倚：斜靠。　[8]诣：前往、到达。斗薮：同"抖擞"，抖动、摇落。　[9]还丛之：抖擞过的芝麻束仍然一丛丛地斜搭立好。还，仍然、依旧。　[10]"若乘湿横积"七句：如果乘湿横着堆积起来，芝麻束潮湿闷热，干得快，不用担心风吹落粒，这样，芝麻的胚被闷坏了，不能用作种子，但榨油没有损失。

[点评]

胡麻古有脂麻、油麻、芝麻、方茎等别名，今统称芝麻（学名：*Sesamum indicum* L.），是中国主要油料作物之一。据文献记载，胡麻是汉代由西域传入中国的。今北方一些地方所称的"胡麻"实为油用亚麻，非该篇所指。芝麻可以春播、夏播和秋播，《要术》所记是春芝麻。

　　民谚云："芝麻开花节节高"，芝麻是由下向上陆续开花结实的，早种的植株高，下部有效蒴果相应也多，不成熟的荚少些，产量就高，即芝麻的收成与前半月种还是后半月种没有必然联系。《要术》说，月半前种比月半后种结实多而饱满，应是强调适当早种。

　　芝麻蒴果成熟干裂后，种子一碰就落。所以，贾氏对芝麻的收获有专门交代，只是内容有些简略。这里结合相关传统经验，对芝麻的收获方法稍作补充。芝麻成熟的标志是植株由浓绿变为黄色或黄绿色，全株叶片除顶梢部以外，几乎全部脱落，下部蒴果种子充分成熟，种皮均呈现品种固有色泽，中部蒴果灌浆饱满，上部蒴果种子进入乳熟后期，下部有二三个蒴果轻微开裂。芝麻成熟后，应该趁早晚收获，避开中午高温阳光强烈照射，减少下部裂蒴掉子或病死株裂蒴造成的损失。芝麻收获一般采用镰刀割刈，收获时要尽量减少落籽损失。刈割下来的植株束成小捆，于田间或场院内，每五六束斜搭成一簇，以利曝晒和通风干燥。当大部分蒴果开裂时，倒提小束，两束相撞击，或用木棍敲击茎秆，使籽粒脱落。打过的芝麻束再斜搭成丛，三天之后，再打。如此三四次，芝麻就基本脱净了。

　　芝麻能榨香油，还能制作各色食品。自古及今，它的种植一直受到人们的重视。

种瓜第十四

此"瓜"指甜瓜。宋代出现"甜瓜"专名,"瓜"转为泛指瓜类蔬菜。

收瓜子法：常岁岁先取"本母子瓜"[1]，截去两头，止取中央子[2]。"本母子"者，瓜生数叶，便结子；子复早熟[3]。用中辈瓜子者[4]，蔓长二三尺，然后结子。用后辈子者，蔓长足，然后结子，子亦晚熟。种早子[5]，熟速而瓜小；种晚子，熟迟而瓜大。去两头者：近蒂子，瓜曲而细；近头子，瓜短而喝[6]。凡瓜，落疏、青黑者为美[7]；黄、白及斑，虽大而恶。若种苦瓜子，虽烂熟气香，其味犹苦也。

甜瓜选种经验源自生产实践，原理尚需探究。

又收瓜子法：食瓜时，美者收取，即以细糠拌之，日曝向燥[8]，挼而簸之[9]，净而且速也。

[注释]

[1] 本母子瓜：应是取意于母蔓近根处所生子蔓上，最先结出的瓜。甜瓜大多数品种主蔓上不结瓜，支蔓上的雌花才结瓜。主蔓可称为母蔓，主蔓的分枝可称为子蔓，子蔓的分支则叫孙蔓。本指本末之本，指茎蔓的近根部。 [2] 中央子：本母子瓜中部的种子，形成早，充实饱满，生命力较强，并具有早熟性及丰产性。 [3] 子复早熟：本母子瓜最早结出，用它的种子种下去，下一代结瓜也早。 [4] 中辈：指中间一批，亦即瓜蔓近中部所结的瓜。辈，批、次第。 [5] "种早子"四句：是说瓜的结实有一共同特性，即早熟品种的瓜，一般瓜实形较小；晚熟品种的瓜，一般瓜实较大。 [6] 喎（wāi）：歪，指瓜形不周正。 [7] 落疏：指瓜皮上的条纹稀疏开朗。 [8] 向燥：接近干燥。 [9] 挼（ruó）：揉搓。

良田，小豆底佳；黍底次之。刈讫即耕。频烦转之。

二月上旬种者为上时，三月上旬为中时，四月上旬为下时。五月、六月上旬，可种藏瓜[1]。

凡种法：先以水净淘瓜子，以盐和之。盐和则不笼死[2]。先卧锄耧却燥土[3]，不耧者，坑虽深大，常杂燥土，故瓜不生。然后掊坑[4]，大如斗口。纳瓜子四枚、大豆三个于堆旁向阳中。谚曰："种瓜黄台头[5]。"瓜生数叶，掐去豆。瓜性弱[6]，苗不独生，

甜瓜与大豆混种，用大豆为甜瓜出苗起土，方法巧妙。

故须大豆为之起土。瓜生不去豆，则豆反扇瓜，不得滋茂。但豆断汁出，更成良润；勿拔之，拔之则土虚燥也。

多锄则饶子，不锄则无实[7]。五谷、蔬菜、果蓏之属[8]，皆如此也。

五六月种晚瓜。

治瓜笼法：旦起，露未解，以杖举瓜蔓，散灰于根下。后一两日，复以土培其根，则迥无虫矣[9]。

[注释]

[1]藏瓜：指宜于贮藏的瓜。　[2]笼死：指瓜的茎叶遭受病虫害而萎缩死亡的现象，文中说用盐拌种可以防治。下文又有"治瓜笼法"，是在瓜根附近撒灰，可以治虫。看来文中所说的"笼"，似乎泛指茎叶萎缩现象，其起因可能是病害，也可能是虫害。　[3]卧锄：指把锄侧过来，使锄的侧边和地面贴平。耧却：这里指刮除、刮去。耧，同"搂（lóu）"，有聚拢、搜刮之意。《校释》："搂"有耙动的意义，"耧却"，即耙去。　[4]掊（póu）：本指用手扒土，这里同"刨"，有挖坑之意。　[5]种瓜黄台头：应是指把瓜种在黄土堆下面。《旧唐书·承天皇帝倓传》记载："种瓜黄台下，瓜熟子离离。""黄台头"，即"黄台下"。刨坑时把刨出的土堆积在北面，成为土堆，此即"黄台"。把瓜子种在坑内，就是种在台下或台头。其办法略同现在所谓的阳畦栽培，有障风保温作用。　[6]"瓜性弱"三句：是说瓜子萌芽时顶土力弱，较难独自破土出苗，把大豆和瓜子种在一起，可利用大豆萌芽力强

的特性，帮助甜瓜子叶顶开表土，顺利出苗。　[7] 无实：少实，《要术》常把"无"当"少"用。　[8] 果蓏（luǒ）：泛指水果。果，木本植物的果实。蓏，草本植物的果实。　[9] 迥（jiǒng）：长久。

又种瓜法：依法种之，十亩胜一顷。于良美地中，先种晚禾。晚禾令地腻[1]。熟，劁刈取穗，欲令茇长。秋耕之。耕法：弭缚犁耳[2]，起规逆耕[3]。耳弭则禾茇头出而不没矣。至春，起复顺耕，亦弭缚犁耳翻之，还令草头出[4]。耕讫，劳之，令甚平。

应是地主庄园大面积种瓜的经验。

种稙谷时种之。种法[5]：使行阵整直，两行微相近，两行外相远，中间通步道，道外还两行相近。如是作次第，经四小道，通一车道。凡一顷地中，须开十字大巷，通两乘车，来去运辇。其瓜，都聚在十字巷中。

为便于管理和收获，在瓜田里留出人行道和车道。

[**注释**]

[1] 地腻：土地肥润细致。　[2] 弭（mǐ）缚犁耳：指不缚上犁耳，亦即解掉或去掉犁壁。弭，停止、消除。去掉犁壁，则耕起的土垡只能稍微翻动而不会翻转，谷茬上端仍旧露在地面上。　[3] 起规逆耕：指从田的右边耕起，到头后向左转耕，这样兜圈子地耕到田的中部，如现在耕作方法上所说的"外翻法"。下文所说"顺耕"，指循着和原来逆耕相反的方向去耕。所谓顺逆，

当是指循着钟表指针走向旋转的为顺，反之为逆。现在所谓"外翻法"，正是违反这种走向的逆耕。规，圆形。　[4]草头：指谷茬上端，与上文"禾茇头"同义。　[5]"种法"十五句：是说种甜瓜要使行列整齐对直，两行稍微靠近些，另外两行隔开远些，中间可以让人走过去，过道外面还是两行相靠近的。这样依次排列下去，经过四条过道，留出一条大车道。在一顷地里，须要开出十字形的大巷道，可以让两辆大车通过，来往搬运摘下的甜瓜。运出的瓜都堆放在十字巷中间的空地上。顷（qǐng），田地面积单位，等于一百亩。辇（niǎn），运送。

谷茬引蔓法：让瓜蔓沿着谷茬向上伸展，这样结瓜多，且瓜不着地面，亦少瘢痕和虫害。这应是后世架种甜瓜的源头。

瓜生，比至初花[1]，必须三四遍熟锄，勿令有草生。草生，胁瓜无子[2]。锄法：皆起禾茇，令直竖。其瓜蔓本底，皆令土下四厢高[3]，微雨时，得停水。瓜引蔓，皆沿茇上。茇多则瓜多，茇少则瓜少。茇多则蔓广，蔓广则歧多[4]，歧多则饶子。其瓜会是歧头而生[5]；无歧而花者，皆是浪花[6]，终无瓜矣。故令蔓生在茇上，瓜悬在下。

摘瓜法：在步道上引手而取[7]，勿听浪人踏瓜蔓[8]，及翻覆之。踏则茎破，翻则成细[9]，皆令瓜不茂而蔓早死。若无茇而种瓜者[10]，地虽美好，正得长苗直引，无多盘歧，故瓜少子。若无茇处，竖干柴亦得。凡干柴草，不妨滋茂。凡瓜所以早烂者[11]，皆由脚蹋及摘时不慎，翻动其蔓故也。若以理慎护，及至霜下叶干，子乃尽矣。但依此法，则不必别种早、晚及中三辈之瓜。

摘瓜时要小心谨慎，不能踩踏和损伤瓜蔓，这样结瓜持续时间较长。

［注释］

[1] 比至初花：等到开始开花的时候。　[2] 胁：胁迫，这里有欺侵之意。　[3] 四厢：四周、周围。厢，边、旁。　[4] 蔓广则歧多：蔓延展开了，支蔓就多。歧，支蔓。　[5] 会：必然、一定。　[6] 浪花：指雄花，开花而不结瓜。　[7] 引手：伸手。[8] 听：听凭、任凭。浪人：这里指莽撞的人。　[9] 翻则成细：翻转会使瓜长得细小。　[10]"若无芨而种瓜者"五句：如果没有谷茬来种瓜，即使土地肥沃，也只是一条长蔓直直地延伸出去，没有多少曲折交叉的支蔓，所以结瓜就少。正得，仅仅使得。正，"止"义。　[11] 早烂：指瓜株早衰。烂：残败衰落，大致与"阑"相当，非指腐烂。

区种瓜法[1]：六月雨后种菉豆[2]，八月中犁稚杀之；十月又一转，即十月中种瓜[3]。率两步为一区，坑大如盆口，深五寸。以土壅其畔，如菜畦形。坑底必令平正，以足踏之，令其保泽。以瓜子、大豆各十枚，遍布坑中。瓜子、大豆，两物为双，藉其起土故也。以粪五升覆之。亦令均平。又

精细整地，集中水肥，让瓜子在粪土中过冬，瓜出苗早，生长茂盛，成熟也早。但区种瓜法投入较多，不易做到。

以土一斗，薄散粪上，复以足微蹑之。冬月大雪时，速并力推雪于坑上为大堆。至春草生，瓜亦生，茎叶肥茂，异于常者。且常有润泽，旱亦无害。五月瓜便熟。其掐豆、锄瓜之法与常同。若瓜子尽生则太概，宜掐去之，一区四根即足矣。

又法：冬天以瓜子数枚，内热牛粪中，冻即拾聚，置之阴地。量地多少，以足为限。正月地释即耕，逐畅布之[4]。率方一步，下一斗粪，耕土覆之。肥茂早熟，虽不及区种，亦胜凡瓜远矣。凡生粪粪地无势；多于熟粪，令地小荒矣。

用食物来诱杀蚂蚁，无公害。

有蚁者，以牛羊骨带髓者，置瓜科左右[5]，待蚁附，将弃之[6]。弃二三，则无蚁矣。

［注释］

[1]区（ōu）种：指挖坑播种，一种传统抗旱种植法。　[2]菉豆：绿豆。　[3]十月中种瓜：在10月里种瓜。甜瓜喜温，不耐寒冻，冬季种瓜并不是露天播种、出苗，而是在露地土壤未冻结前播下种子，充分浇水，埋在地里越冬，来春较早出苗。《要术》采用堆雪法，可防冻保墒。　[4]畅（shāng）：同"墒"。　[5]瓜科：瓜窝。科：同"窠"。　[6]将：持取、拿来。

氾胜之区种瓜："一亩为二十四科。区方圆

三尺，深五寸。一科用一石粪。粪与土合和，令相半。以三斗瓦瓮埋着科中央[1]，令瓮口上与地平。盛水瓮中，令满。种瓜，瓮四面各一子。以瓦盖瓮口。水或减，辄增，常令水满。种常以冬至后九十日、百日，得戊辰日种之[2]。又种薤十根，令周回瓮，居瓜子外。至五月瓜熟，薤可拔卖之，与瓜相避。又可种小豆于瓜中，亩四五升，其藿可卖[3]。此法宜平地。瓜收亩万钱。"

这种渗灌法或节水灌溉法，设计巧妙，适合在北方干旱少雨地区使用。

［注释］

[1]"以三斗瓦瓮埋着科中央"十句：是说在瓜窝中间埋入一个容量为三斗的瓦瓮，里面盛满水，水会通过瓮壁慢慢渗漏出来，瓮四周的瓜株可以得到适量而持续的水分供给，又可避免地面漫灌的水分流失和蒸发，节约水量。　[2]戊辰日：干支计日法中的第五天。对文中关于甜瓜区种日期的说法，存疑。　[3]藿：豆叶。

［点评］

汉唐及其以前，文献中所称的"瓜"一般指甜瓜（学名：*Cucumis melo* L.），该篇也不例外。宋代出现"甜瓜"专名，"瓜"转为泛指瓜类蔬菜。甜瓜在中国栽培历史悠久，品种繁多，园艺上分为数十个品系，如普通香瓜、哈密瓜、白兰瓜等均属不同的品系。历史时期，薄皮甜瓜的分布比较广泛，陕西、河南、辽宁、安徽、山东、四川、湖南、福建等省区曾是其主要产地，现中国大部分地区都有薄皮甜瓜栽培。厚皮甜瓜主要出产于西北少雨干旱地区，新疆哈密瓜、兰州白兰瓜和内蒙古河套蜜瓜驰名中外。

据《史记》记载，秦亡之后，东陵侯邵平成为平民，在长安以务瓜为生。他种的瓜品质好，口味甜美，远近闻名。魏晋时期，东陵瓜品种仍在关中大量栽培，阮籍有诗曰："昔闻东陵瓜，近在青门外。连畛拒阡陌，子母相钩带。"到了南北朝时期，贾思勰总结了甜瓜栽培的各种技术经验，如品种选育、以豆促瓜、瓜田留车道、谷茬引蔓、区种瓜、瓜田除蚁等，反映出当时山东地区的甜瓜生产达到了较高水平。以品种选育为例，甜瓜夏季采摘，其生活习性喜温暖、怕雨湿，在开花和成熟期需要多日照和干燥环境，否则容易滋生病害。为了避开多雨时节，并早日上市，卖出好价钱，就要想办法让甜瓜提前成熟。当时没有生长素之类，人们主要采用选择"本母子瓜"作种的办法，来培育早熟品种。

据贾氏自注，甜瓜近根部最早分出的支蔓上，常在第一、第二腋叶上开花结瓜，这最早结出的瓜就是"本母子瓜"。它的种子具有早熟性，每年选取其中充实饱满、品质较好的"中央子"，即瓜瓤中部的瓜子作为来年的种子，下一代结瓜早，瓜形美观，也容易获得丰产。如此有意识地年年连续选种，所谓"岁岁先取"，就可能通过人工选择把相关优良性状固定下来，培育出早熟品种。这种甜瓜选种方法，符合现代定向育种原理，是园艺学史上的重要成就。

齐民要术卷三

种葵第十七

临种时，必燥曝葵子[1]。葵子虽经岁不浥[2]，然湿种者，疥而不肥也[3]。

地不厌良，故墟弥善；薄即粪之，不宜妄种。

春必畦种水浇。春多风旱，非畦不得。且畦者地省而菜多，一畦供一口。畦长两步[4]，广一步。大则水难均，又不用人足入。深掘，以熟粪对半和土覆其上，令厚一寸，铁齿杷楼之[5]，令熟，足踏使坚平；下水，令彻泽。水尽，下葵子，又以熟粪和

葵曾是北方最重要的大众化蔬菜，故位居蔬菜卷之首。

该篇解题作者按：今世葵有紫茎、白茎二种；种别复有大小之殊。又有鸭脚葵也。

种葵菜要选好地畦种，并经常浇水施肥，栽培之精细程度远超五谷，这也是蔬菜园艺的特点。

土覆其上，令厚一寸余。葵生三叶，然后浇之。
浇用晨夕，日中便止。

每一掐，辄杷耧地令起，下水加粪。三掐更种，一岁之中，凡得三辈[6]。凡畦种之物，治畦皆如种葵法，不复条列烦文。

治畦种葵是一种标准栽培模式。

[注释]

[1] 葵：指锦葵科的冬葵（学名：*Malva crispa* L.），又名葵菜、冬寒菜、冬苋菜、滑菜、蕲菜，古代重要的叶菜（图3-1）。　[2]浥：与"裛"同义，指种子因潮湿而引起的自热变质。　[3]疥：叶片上有瘢的病害。　[4]"畦长两步"四句：是说种葵的畦子长2步，宽1步，畦不能做的太宽，否则水难以浇匀，管理上也不方便，脚容易踩进畦里损伤蔬菜。步，北魏是6尺为步，1尺约合今0.84市尺，0.28米，即1步约1.68米。不用，不需要、不能。　[5]铁齿杷：一种带铁齿的长柄杷子，不同于杷地用的畜力"杷"（图3-2）。　[6]三辈：三茬、三季。畦种葵菜一年三季，就是春葵、夏葵和秋葵。

图3-1 《植物名实图考》卷三《蔬类·冬葵》

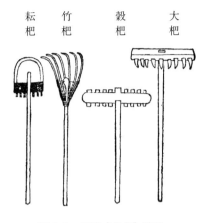

耘　竹　榖　大
杷　杷　杷　杷

图 3-2　王祯《农书》"杷"

早种者，必秋耕。十月末，地将冻，散子劳之，一亩三升。正月末散子亦得。人足践踏之乃佳。践者菜肥。地释即生[1]。锄不厌数。

五月初，更种之。春者既老，秋叶未生，故种此相接。

六月一日种白茎秋葵。白茎者宜干[2]；紫茎者，干即黑而涩。

秋葵堪食，仍留五月种者取子。春葵子熟不均，故须留中辈。于此时，附地剪却春葵，令根上蘖生者[3]，柔软至好，仍供常食，美于秋菜。留之，亦中为榜簇[4]。

接上文的畦种，讲大田种葵的方法。葵菜乃首要蔬菜，市场需求量大，故安排大田种植。

大田葵菜也有春、夏、秋三季，不过可种在不同的田块中，与畦种者种在原地不同。上文冬种春收的是春葵，老了要剪去主茎，使复壮更生新侧茎；五月初另地种的是夏葵，老了要留着收种子；六月一日另地种的是秋葵，除供鲜食外，主要用来阴干贮藏作冬菜。

掐秋菜，必留五六叶。不掐则茎孤[5]；留叶多则科大。凡掐，必待露解。谚曰："触露不掐葵，日中不剪韭。"八月半剪去，留其歧。歧多者则去地一二寸，独茎者亦可去地四五寸。蘖生肥嫩，比至收时，高与人膝等，茎叶皆美，科虽不高，菜实倍多。其不剪早生者，虽高数尺，柯叶坚硬[6]，全不中食；所可用者，唯有菜心。附叶黄涩[7]，至恶，煮亦不美。看虽似多，其实倍少。

收待霜降。伤早黄烂，伤晚黑涩。榜簇皆须阴中。见日亦涩。其碎者，割讫，即地中寻手纠之[8]。待萎而纠者必烂。

[注释]

[1]地释：地解冻，土壤疏松。释：消散。　[2]白茎者宜干：白色茎秆的品种适宜制作干菜。　[3]蘖：这里指春葵贴地剪去后长出的新芽。　[4]榜簇（cù）：指挂在木架上晾干贮藏。榜，一种晾晒的支架。簇，扎成小把挂在支架上。　[5]茎孤：不掐去主茎下部的叶子，养分被消耗，腋芽不易长成新茎，主茎成为孤茎。　[6]柯叶：枝叶。　[7]附叶：近菜心的叶子。　[8]纠：这里指将散叶聚拢在一起，随手捆扎起来。

又冬种葵法：近州郡都邑有市之处，负郭良

田三十亩，九月收菜后即耕，至十月半，令得三遍。每耕即劳，以铁齿杷耧去陈根，使地极熟，令如麻地。于中逐长穿井十口[1]。井必相当，斜角则妨地。地形狭长者，井必作一行；地形正方者，作两三行亦不嫌也。井别作桔槔、辘轳[2]。井深用辘轳，井浅用桔槔。柳罐令受一石[3]。罐小，用则功费。

十月末，地将冻，漫散子，唯概为佳。亩用子六升。散讫，即再劳。有雪，勿令从风飞去，劳雪令地保泽，叶又不虫[4]。——每雪辄一劳之。若竟冬无雪，腊月中汲井水普浇，悉令彻泽。有雪则不荒。正月地释，驱羊踏破地皮。不踏即枯涸，皮破即膏润。春暖草生，葵亦俱生。

三月初，叶大如钱，逐概处拔大者卖之。十手拔，乃禁取[5]。儿女子七岁以上，皆得充事也。一升葵，还得一升米。日日常拔，看稀稠得所乃止。有草拔却，不得用锄。一亩得葵三载[6]，合收米九十车。车准二十斛[7]，为米一千八百石。

自四月八日以后，日日剪卖。其剪处，寻以手拌斫斸地令起[8]，水浇，粪覆之。四月亢旱，不浇则不长；有雨即不须。四月以前，虽旱亦不须浇，地实保

负郭种菜，获利必丰。

但在城市近郊良田大面积种葵，只有大地主才能做到。

葵又称冬葵、冬寒菜、冬苋菜，应源于其可以冬种春生。

泽，雪势未尽故也。比及剪遍，初者还复，周而复始，日日无穷。至八月社日止，留作秋菜。九月，指地卖 [9]，两亩得绢一匹。

葵春、夏、秋三季皆可售卖，获利远胜谷田。

收讫，即急耕，依去年法，胜作十顷谷田。止须一乘车牛专供此园。耕、劳、辇粪 [10]、卖菜，终岁不闲。

又提到种植绿豆作绿肥的良好效果。

若粪不可得者，五、六月中概种菉豆，至七月、八月犁稀杀之，如以粪粪田，则良美与粪不殊，又省功力。其井间之田，犁不及者，可作畦，以种诸菜。

[注释]

[1]"于中逐长穿井十口"三句：是说在田地中间随着它的长度挖 10 口井，开井必须对直成一线，如果斜着开，就会妨碍耕作。逐，随着、顺着。　相当，相对、彼此对直。　[2]桔槔：利用杠杆原理汲水的器具。辘轳：利用轮轴作用转动绳索汲水的器具（图 3-3）。　[3]柳罐：柳条编成的汲水器具。　[4]不虫：不生虫。　[5]十手拔，乃禁取：要有十足的人手，才能承担起拔菜的任务。禁，胜任、承受得起。　[6]三载：三车，一车所载的容量为一载。　[7]准：折充、抵充。斛（hú）：这里指容量单位。唐代之前，斛为民间对石的俗称，一斛即 1 石，等于 10 斗。　[8]手拌斫：当是一种拿在手中使用的小型挖土工具，即小镢头。斸（zhú），挖，挖掘。　[9]指地卖：把整块地里的葵菜作价卖出去，

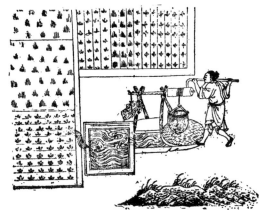

图 3-3　王祯《农书》"桔槔""辘轳"

有便宜处理的意思。　[10] 輦（niǎn）粪：运送粪肥。輦，本指
人拉的车，这里指用车运送。

[**点评**]

　　葵在中国栽培很早，是古代一种很重要的蔬菜。《诗
经》中就有"七月亨葵及菽"的诗句。《要术》将《种葵》
列为蔬菜卷的首篇，对其栽培方法的记载也比较详细。
唐白居易《烹葵》说："绿英滑且肥"，符合葵菜烧熟后
黏滑的特性。直到元代，王祯《农书》还有"葵为百菜
之主"的说法。大概唐宋以后葵的栽培渐少，明代李时
珍《本草纲目》已把它列入草类，现代蔬菜学书中也
没有提到葵，以致今人一般不知道葵是什么。现在江
西、湖南、四川等省仍有葵菜栽培，但其地位已大不如
前了。

　　蔬菜栽培对水肥的要求较高，一般采用小面积作畦
栽培，集约经营。因为葵是当时北方的首要蔬菜，消费

需求量较大，类似于后世北方的大白菜，所以贾思勰在书中不仅记述了葵的畦栽法，还总结了大田栽培葵菜的经验。从该篇的记载来看，大田种菜不能像种粮食那样耕作和管理，而是要精细整地，分畦列亩，多施粪肥，以便在增加产量的同时，改善葵菜的品质。

在长期的果蔬园艺实践中，古人发现植物的地上部和地下部是有机统一体，保持着动态平衡。如果把地上部割去一部分，打破二者之间的平衡，植物就会以强盛的再生能力萌发新芽，长成新枝，达到新的平衡。人们把这种先控后促、复壮增产的技术经验用在葵菜种植上，也取得了良好效果。大田葵菜异地种植，一年可收春、夏、秋三季。在葵菜生长过程中，有意识地截去老葵主茎，其近根部的腋芽便迅速萌发生长，就连潜伏叶也不甘心落后，一起活跃起来长出新茎叶。新茎叶柔嫩鲜美，且发棵增大，比不截茎的老株产量高，品质也好。

蔓菁第十八

标题为"蔓菁",文中称"芜菁"。蔓菁,又名蒡、芜菁,古代北方重要的蔬菜及救荒作物。

种不求多,唯须良地,故墟新粪坏墙垣乃佳[1]。若无故墟粪者,以灰为粪,令厚一寸;灰多则燥不生也。耕地欲熟。

七月初种之。一亩用子三升。从处暑至八月白露节皆得。早者作菹[2],晚者作干。漫散而劳。种不用湿。湿则地坚叶焦。既生不锄。

蔓菁性喜冷凉,秋季最适于其肉质根的膨大生长。

九月末收叶,晚收则黄落。仍留根取子。十月中[3],犁粗畤,拾取耕出者。若不耕畤,则留者英不茂,实不繁也。

其叶作菹者,料理如常法[4]。拟作干菜及酿菹者[5],酿菹者,后年正月始作耳[6],须留第一好菜拟

蔓菁叶作腌菜和干菜,供冬季食用。

之。其菹法列后条。割讫则寻手择治而辫之^[7]，勿待萎；萎而后辫则烂。挂着屋下阴中风凉处，勿令烟熏。烟熏则苦。燥则上在橱，积置以苫之^[8]。积时宜候天阴润，不尔，多碎折。久不积苫则涩也。

蔓菁和葵，年收三者。

也有种蔓菁以收根为主者。联系下文看，六月种者，根长得比较粗大。

春夏畦种供食者，与畦葵法同。剪讫更种，从春至秋得三辈，常供好菹。

取根者，用大小麦底。六月中种。十月将冻，耕出之。一亩得数车。早出者根细。

[注释]

[1] 故墟：指种过蔓（mán）菁（jīng）的地。新粪坏墙垣（yuán）：新近施过陈墙土作肥料。粪：施肥。垣：矮墙。　[2] 菹（zū）：酸菜，腌菜。　[3] "十月中"六句：是说十月份粗疏地用犁翻耕，拾取耕出来的蔓菁根，一部分没有翻出来的蔓菁根则留着越冬，明年收子。如果不翻耕，到了来年春天，蔓菁叶生长不茂盛，结实小。英，嫩叶，这里指着生于短缩茎（茎短缩至地下或地面，并具有密生叶者）上的新叶。　[4] 料理：处理、整理。　[5] 酿（niàng）菹：一种加入麦曲和黍米粥清酿制成的菹菜。　[6] 后年：这里指后一年，即明年。　[7] 辫之：指将割下的蔓菁叶像编辫子一样编起来。　[8] 燥则上在橱，积置以苫之：叶子干了以后，上在橱架上堆积起来，上面用东西盖好。

又多种芜菁法：近市良田一顷，七月初种之。

六月种者，根虽粗大，叶复虫食[1]；七月末种者，叶虽膏润，根复细小；七月初种，根叶俱得。拟卖者，纯种"九英"[2]。"九英"叶根粗大，虽堪举卖，气味不美；欲自食者，须种细根。

一顷取叶三十载。正月、二月，卖作齑菹，三载得一奴[3]。收根依畦法，一顷收二百载。二十载得一婢。细剉和茎饲牛羊[4]，全掷乞猪[5]，并得充肥，亚于大豆耳。一顷收子二百石，输与压油家，三量成米[6]，此为收粟米六百石，亦胜谷田十顷。

是故汉桓帝诏曰[7]："横水为灾，五谷不登，令所伤郡国，皆种芜菁，以助民食。"然此可以度凶年，救饥馑。干而蒸食，既甜且美，自可藉口[8]，何必饥馑？若值凶年，一顷乃活百人耳。

蒸干芜菁根法：作汤净洗芜菁根[9]，漉着一斛瓮子中，以苇荻塞瓮里以蔽口，合着釜上，系甑带，以干牛粪燃火，竟夜蒸之，粗细均熟。谨谨着牙[10]，真类鹿尾。蒸而卖者，则收米十石也。

[注释]

[1]叶复虫食：叶子却会被虫吃掉。复，此处是"则""却"之意。　[2]九英：这里指芜菁的一个品种，根粗叶繁，产量高，

可按需选择播种时间及品种：七月初种，根叶兼得；六月种，可得根；七月末种，可得叶。外卖者，要求产量高；自食者，要求品质好。

南北朝时期，贵族官僚大量蓄养奴婢，一般士族地主也买卖奴婢，役使他们从事农副业劳作。奴婢的主要来源是战争俘虏、被掳掠的人口和破产的贫苦农民。买卖身价很低，史载南朝梁的奴婢一人只值6斗米。贾氏所记的奴婢身价，也是比牛马还要贱。

蒸卖多少干芜菁根，才能收米十石？不大明确。

但品质欠佳。　[3]三载得一奴：三车菜叶可换一个奴隶。　[4]剉（cuò）：这里指切碎。　[5]乞（qì）：给予。《集韵》："凡予人物亦曰乞。"　[6]三量成米：换成三倍量的米。三量，三倍的量。成米，换成米。　[7]汉桓帝：东汉晚期皇帝，在位21年（146—167），当时外戚宦官专权严重，朝政败坏。比照相关文献记载看，《要术》所引诏文的"横水"疑作"蝗水"。　[8]藉口：指可以入口充饥，有可食用之意。　[9]"作汤净洗芜菁根"八句：是说烧热水把干芜菁根洗干净，捞出来倒进一斛容量的瓦瓮中，拿芦苇塞进瓮里，遮蔽瓮口，然后倒转扣合在釜上，系上甑带，下面用干牛粪缓缓地烧着，这样，大的小的就都熟了。漉（lù），过滤。苇荻（dí），芦苇。釜（fǔ），古代的一种炊具，用于蒸煮食物。甑（zèng），古代蒸饭的一种瓦器，底部有许多透气的孔格，架置于釜中，用于蒸熟食物，如同现代蒸锅的篦子。　[10]谨谨：紧密细致。着（zhuó）牙：挨着牙，指吃起来有嚼劲。着，接触、挨着。

［点评］

蔓菁（学名：*Brassica rapa* L.），又名蒘、芜菁，十字花科芸苔属植物，一、二年生根菜类蔬菜，中国是其驯化地之一（图 3-4）。蔓菁肉质根肥大，根和叶可供鲜食，也可腌渍或作干菜供食，《要术》时代依然很受重视。

蔓菁喜冷凉环境，古代北方地区栽培较多。汉代西北边疆曾大面积种植，是戍边军民的粮蔬来源之一。相传三国时期诸葛亮行军所到之处，也常叫军士多种蔓菁，以供军食，因此四川、云南有些地方叫它"诸葛菜"。从《芜菁》篇的记载看，北魏时期山东地区的蔓菁种植比较普遍。蔓菁一般在农历下半年的七八月种植,九月份收叶,十月挖根。其茎叶和肉质根不仅可以鲜食,还可制干菜,作腌菜,可供老百姓及军队在秋冬季节食用。在灾荒之年,蔓菁还能抗灾救荒。

图 3-4 《植物名实图考》卷三《蔬类·芜菁》

大约宋元以后,蔓菁的种植日益减少,它的地位被白菜、萝卜等蔬菜所替代。如今,蔓菁在一些高寒地区是作为经济作物来栽培的;在南方一些地区,则作为特色蔬菜加以保留;在北方地区,蔓菁现已很少栽培,多以野生状态存在。

种蒜第十九

农谚说："种蒜不出九（月），出九长独头。"

蒜宜良软地[1]。白软地，蒜甜美而科大[2]；黑软次之；刚强之地，辛辣而瘦小也。三遍熟耕。九月初种[3]。

种法：黄塌时，以耧耩，逐垄手下之[4]。五寸一株[5]。谚曰："左右通锄[6]，一万余株。"空曳劳。

二月半锄之，令满三遍。勿以无草则不锄，不锄则科小。

条拳而轧之[7]。不轧则独科。

把蒜头辫起来晾干贮藏是传统习俗。

叶黄，锋出[8]，则辫，于屋下风凉之处桁之[9]。早出者，皮赤科坚，可以远行；晚则皮皴喜碎[10]。

冬寒^[11]，取谷得布地，一行蒜，一行得。
不尔则冻死。

[**注释**]

[1] 良软地：肥沃疏松的土地。　[2] 科：这里同"颗"，蒜的鳞茎，俗名蒜头，也叫蒜蒲。　[3] 九月初种：这是秋播后越冬，至来年夏季收获的大蒜。现在黄河下游较暖的地区仍在秋分至寒露间播种（阳历 9 月底 10 月初），至次夏收获。再往北气候变冷，则实行春播夏收或春播秋收。　[4] 逐垄手下之：一垄一垄地用手将蒜瓣播种下去。　[5] 一株：下一个种瓣，长成后就是一株。　[6]"左右通锄"二句：是说大蒜行距一锄宽，一亩可种万余株。通，通过。　[7]"条拳而轧之"二句：蒜苔弯曲的时候，就要抽出来，不抽出来的话会长成独瓣蒜。现在一般也是以出苔后 10—15 天，蒜苔显弯曲的时候，为收获适期。采收过早，蒜苔产量低；采收过迟，蒜苔变粗老，而且消耗养分，影响蒜头的生长。抽去蒜苔后，大蒜植株顶端优势解除，养分大量下行，输送到鳞茎，鳞茎加速生长，进入膨大盛期，产生多瓣的大蒜头。如果植株营养不足，或者春播过晚，未能满足春化低温的要求，那就不能发生鳞芽，即使发生了也不能发育肥大，只能是由叶鞘基部的最内一层逐渐膨大，最后形成一个不分瓣的独头蒜。但不抽蒜苔就会长成独头蒜，并不是必然的。条，蒜苔，大蒜的花茎。拳，弯曲。轧（yà），这里同"揠"，拔出、抽出。独科，指不分瓣的独头蒜。　[8] 锋出：用锋翻出蒜头。　[9] 桁（héng）：架空的横木。这里作动词用，就是把辫好成扎的大蒜挂在横木上。　[10] 皴（cūn）：蒜皮开裂脱落。　[11]"冬寒"五句：是说用谷子秸秆一行一行地盖在露地蒜株上，以便保暖过冬，否则

秸秆覆盖，北方农作物越冬的重要保护措施。

按照栽培顺序，此段应排在"二月半锄之"前面，疑有错简。

蒜可能被冻死。谷稬（nè），谷子秸秆。

一项特殊的大蒜复壮技术，可以增大蒜头，提高产量，至今沿用。

收条中子种者[1]，一年为独瓣；种二年者，则成大蒜，科皆如拳，又逾于凡蒜矣。瓦子垄底，置独瓣蒜于瓦上，以土覆之，蒜科横阔而大，形容殊别，亦足以为异。

一个改造蒜头形状的小试验。

今并州无大蒜[2]，朝歌取种[3]，一岁之后，还成百子蒜矣[4]，其瓣粗细，正与条中子同。芜菁根，其大如碗口，虽种他州子，一年亦变大。蒜瓣变小，芜菁根变大，二事相反，其理难推。又八月中方得熟，九月中始刈得花子。至于五谷蔬果，与徐州早晚不殊，亦一异也。并州豌豆，度井陉以东[5]，山东谷子，入壶关、上党[6]，苗而无实。皆余目所亲见，非信传疑：盖土地之异者也。

贾氏亲自考察了地域条件差异对大蒜种植的影响，很有见地。

[**注释**]

[1] 条中子：指蒜薹上所生的气生鳞茎，也叫蒜珠、天蒜。蒜珠和蒜头相似，但个体很小，瓣数多且细小。　[2] 并（bīng）州：北魏时约当今山西中东部，州治在晋阳（今太原市晋源区）。[3] 朝（zhāo）歌：在今河南省鹤壁市淇县境内，曾是商王朝国都所在地。　[4] 百子蒜：蒜瓣多而细小的蒜头。并州气候严寒，大蒜不行秋播。把河南淇县一带的秋播大蒜移种到并州，只能改行春播，由于环境突变，叶腋间的侧芽分化过多，可能发育成细小多瓣的百子蒜。　[5] 井陉（xíng）：今河北井陉，在太行山以东。　[6] 壶

关：县名，位于山西东南部，魏晋十六国时期属并州上党郡，今属长治市。上党：郡名，位于山西省东南部。

[点评]

蒜有多种，该篇讲的主要是大蒜（学名：*Allium sativum* L.），古代又称为"葫"。西汉时大蒜由西域传入中国，首先在北方地区栽培，后来传播到全国各地。大蒜可供食用或调味，亦可入药。从古至今，它一直在人们的饮食生活中发挥着不可或缺的作用，成为中国南北普遍栽培的重要辛香类蔬菜之一。

按照鳞茎外皮色泽的不同，大蒜有紫皮蒜和白皮蒜两个类型。《要术》所讲的应是紫皮蒜。紫皮蒜一般蒜头大，辛辣味浓，品质好，善抽苔，北方地区栽培很多。在整个生长过程中，大蒜可为人们提供三种产品，即初期的蒜苗，中期的蒜苔，最后的蒜头，其中蒜苔和蒜头可以兼得。从该篇的记载可见，作者最关心的是收获蒜头。

北魏时期，大蒜的栽培技术已相当精细和完善，还出现了利用条中子繁殖，以提高大蒜产量，促使复壮的特殊技术。大蒜是用蒜头繁殖的，用种量大，而且不断进行无性繁殖，会使其生活力衰退，蒜头变小。为此，贾氏改用蒜苔上所生长的蒜珠进行繁殖。他发现这种方法能增大蒜头，提高产量，具有明显的复壮作用。现在人们利用蒜珠繁殖，防止蒜种退化，提高种性，应是传统技术的延续。

另外，贾思勰对大蒜等作物的地域性差异，也有亲

身观察和认真思考。他发现，朝歌大蒜移种到并州就会
变成蒜颗细小的百子蒜，可是外地的芜菁移种到并州，
一年却变得很大。其他如豌豆、谷子等作物，也因栽培
地区的不同而造成生长发育改变的现象。贾氏认为，同
一种作物在不同地域所发生的种种变异，实际上是由"土
地之异"，即自然环境的差异所造成的。

种葱第二十一

葱有多种，这里指大葱，齐鲁名产。

收葱子，必薄布阴干，勿令浥郁。此葱性热[1]，多喜浥郁；浥郁则不生。

其拟种之地，必须春种绿豆，五月掩杀之。比至七月，耕数遍。

种葱用绿肥。

一亩用子四五升。良田五升，薄地四升。炒谷拌种之，葱子性涩[2]，不以谷和，下不均调；不炒谷，则草秽生。两耧重耩[3]，窍瓠下之[4]，以批契继腰曳之[5]。七月纳种。

炒谷拌种，重耩垄沟，窍瓠点播，批契覆土。

至四月始锄。锄遍乃剪。剪与地平。高留则无叶[6]，深剪则伤根。剪欲旦起，避热时。良地三剪，薄地再剪，八月止[7]。不剪则不茂，剪过则根跳[8]。

葱白越长越好。　若八月不止，则葱无袍而损白^[9]。

十二月尽，扫去枯叶枯袍。不去枯叶，春叶则不茂。二月、三月出之。良地二月出，薄地三月出。收子者，别留之。

葱地套种香菜。葱中亦种胡荽^[10]，寻手供食，乃至孟冬为菹，亦无妨。

[注释]

[1]"此葱性热"三句：是说大葱种子必须充分阴干，并贮藏在干燥的地方，不能使其受潮发热。否则，容易自热变坏，不能发芽。　[2]性涩：葱子呈三角状，且种皮粗涩不光滑，所以要与炒谷子相伴，使其能均匀地从窍瓠中溜子播种。　[3]重（chóng）耩：用耧在原耩处再耩一遍，使耩出的沟深一些。　[4]窍瓠：将干葫芦穿孔做成的下种器。播种时用小杖轻叩其下种管，震落种子，便于掌握稀稠。元代王祯《农书》中称为"瓠种"，北方地区民间也称为"点葫芦"（图3-5）。　[5]批（biè）契（xiè）：一种用绳子系在腰间拉曳着覆土的工具。继腰：古同"系腰"，系在腰间的意思。　[6]无叶：茎留得高了，葱叶就少。无，应作"少"讲。　[7]八月止：入秋后天气转凉，昼夜温差加大，是葱白生长的最盛期，所以要在八月停止剪叶，以促进葱白生长。　[8]剪过则根跳：剪叶次数多了葱

图3-5　王祯《农书》
"瓠种"

根会向上跳，意思是叶子剪多了葱扎根浅，葱白就较短。　[9]袍：指葱叶基部层层包裹着的叶鞘，它是构成葱白的主体。损白：损失葱白。　[10]胡荽（suī）：即芫（yán）荽，亦称香荽、香菜。

［点评］

葱（学名：*Allium fistulosum* L.）属百合科葱属多年生草本植物，种类很多，大致可以归为大株型和小株型两大类。大株型有大葱和楼葱两种，其葱白可生吃，是北方的重要蔬菜，南方很少栽培。小株型有分葱（也叫瓣葱）和胡葱（也叫火葱）两种，分蘖力很强，不易结子，用分株法繁殖，多在南方栽培。

该篇所讲的葱是大葱。大葱原产于中国，种植历史悠久。据《管子》记载："桓公五年，北伐山戎，得冬葱与戎菽，布之天下。"可见春秋时期，北方游牧区已有了大葱种植，齐桓公从山戎那里获得冬葱后，予以推广。这也反映出，中原地区的大葱栽培应以齐鲁一带较早，贾思勰《种葱》篇显然是长期生产经验的总结。

据作者记载，当时北方种葱以三年为栽培周期，第一年和第二年都在露地越冬，次年春季也不移栽，方法比较简便。具体做法是，第一年秋季播子，在露地让幼苗越冬。第二年春季返青生长，夏季叶质柔嫩，可以收获葱叶，叫作小葱，就是东汉崔寔所说的"夏葱曰小"。进入秋季天气转凉，最有利于葱白的长高长壮，到冬季开始收获葱白，即崔寔所说的"冬葱曰大"。留种的就在地里越冬，第三年夏季开花结实，可以采收种子。这时，大葱的生命周期才结束。现今北方地区大葱一般为一年生及两年生品种，采用育苗移栽方法，有春种秋收、春种冬收、春秋种夏收、冬种春夏收等形式，产量和效益大为提高。

种韭第二十二

收韭子，如葱子法。若市上买韭子，宜试之：以
铜铛盛水[1]，于火上微煮韭子，须臾芽生者好；芽不生者，
是裛郁矣。

治畦，下水，粪覆，悉与葵同。然畦欲极深。
韭，一剪一加粪，又根性上跳[2]，故须深也。

二月、七月种。种法：以升盏合地为处[3]，
布子于围内。韭性内生，不向外长，围种令科成[4]。

薅令常净[5]。韭性多秽，数拔为良。

高数寸剪之。初种，岁止一剪。至正月，扫去
畦中陈叶。冻解，以铁杷耧起，下水，加熟粪。
韭高三寸便剪之。剪如葱法。一岁之中，不过五

韭菜子好坏鉴别法。韭菜子寿命很短，有效发芽力大约只能保持一年时间。所以，必须用新子播种。

依据"跳根"特性，采取相应栽培措施。

剪。每剪，杷楼、下水、加粪，悉如初。**收子者，一剪即留之。**

韭者，久也，一种永生。韭为多年生蔬菜，故有此说。

若旱种者，但无畦与水耳，杷、粪悉同。一种永生。谚曰："韭者懒人菜。"以其不须岁种也。《声类》曰："韭者，久长也，一种永生。"

崔寔曰："正月上辛日，扫除韭畦中枯叶。七月，藏韭菁。""菁，韭花也。"

[注释]

[1] 铜铛（chēng）：应是一种小型的平底铜锅，《要术》烹饪篇常用。　[2] 根性上跳：韭菜根有逐年向上抬高的特性，这是植株根系进行新陈代谢的自然现象。　[3] 以升盏合地：以容量为一升的盏子倒扣在地上。为处：在盏子扣出来的圈子内播下韭菜子。　[4] 围种令科成：让韭菜在用盏子扣出的圈子里生长、分蘖，形成株丛。　[5] 薅令常净：经常拔净杂草。

[点评]

韭菜（学名：*Allium tuberosum* Rottl. ex Spreng.），有不少别名，如丰本、起阳草、懒人菜、长生韭、壮阳草、扁菜等，属百合科多年生宿根蔬菜。韭菜为中国原产，它适应性强，抗寒耐热，从古到今，南北各地都有栽培。《史记·货殖列传》中说"城郊千畦姜韭"，说明西汉时期已有了韭菜的商品性生产。数千年来，韭与葱姜蒜一起，成为中国人饮食生活中不可缺少的辛香类蔬菜。

《韭菜》篇文字并不多，但是把韭菜的生长特性及关键栽培技术都提到了。书中认识到韭菜具有"根性上跳"的特性，并实施了相应栽培措施。今天来看，跳根实际上是韭菜的自行更新特性。因为韭菜的须根着生在鳞茎下面的茎盘上，分蘖的新鳞茎高出老鳞茎之上，新鳞茎年年增长，新须根也跟着逐年向上延伸，不断抬高，下层的老根则不断死亡。韭菜每年收割好几茬，需要及时浇水和施肥。为了便于壅土上粪，免得根系暴露，影响生长，人们就把菜畦做得很深。另外，跳根的高度因分蘖和收割的次数而有差异，一般每年上移1—2厘米。若能精细管理，它只要种一次，就可以割了长，长了割，可以利用七八年以上。

古人说，菜中美味是"春初早韭，秋末晚菘"。韭菜的叶、茎（韭苔）、花（韭花）、根都可食用，而初春的嫩韭最受人喜爱。如今，中国的韭菜品种资源更加丰富，按食用部位可分为根韭、叶韭、花韭、叶花兼用韭四种类型，其中栽培最普遍的依然是叶韭和叶花兼用韭。另外，韭菜还被隔绝光照，在黑暗中生长，从而软化变黄，成为"韭黄"。

种胡荽第二十四

胡荽宜黑软、青沙良地^[1]，三遍熟耕。<small>树阴下^[2]，得；禾豆处，亦得。</small>

后世称芫荽、香菜。

春种者用秋耕地。开春冻解，地起有润泽时^[3]，急接泽种之。

种法：近市负郭田^[4]，一亩用子二升，故概种^[5]，渐锄取，卖供生菜也。外舍无市之处^[6]，一亩用子一升，疏密正好。先燥晒，欲种时，布子于坚地，一升子与一掬湿土和之，以脚蹉令破作两段^[7]。多种者，以砖瓦蹉之亦得，以木磱磱之亦得^[8]。子有两人^[9]，人各着，故不破两段，则疏密水裹而不生。着土者，令土入壳中，则生疾而长速。种时欲燥^[10]，

胡荽种子结构特殊，播种关键是将其外壳搓破。

此菜非雨不生，所以不求湿下也。于旦暮润时，以耧
耩作垄，以手散子，即劳令平。春雨难期，必须藉泽，
蹉跎失机，则不得矣。地正月中冻解者，时节既早，虽浸，
芽不生，但燥种之，不须浸子。地若二月始解者，岁月稍
晚[11]，恐泽少，不时生，失岁计矣；便于暖处笼盛胡荽子，
一日三度以水沃之[12]，二三日则芽生，于旦暮时接润漫掷
之，数日悉出矣。大体与种麻法相似。假定十日、二十日
未出者，亦勿怪之，寻自当出[13]。有草，乃令拔之。

菜生三二寸，锄去概者，供食及卖。

[**注释**]

[1] 黑软：黑色壤土。青沙：灰色砂质壤土。二者都是比较疏
松柔和，含腐殖质较多的土壤。　[2] "树阴下"四句：是说芫荽
在树荫下可以种，种过谷子、大豆的地也可以种。　[3] 润泽：冬
季土壤下层水分蒸发上升，遇冷凝结为冰，所以春季冻解时，土
壤比较湿润。　[4] 负郭田：城市近郊的田地。　[5] 故：特地、特
意。概：稠密。　[6] 外舍：离城镇较远的乡村。　[7] 脚蹉（cuō）：
用脚来回踩踏揉搓。蹉，借作"搓"。破作两段：把种子揉搓成两
半，就使种壳里的两个果实分离开来。　[8] 木砻（lóng）：脱去
谷壳的木制农具，形状略像磨（图3-6）。　[9] "子有两人"四句：
是说芫荽的一个果壳内有两粒种子，着生在各自的子房中，有皮
壳包裹着。如果不把果实破为两半，则种孔封闭着，即使水分可
以渗过果壳进入种子，幼芽仍很难伸展出来，种子便会被闷坏而
长不出苗。文中"疏密"应是"绵密"之类的误写。人，即"仁"字，

指种子。着，着生的意思。　[10]种时欲燥：播种时芫荽子要干燥。　[11]岁月：指节气。　[12]沃：浇、淋。　[13]寻自当出：不久自然会出苗的。寻，不久。

图 3-6　王祯《农书》"砻磨"

秋种者，五月子熟，拔去，急耕，十余日又一转，入六月又一转，令好调熟[1]，调熟如麻地。即于六月中旱时，耧耩作垄，蹉子令破，手散，还劳令平，一同春法。但既是旱种，不须耧润[2]。此菜旱种，非连雨不生，所以不同春月要求湿下。种后，未遇连雨，虽一月不生，亦勿怪。麦底地亦得种，止须急耕调熟。虽名秋种，会在六月[3]。六月中无不霖[4]，遇连雨生，则根强科大。七月种者，雨多亦得；雨少则生不尽，但根细科小，

旱种胡荽，遇连阴雨才会发芽。

不同六月种者，便十倍失矣。大都不用触地湿入中^[5]。

生高数寸，锄去概者，供食及卖。

[**注释**]

[1] 好：有"很""甚"之意。调熟：松和软熟。 [2] 耧润：在湿润时耧耩下种。上文春种胡荽"于旦暮润时，以耧耩作垄"，这里是秋季旱种，就不必"耧润"了。 [3] 会：会当，应当。 [4] 霖：霖雨，即连阴雨，文中也称"连雨"。 [5] 大都不用触地湿入中：种胡荽大都不能在地湿的时候踩进去。

取子者，仍留根，间拔令稀，概即不生。以草覆上。覆者得供生食，又不冻死。

又五月子熟，拔取曝干，勿使令湿，湿则裛郁。格柯打出^[1]，作蒿篅盛之^[2]。冬日亦得入窖，夏还出之。但不湿，亦得五六年停^[3]。

一亩收十石^[4]，都邑粜卖，石堪一匹绢。

若地柔良，不须重加耕垦者，于子熟时，好子稍有零落者，然后拔取，直深细锄地一遍^[5]，劳令平，六月连雨时，穊生者亦寻满地^[6]，省耕种之劳。

原版本此段前后疑有多处错简，本书已据底本的校勘意见作了调整。

"又五月"是承上文"秋种者，五月子熟"的"五月"说的。春胡荽当年"五月子熟"，拔去老株，整好地，到六月种秋胡荽，入冬用草覆盖，露地越冬，到下年五月子熟时收子，所以下年五月是"又五月"，即第二个五月。

[注释]

[1]格柯：一种脱粒农具，与连枷相似。格：杖。柯：柄。应是在长柄的顶端加上一根短杖或一块厚板的枷。 [2]蒿篅（chuán）：用蒿子茎秆编成，外面涂上泥的盛种容器。 [3]停：存放着不坏。 [4]一亩收十石：一亩地收十石胡荽子。据《校释》估算，它相当于今亩产130千克，产量很高，似乎是夸大了。 [5]直：仅仅、只要。 [6]稆（lǚ）生：植物落种自生。寻满地：不久就会长满一地。

香菜可作菹，还可草覆越冬，供冬季食用。

作菹者，十月足霜乃收之。一亩两载[1]，载直绢三匹。若留冬中食者，以草覆之，尚得竟冬中食[2]。

其春种小小供食者[3]，自可畦种。畦种者，一如葵法。

若种者[4]，挼生子[5]，令中破，笼盛，一日再度以水沃之，令生芽，然后种之。再宿即生矣[6]。昼用箔盖，夜则去之。昼不盖，热不生；夜不去，虫䘌之[7]。

凡种菜，子难生者，皆水沃令芽生，无不即生矣。

经验之谈。

[注释]

[1]"一亩两载"二句：每亩地可收两车胡荽，每车值三匹绢。

载，一车的容量。直，通"值"。　[2]尚得竟冬中食：就能使整个冬天都有吃的。竟，整个、从头到尾。　[3]小小：少量。　[4]若种者：据《校释》，"若"应是"夏"之误，即这里讲的是"夏种"胡荽。　[5]挼（ruó）：揉搓。生子：未经处理的原种子。　[6]再宿：过两夜，即到第三天。　[7]虫毵之：虫子在里面活动。

[点评]

胡荽，即芫荽（学名：*Coriandrum sativum* L.），伞形科，一、二年生蔬菜，又称香荽、香菜。胡荽植株矮小，茎叶细薄柔嫩，辛香味浓郁，可供鲜食及调味，也可煮食或盐渍。古往今来，一直是不可或缺的增香提味蔬菜。

胡荽原产地为地中海沿岸及中亚地区，西汉时张骞通西域，传入中国。"石勒讳胡，胡物改名"，据说东晋时羯族首领石勒在北方建立后赵国，他忌讳"胡"字，凡是名字中带"胡"的东西，都要改名，"胡荽"亦改称"香荽"。《要术》中《胡荽》篇内容详尽，说明从西汉到北魏年间，胡荽的种植已逐渐普遍，人们对它的栽培与利用，也积累了丰富的经验。篇中所记的春季和秋季种胡荽的举措，以及收贮胡荽子、胡荽作菹的方法，都比较具体切实。

例如，胡荽播种前，必须想办法将其果实"破做两段"才行，否则难以出苗生长。作者的记述是经验性的，但其中包含科学道理。因为胡荽果实是复子房果，两粒种子在一个果壳内，着生在各自的子房中，种孔连接在原来的果柄上，被果柄堵塞住。如果不把果实破为两半，与果柄相连的种孔封闭着，即使水分可以渗过果壳进入种子，幼芽仍很难伸展出来，所谓"水裹而不生"，种子便会被闷坏而长不出苗。

芜菁播种前还要根据土壤墒情来进行种子处理。如果土壤墒情好，播种时种子要干燥，不用湿下，即不用浸子播种。因为"此菜非雨不生"，但春雨难得遇到，所以必须赶在土壤湿润时种下去。反之，如果当年土地解冻晚，墒情不够，害怕耽误播种日期，就要浸子出芽，同时在早晨或晚上趁土壤潮湿时散播下去。为什么作者在播种时要反复强调"接泽""藉泽""接润"这样的字眼呢？因为胡荽子叶瘦小，出土能力弱，如果土壤干燥或表土板结，子叶就钻不出地面了。

齐民要术卷四

园篱第三十一

绿篱栽植法。

凡作园篱法，于墙基之所[1]，方整深耕[2]。凡耕，作三垄，中间相去各二尺。

秋上酸枣熟时[3]，收，于垄中概种之。至明年秋，生高三尺许，间斸去恶者，相去一尺留一根，必须稀概均调，行伍条直相当[4]。至明年春，斸去横枝[5]，斸必留距。若不留距，侵皮痕大，逢寒即死。斸讫，即编为巴篱[6]，随宜夹缚，务使舒缓。急则不复得长故也。又至明年春，更斸其末，

剟、斫、沐、髡，都是果木整枝用词。

酸枣枝叶浓密多刺，为绿篱首选。但元代《居家必用事类全集·作园篱法》曰："酸枣不堪种。"

又复编之，高七尺便足。欲高作者，亦任人意。

　　非直奸人惭笑而返，狐狼亦自息望而回。行人见者，莫不嗟叹，不觉白日西移，遂忘前途尚远，盘桓瞻瞩^[7]，久而不能去。"枳棘之篱"^[8]，"折柳樊圃"^[9]，斯其义也。

酸枣篱笆，让人触目兴叹。

［注释］

[1] 墙基：篱笆基脚，即栽篱笆的土地。　[2] 方整深耕：先将栽篱笆的地整理成方形，然后深耕。　[3] 酸枣：鼠李科枣属植物，又名棘、棘子、野枣、山枣等，原产于中国华北，其他地区亦有分布。多野生，常为灌木，也有的为小乔木。树势较强，形态与普通枣相似，但枝条节间较短，叶小而密生，托刺发达，果小味酸。　[4] 行伍条直相当：行株距笔直整齐而适宜。行伍，这里指行距和株距。　[5] "剶（chuán）去横枝"五句：是说剪除酸枣树的横分权枝时，要保留基部的一小段，不能齐基部剪切到底，那样会侵伤树皮，伤口太大，冬天树会冻死。剶，修剪。距，树枝基部的一小段，像"鸡距"那样。　[6] 巴篱：今称篱笆。　[7] 盘桓瞻瞩：徘徊观赏。　[8] 枳棘之篱：《太平御览》卷九百五十九《木部八》引《秦子》曰："逾枳棘之篱，则有挂柱之患；登椒桂之圃，则有荣华之芳。"枳，这里指芸香科枳属的枸橘[学名：*Poncirus trifoliata*（L.）Raf.]，常绿小乔木，树冠伞形或圆头形，枝多刺，常用作绿篱。棘，酸枣。　[9] 折柳樊圃：出自《诗经·齐风·东方未明》，是说折取柳枝，插植围绕起来，作为园圃的屏障。樊，通"藩"，障蔽之意。

其种柳作之者，一尺一树，初即斜插，插时即编。其种榆荚者，一同酸枣。如其栽榆与柳，斜直高共人等[1]，然后编之。

数年成长，共相蹙迫[2]，交柯错叶，特似房笼[3]。既图龙蛇之形，复写鸟兽之状，缘势嶔崎[4]，其貌非一。若值巧人，随便采用[5]，则无事不成，尤宜作机[6]。其盘纡茀郁[7]，奇文互起，萦布锦绣，万变不穷。

种柳树和榆树编制成的篱笆，造型多变，以美观取胜，作者赞叹不已。

[注释]

[1]斜直：指当初栽柳时，柳枝是斜插的，榆是直栽的，都长到一人高时编结起来。　[2]蹙（cù）迫：逼近。　[3]房笼：形容枝叶交错，就像窗棂（líng）横直攲（qī）斜的盘互之状。　[4]缘势嶔崎：随着长势高低奇异地展布着。嶔（qīn）崎（qí），险峻而奇异。　[5]随便：随其形状之所便。　[6]机：通"几"，几案。　[7]盘纡茀郁：形容枝干错综盘曲而多变，形状奇特。茀（fú）郁，曲折貌。

[点评]

几千年来，篱笆"以篱代墙"，分隔民居院落，围护菜圃果园，既遮阴挡阳，又通风透光，美化环境，构成独特的乡村景观，很早就受到人们的关注。不过，古代关于篱笆或藩篱的文字，大多是简要的说明或诗意的描述，唯有《要术》中的《园篱》篇，对篱笆用材、栽植方法和功用做了细致的记载，非常难得。

酸枣，古文献中又称"棘"。酸枣多刺，围护效果好，且抗旱耐瘠，生命力强，自古就是农家作绿篱的常用材料。贾氏不仅详细说明了酸枣篱栽种和编制的方法，还生动地描述了这种篱笆编成后的防护效果：坚固而多刺的篱笆，不仅会使那些晚上出来为非作歹的人看到后，惭愧地笑笑转身走开，就连狐狸与狼遇到后，也只得放下猎食的念头，掉尾回去。过路人看见这样的篱笆，没有不赞叹的，他们会在篱边徘徊观赏，久久不愿离开，不知不觉太阳已偏西，竟然忘记了继续向前赶路。古时所谓的"枳棘之篱""折柳樊圃"，就有这样的意义啊！

作者还说，柳树和榆树篱笆的栽植方法，跟酸枣差不多，但它易于编制和造型，长成之后非常美观：看上去就像画着龙蛇盘曲的图形，又像描摹着鸟兽飞奔的姿态，随着地势高低起伏，形态有种种变化。值得提及的是，该篇有些内容带有明显文学色彩，与全书"不尚浮词"的风格有些不同。也许是贾思勰的庄园和田地上就栽植着这样一些实用而美观的绿篱，他深有感触，希望予以推广应用。

如果梳理先秦以来的相关文献资料，我们会发现，历史上用作篱笆的竹木植物有很多，其中包括竹、棘、枳、柳、榆、榛、椐、槿、梿、枣等。就是说，除了《要术》提到的几种编篱树木之外，古代还有其他种类的绿篱。例如，篱、笆二字均从"竹"，说明竹子是古代常用的编篱植物。晋人戴恺之所撰的《竹谱》介绍了笆竹（即刺竹）、箣竹、石簝竹、荡竹等几种适宜作篱笆的竹子。
木槿是一种灌木，南方农家常用它制作绿篱。唐代王维
《春过贺遂员外药园》诗句："前年槿篱故，今作药栏成。"
南宋范成大《浣溪沙·江村道中》："十里西畴熟稻香，
槿花篱落竹丝长。"元代王冕《村居》诗："绿槿作篱笆，
茅檐挂薜萝。"

　　另外，东晋陶渊明的"采菊东篱下，悠然见南山"
诗句，反映出篱下种菊的情景。到了后世，这种篱笆与
花草相配合的做法更为普遍。尤其是一些藤蔓攀援植物
如牵牛花、刀豆、豇豆、丝瓜、锦荔枝等，"人家园篱边
多种之"。而且这些篱边植物多为蔬菜及药用植物，它们
延蔓而生，既方便农家采摘和利用，也为竹木篱笆增添
了生机和意趣。

　　当今的篱笆用材和形式更是多种多样，而栽植绿篱
以及将篱笆与绿植相结合的传统经验，依然是基本的造
篱方法。

栽树第三十二

树木移栽经验。谚云："移树无时，莫教树知。多留宿土，记取南枝。"就是要尽量保持树木原来的生长状态。

凡栽一切树木，欲记其阴阳[1]，不令转易。阴阳易位则难生。小小栽者，不烦记也。

大树髡之[2]，不髡，风摇则死。小则不髡。

先为深坑，内树讫[3]，以水沃之[4]，着土令如薄泥，东西南北摇之良久，摇则泥入根间，无不活者；不摇，根虚多死。其小树，则不烦尔。然后下土坚筑。近上三寸不筑，取其柔润也。时时溉灌，常令润泽。每浇水尽，即以燥土覆之，覆则保泽，不然则干涸。埋之欲深，勿令挠动[5]。

凡栽树讫，皆不用手捉，及六畜抵突[6]。《战国策》曰[7]："夫柳，纵横颠倒树之皆生。使千人树之，一人摇之，则无生柳矣。”

凡栽树，正月为上时，谚曰：“正月可栽大树。”言得时则易生也。二月为中时，三月为下时。然枣——鸡口[8]，槐——兔目，桑——虾蟆眼，榆——负瘤散，自余杂木——鼠耳、虻翅，各其时。此等名目，皆是叶生形容之所象似，以此时栽种者，叶皆即生。早栽者，叶晚出。虽然，大率宁早为佳，不可晚也。

树，大率种数既多，不可一一备举，凡不见者，栽莳之法[9]，皆求之此条。

凡五果[10]，花盛时遭霜，则无子。常预于园中，往往贮恶草生粪。天雨新晴，北风寒切，是夜必霜，此时放火作煴[11]，少得烟气，则免于霜矣。

崔寔曰：“正月尽二月[12]，可剥树枝。二月尽三月，可掩树枝[13]。”“埋树枝土中，令生，二岁已上，可移种矣。”

栽树容易管护难。

农历正月、二月是栽树的好时机。现在每年阳历3月12日为中国植树节。

古人通过观察各种树木叶芽萌发的形状，来把握其适宜的移栽时间，因树制宜，生动形象。

果树熏烟防霜法，沿用至今。

[**注释**]

[1]阴阳：指树木在原生地的向阳面和背阴面。 [2]髡（kūn）：对主枝侧枝予以适当短截，不但为了避免风摇，更为了减弱蒸腾

作用，至今还在采用。 [3]内（nà）树：把树栽下去。内，古同"纳"。 [4]沃：浇灌。 [5]挠（náo）动：弯曲，引申为摇动、扳动。 [6]抵突：顶撞、冲撞。 [7]《战国策》：一部主要汇编战国时代游说之士策谋和言论的著作，作者不明，成书当在秦统一之后。 [8]"然枣——鸡口"六句：是说可以按照各种树木叶芽萌发的形状，来把握其移栽时机。然枣树的叶芽像鸡嘴，槐树叶芽像兔子眼，桑树叶芽像虾蟆眼，榆树叶芽像负瘤散，其他树的叶芽，有的像兔子耳朵、有的像牛虻翅膀等，各随其物候时节来移栽。然枣，柿科落叶乔木，又称软枣（学名：*Diospyros lotus* L.）、檽（ruǎn）枣、黑枣、软枣、牛奶枣、野柿子、丁香枣、椬（yǐng）枣、小柿、君迁子，中国北方分布广泛。虾（há）蟆（má），即蛤（há）蟆，又称癞蛤蟆，学名蟾蜍。负瘤散，应是一种丸药，形容榆的叶芽为颗粒状。虻（méng），指牛虻。 [9]莳（shì）：移栽。 [10]五果：指枣、李、栗、杏、桃，这里泛指各种果树。 [11]煴（yūn）：燃烧时只冒烟，不发火焰，以防除霜害。[12]"正月尽二月"二句：是说从正月到二月底，可以修剪树枝。尽，介词，表示"到……底，到……尽头"。[13]掩树枝：指掩埋树枝的压条繁殖法，属一种无性繁殖法。

［点评］

《要术》卷四讲果树栽培，卷五讲竹木栽培，卷四开头的《园篱》和《栽树》两篇，可看作是关于树木移栽的总论。

甲骨文中已有囿、林、森和人蹲着栽树的象形字，反映出至迟在商代人们已开始经营园圃，并知道栽树。秦汉时期，出现不少果木的著名产区，如《史记》所言"燕、秦千树栗""安邑千树枣""蜀、汉、江陵千树橘"等。

《要术》时代，各种树木的栽培经验更加丰富，大面积的林木经营依然常见。

《栽树》篇总结了民间树木移栽的经验，在树木修剪、移栽方法、移栽时机把握，以及果树熏烟防霜等方面都提出了自己的见解。就看似简单的栽树来说，作者将挖坑填土和浇水保湿结合起来进行，细心周到：树栽到树坑中以后，要多灌水，然后向各个方向摇动树木，让泥土进入根系里面，这样，树没有栽不活的；不摇动的话，根系里面是空虚的，树容易死；最后再填土筑实，筑实后上面还要盖几寸虚土，为的是保水蓄墒。

果树萌芽开花时，最怕春季晚霜寒冻为害，即水汽凝结成冰带来的冻害。《要术》记载的烟熏防霜法，简便有效：在夜里霜冻发生之前，就将预先准备好的湿柴草和牲畜粪，布置在果园中并及时点燃，使其只冒烟，不发火焰。这样，烟气笼罩，会提高果园小环境的温度，防止霜冻危害。

那么，怎样预知夜晚会发生霜冻呢？"天雨初晴，北风寒切，是夜必霜"，即雨后新晴，北方吹得紧，气温急剧下降，这一夜必然会出现霜冻。按照现代科学解释，霜的形成需要一定的气象条件。雨后，近地面空气湿度大，天气转晴，水分蒸发增加了较高处空气中的水汽含量，遇上冷空气时，夜间气温急剧下降，便给水汽凝华成霜创造了条件。可见，贾氏的霜冻发生预报，是长期实践经验的结晶，富有科学性，对传统果树生产起到了显著的保护作用。

种枣第三十三

传统"五果"：枣、李、杏、栗、桃，枣居首位。也有五果以桃为首的说法。

常选好味者，留栽之[1]。候枣叶始生而移之。枣性硬，故生晚；栽早者，坚垎生迟也。三步一树，行欲相当[2]。地不耕也。欲令牛马履践令净[3]。枣性坚强[4]，不宜苗稼，是以不耕；荒秽则虫生，所以须净；地坚饶实，故宜践也。

建园栽植。

正月一日日出时，反斧斑驳椎之[5]，名曰"嫁枣"[6]。不椎则花而无实；斫则子萎而落也。候大蚕入簇，以杖击其枝间，振去狂花[7]。不打，花繁，不实不成。

中国果树史上的两个"最早"：最早的"嫁枣"记载，最早的疏花保果记载。

全赤即收。收法：日日撼而落之为上[8]。半赤而收者，肉未充满，干则色黄而皮皱；将赤味亦不佳；全赤久不收，则皮硬，复有乌鸟之患[9]。

晒枣法：先治地令净。有草莱，令枣臭。布椽于箔下[10]，置枣于箔上，以杴聚而复散之[11]，一日中二十度乃佳。夜仍不聚。得霜露气，干速，成。阴雨之时，乃聚而苫盖之。五六日后，别择取红软者，上高橱而曝之[12]。橱上者已干，虽厚一尺亦不坏。择去胮烂者[13]。胮者永不干，留之徒令污枣。其未干者，晒曝如法。

其阜劳之地[14]，不任耕稼者，历落种枣则任矣[15]。枣性炒故[16]。

凡五果及桑，正月一日鸡鸣时，把火遍照其下，则无虫灾。

枣晒干贮存，可以日常食用，也可代粮救荒，这也许是枣有别他果之处。

枣树抗旱耐寒忍瘠薄，环境适应性很强。

防虫效果值得怀疑。

[**注释**]

[1] 留栽：应指以根蘖分株繁殖。　[2] 行欲相当：株行距对直。　[3] 履践令净：指让牛马在地里反复踩踏，把草清除干净。　[4] "枣性坚强"七句：是说枣树根系发达，侧根蔓延，吸收养料和水分能力强，树下不宜种庄稼，所以其地不用耕翻；地不耕翻，草荒了容易生虫，所以要保持干净；地坚实了结果就多，所以要用牛马践踏。　[5] 反斧斑驳（bó）椎（chuí）之：用斧背在树干上交错环周捶打，击伤枣树韧皮部。反斧，指将斧头反过来，用斧背敲打。斑驳，原指杂色不纯，这里指散乱、交错。椎，这里指敲打、捶打。　[6] 嫁枣：目的在于破坏树干韧皮部，阻

图 4-1　王祯《农书》"朳"

止地上部养分向下输送，以促进开花和果实生长，与现在环状剥皮的原理相似。　[7]狂花：盛开过多的花。　[8]撼：摇。　[9]乌鸟：乌鸦和鸟类。　[10]箔：用苇子、秫秸等编成的帘子。　[11]朳（bā）：木朳，晒谷物时摊开和收拢的一种无齿杷（图4-1）。　[12]高橱：高架。　[13]胮（pāng）：肿胀。　[14]阜劳之地：山坡上种过庄稼的地。《今释》认为劳为"旁"之误，应指土堆旁边小坡上的地。　[15]历落：稀疏散布，错杂不整齐。　[16]枣性炒：指枣树具有抗旱耐寒的习性。

［点评］

　　枣（学名：*Ziziphus jujuba* Mill.）原产于黄河中下游地区，是中国先民从野生酸枣中择优培育的，其栽培利用历史可追溯到7000多年前。据研究，中国黄河中下游、晋陕河谷一带是枣树原产地和最早的栽培中心，并以河南、山西、陕西、山东等地为最早栽培地域。后来，枣的栽培不断向外传播，也逐渐适应了南方的自然条件。

　　《诗经·豳风·七月》有"八月剥枣"的诗句，意思是用杆子打下树上的枣子，说明至迟在2500年以前，人们已开始采摘枣果。战国时期，苏秦游说六国，他对燕文侯讲：燕国"北有枣栗之利，民虽不田作，枣栗之实，足食于民矣"（《战国策·燕策》）。这说明当时北方地区枣树栽植较多，人们能够以枣代粮充饥。《史记·货殖列传》中说"安邑千树枣"，反映出汉代安邑（今山西夏县附近）一带有大面积枣园。晋代傅玄《枣赋》描述：枣树"北荫塞门，南临三江，或布燕赵，或广河东"。这一时期枣树的分布不仅遍及黄河中下游，且扩大至长江流域。《要术》卷四开篇先讲园篱，接着总论栽树，种枣则紧随其后，即枣树排在果木的第一位，而且多是建园栽培。

《种枣》篇重点总结了传统枣树栽培及采收加工的技术经验，其中"嫁枣"和"疏花"两种枣树管理方法，都是首次见于文献记载。它们看似简单粗放，实则符合科学原理，增产效果明显。"嫁枣"，即现今"环剥"和"纵刻"技术的前身，它的作用是阻止养分向下运送，促使其集中用于上部枝条的挂果结实，以提高枣的产量和品质。"疏花"可以使枣树结实繁而且大，也是一项独特的技术。现在北方有些地区，在枣树开花期间，用竹竿击落一部分花朵，称作"打狂花"。

后世继承和发扬了《要术》时代的枣树种植传统。在秦岭淮河以北地区，枣树的身影在农家房前屋后随处可见，还形成了不少枣的集中产区，有的枣园、枣林往往连绵数千米甚至数十千米。今天，一些存留下来的传统枣园及枣品种资源，已成为重要的农业遗产，受到人们的保护和利用。

种桃柰第三十四

标题"柰"字应是衍文。该篇内容并没有提到"柰"，而下文另有《柰林檎》篇记述柰的种法。

桃，柰桃[1]，欲种，法：熟时合肉全埋粪地中[2]。直置凡地则不生[3]，生亦不茂。桃性早实，三岁便结子，故不求栽也。至春既生，移栽实地[4]。若仍处粪地中，则实小而味苦矣。栽法：以锹合土掘移之[5]。桃性易种难栽，若离本土，率多死矣，故须然矣。

"多留宿土"的传统移栽法。

又法：桃熟时，于墙南阳中暖处，深宽为坑[6]。选取好桃数十枚，擘取核[7]，即内牛粪中，头向上，取好烂粪和土厚覆之，令厚尺余。至春，桃始动时[8]，徐徐拨去粪土，皆应生芽，合取核种之，万不失一。其余以熟粪粪之，则益桃味。

桃树选育法。

桃性皮急[9]，四年以上，宜以刀竖劙其皮。

不劚者，皮急则死。

七八年便老，老则子细。十年则死。是以宜岁岁常种之。

又法：候其子细[10]，便附土斫去，蘖上生者，复为少桃：如此亦无穷也。

桃酢法[11]：桃烂自零者，收取，内之于瓮中，以物盖口。七日之后，既烂，漉去皮核，密封闭之。三七日酢成，香美可食。

采用"纵伤法"促进桃树生长，应与防治流胶病有关。明代《多能鄙事》："桃，三年实，五盛，七衰，十死。至六年以刀劖其皮，令胶出，可多活五年。"

桃树复壮法。

用落果制醋，颇有创意，应是果醋酿造的源头。

[注释]

[1] 柰（nài）桃：樱桃。《食疗本草》："樱桃，俗名李桃，亦名柰桃。"另据《校释》，这里不应另提"柰桃"，尤其樱桃和桃繁殖方法不同，不应异法混举，此二字应是衍文或有窜讹。这样，相关句子就成为"桃欲种"，与下篇"李欲栽"相对。　[2]合肉全埋：连核带肉全部埋在地里。　[3]"直置凡地则不生"五句：如果把桃种直接埋在一般的地里，可能不会发芽，就是发芽也不茂盛。桃树结实早，三年便挂果，所以不必用树苗去移栽。凡地，未经耕熟施肥的地，与上文"粪地"相对。不求栽，指不用分株、压条的办法取得树苗来移栽。栽，《要术》在作为名词时就是"栽子"，包括分株和压条，也指实生苗。　[4]实地：比较肥沃的熟地。　[5]以锹合土掘移之：用锹连同泥土一起挖出来移栽。　[6]深宽为坑：挖一个深而宽的坑。　[7]擘（bò）：分开、剖开。　[8]桃始动：桃核开始萌芽时。　[9]"桃性皮急"三句：是说桃树的特性是树皮紧，四年之后应该用刀子竖向划破它的皮。

这应是防治桃胶病的办法。桃胶主要发生在主干和主枝上，它是一种透明物质，不溶于水，黏度大，会阻碍水和无机物质向上输送，导致桃树枯萎、死亡。古人用刀子纵向劙破桃树皮，让胶流出来，以延长桃树寿命。劙（lí），划破、割破。　[10]"候其子细"四句：是说等到果实变细小的时候，贴着地面斫去老树，根茎部蘖生出的新株，又会长成少壮的桃树。子细：果实细小。少桃：少壮的新桃树。　[11]酢（cù）：同"醋"。

蒲萄[1]。

蔓延，性缘不能自举[2]，作架以承之。叶密阴厚，可以避热。

十月中，去根一步许，掘作坑，收卷蒲萄悉埋之。近枝茎薄安黍穰弥佳[3]。无穰，直安土亦得。不宜湿，湿则冰冻。二月中还出[4]，舒而上架。性不耐寒，不埋即死。其岁久根茎粗大者，宜远根作坑，勿令茎折。其坑外处，亦掘土并穰培覆之。

摘蒲萄法：逐熟者一一零叠摘取[5]，从本至末，悉皆无遗。世人全房折杀者[6]，十不收一。

作干蒲萄法：极熟者一一零叠摘取，刀子切去蒂，勿令汁出。蜜两分，脂一分，和，内蒲萄中[7]，煮四五沸，漉出，阴干便成矣。非直滋味

当时的葡萄应是庭院种植或零星栽培，在水果生产中地位不高。大约唐代以后，中原地区才有大面积葡萄种植。

庭院种植可避热。

现在新疆制作葡萄干的方法一般是：整串剪下来装筐，稍作处理后，挂在凉房里风干。

倍胜[8]，又得夏暑不败坏也。

藏蒲萄法：极熟时，全房折取。于屋下作荫坑[9]，坑内近地凿壁为孔，插枝于孔中，还筑孔使坚，屋子置土覆之，经冬不异也。

[注释]

[1]蒲萄：葡萄，古代也写作"蒲桃""蒲陶"。　[2]性缘不能自举：葡萄枝蔓生，性喜攀援别物，不能自己直立生长。　[3]近枝茎薄安黍穰（ráng）弥佳：靠近枝茎处薄薄地安放些黍秸更好。穰，秸秆。　[4]"二月中还出"两句：是说到明年二月份，再从土里取出来，整理舒展，搭上架子。　[5]零叠：指零星的小串。　[6]全房：整穗、全串。折杀：折取、摘取。　[7]内（nà）：入、加入。《说文解字》：内，"从口，自外而入也"。　[8]非直：不但、不仅。　[9]"于屋下作荫坑"六句：是说在屋子地下挖一个坑，坑的四壁近地面处，凿出许多小孔，把整穗葡萄的柄插进孔里，用土筑坚实，坑口用竹木和席子等棚起来，再堆上土覆盖着，这样，经过一个冬天葡萄还跟新鲜的一样。不异，意思是不发生变化。

[点评]

该篇内容以种桃为主，还包括种樱桃和种葡萄的内容。其中"樱桃"部分较简略，本书未录。

一、桃

桃（学名：*Amygdalus persica* L.），原产于中国，栽培历史悠久。河北藁城区台西村商代遗址发掘出的桃核和桃仁，经鉴定，应属人工栽培桃。《诗经·魏风》有《园有桃》篇，植桃为园，表明已有一定的栽培规模。《诗经·周南·桃夭》："桃之夭夭，有蕡（fén）其实。"周南在江汉流域；"蕡"形容果实多而大。其他多部先秦古籍也有关于桃树的记载，反映出上古时期桃树栽培在黄河流域已比较普遍，南方地区亦可见到。

秦汉时期，桃子作为本土果树，品种明显增多。《西京杂记》载，公元前 1 世纪初，汉武帝重修"上林苑"，群臣百官贡献的奇珍异果中，就有秦桃、榹（sì）桃、缃核桃、金城桃、绮叶桃、紫文桃、霜桃等多个桃树品种。公元 3 世纪郭义恭的《广志》记载了冬桃、夏桃、秋桃等品种。到了宋代，周师厚的《洛阳花木记》中，仅洛阳一地就有桃树品种 30 多个。明代王象晋《群芳谱》中，记载桃树品种 40 多个。

桃树品种的增加，意味着其繁育和栽培技术不断提高。不过，在北魏之前的古籍中，几乎见不到关于桃树栽培及桃果贮藏加工技术的记载，有幸《要术》填补了这一空缺。该书"种桃"部分，在观察和认识"桃性"的基础上，记载了桃树实生苗移栽、桃树苗选育、桃树"纵刻法""复壮法"，以及桃酢制作法等，内容包括北魏及其以前桃树栽培的关键技术。以桃树"复壮法"为例，桃树寿命较短，《要术》说它"七八年便老，十年则死"，有一种办法可以让桃树获得新生，那就是在桃树变老而果实细小的时候，贴地面砍去老树，让它蘖生新株，长成少壮桃树。上述种桃技术切实有效，对中国桃树种植的扩展起到了很大促进作用。

目前，世界上近百个国家种植桃树，但这些桃树的源头都在中国。公元前 2 世纪之后，中国人培育的桃树沿着"丝绸之路"从甘新经由中亚传播到波斯，再从那里被引种到希腊、罗马、地中海沿岸各国，后来又渐次传入其他欧洲国家以及美洲。印度的桃树也是从中国引种的，唐玄奘的《大唐西域记》记述了桃树在汉代引入印度并成功栽培的传说。日本的桃树种植始于 19 世纪后期，其树种来源于中国上海、天津等地的水蜜桃。也就是说，中国的桃树从汉代以来就不断向外传播，今天已在全世界开花结果。

中国作为桃树的故乡，目前依然是产桃最多的国家。数千年来，中国人种桃、食桃、赏桃，并赋予其生育、吉祥、长寿等方面的民俗象征意义，创造了丰富多彩的桃文化，如桃花象征春天、爱情、美貌，桃木用于驱邪求吉，桃果具有长寿、健康、生育的寓意等，相关内容早已成为中国传统文化的重要组成部分。

二、葡萄

葡萄（学名：*Vitis vinifera* L.）为葡萄科葡萄属木质藤本植物，古代又写作"蒲桃""蒲萄""蒲陶"。中国古代的栽培葡萄，是由域外传入的。其原生地在小亚细亚、南高加索地区及东地中海沿岸一带。大约五六千年以前，在今埃及、叙利亚、伊拉克、南高加索以及中亚地区，已开始栽种葡萄并酿制葡萄酒。后来，葡萄向西传入意大利、法国等西欧各国，向东传到东亚。先秦时期，葡萄种植和葡萄酒酿造等技术已开始在西域传播。自西汉张骞凿空西域，引进大宛葡萄品种，中原地区的葡萄种植逐步扩展开来，葡萄酒酿造记载也开始出现。

关于中国的葡萄引种过程，《史记·大宛列传》已有记载："宛左右以蒲陶为酒，富人藏酒至万余石，久者数十岁不败。俗嗜酒，马嗜苜蓿。汉使取其实来，于是天子始种苜蓿、蒲陶肥饶地"。《要术》的《蒲萄》篇"解题"也说："汉武帝使张骞至大宛，取蒲萄实，于离宫别馆旁尽种之。"可见当时是携种子引入的，只是具体的引种过程已难得其详。有幸的是，贾氏记录了葡萄引种到内地以后的栽培和利用历史。其中关于葡萄的生长特性、抗寒防冻措施，以及采摘、干制、贮藏方法等，都是非常宝贵的技术资料，大多在民间长期沿用。

值得注意的是，虽然在其他一些文献中，葡萄和葡萄酒往往联系在一起，唐代诗人王翰《凉州词》还有"葡萄美酒夜光杯，欲饮琵琶马上催"的著名诗句，但是贾思勰的《葡萄》篇却未见葡萄酒的记述，在该书的农产品加工部分，同样没有关于葡萄酿酒的文字。其原因在于中原农区向来没有酿制葡萄酒的需要，也没有葡萄酒的消费习惯。中国农区的传统饮食结构是以谷物和蔬菜为主的，往往会搭配汤羹、茶水及粮食酒，葡萄酒从来没有像西北边地以及西方社会那样，成为餐饮结构的一部分。与此相关，葡萄以及葡萄酒文化在中原地区长期处于边缘地位。

插梨第三十七

为何称"插梨"而不是"种梨"？因为梨的繁殖主要采用嫁接法。插，这里为嫁接之意。该篇是中国关于嫁接技术最早和最详尽的文字记载。

种梨成树，变异很大，故需嫁接繁殖。

种者，梨熟时，全埋之[1]。经年[2]，至春地释，分栽之，多着熟粪及水[3]。至冬叶落[4]，附地刈杀之，以炭火烧头。二年即结子。若稆生及种而不栽者[5]，则着子迟。每梨有十许子，唯二子生梨，余皆生杜[6]。

［注释］

[1] 全埋之：这里指秋播梨种的繁殖法。把整个梨种埋在地里，使种子在土中顺利地通过后熟和春化过程，以提高发芽力。方法简便，没有种子的分离、清洗、干燥和贮藏等环节，而且果肉腐烂可给种子提供水分和养料。种桃也用此法，参见《种桃奈》。 [2] 经年：指经过一年，到第三年。 [3] 着（zhuó）：加，施加。下文"着子迟"为结子晚的意思。 [4] "至冬叶落"三句：是说到冬天梨树落叶的时候，贴近地面割去苗秆（现在叫"平

茬"），并以炭火烧灼根茬的伤口。这样做有促进根系发育和提早萌生的作用，同时可抑制根茬汁液外溢，防止伤口腐烂。头，指根茬的伤口。　[5]稆（lǔ）生：不种自生的野生苗。种而不栽：指让实生苗长在原地，不移栽。由于野生苗和实生苗都要经过幼龄期，所以结果都比较迟，这是果树育种上的难题。　[6]余皆生杜：由于异花授粉而形成种子的杂种性，多数栽培果树的种子变异性很大，而栽培梨的种子尤其不易保纯，种下去只有十分之二长成梨树，其余都变成杜梨（又称棠梨、土梨），所以这里强调嫁接繁殖，古今皆如此。

一般选择棠、杜作嫁接的砧木。梨和枣、石榴、桑不同科，亲缘关系远，嫁接很难成活。但古人经反复探索和尝试，使远缘嫁接获得成功。

今有"三不接"的说法：下雨天不接，刮大风不接，不适时不接。

插者弥疾[1]。插法：用棠、杜[2]。棠[3]，梨大而细理；杜次之；桑[4]，梨大恶；枣、石榴上插得者[5]，为上梨，虽治十，收得一二也。杜如臂以上，皆任插。当先种杜，经年后插之。主客俱下亦得[6]，然俱下者，杜死则不生也。杜树大者，插五枝；小者，或三或二。

梨叶微动为上时[7]，将欲开莩为下时。

[注释]

[1]插者弥疾：嫁接的梨树结果更快。插：这里指嫁接。弥疾：指结果更快。梨树嫁接后一般三年就可结果。因为多年生果树的生长发育有其阶段性，只有进入生殖生长阶段，才能开花结实。若梨树用实生苗繁殖，一般需要五年才开始挂果。而嫁接用的接穗采自成年梨树，已经达到生理成熟阶段，只要树体营养足够，就具备了花芽分化条件，从而提早开花结果。　[2]用棠、杜：指用棠梨或杜梨作砧（zhēn）木。古人多以为棠就是杜，

《要术》卷五《种棠》指出二者不同。梨属的杜梨（学名：*Pyrus betulifolia* Bunge）、豆梨（学名：*Pyrus calleryana* Dcne.）和褐梨（学名：*Pyrus phaeocarpa* Rehd.）都有棠梨的异名，而褐梨又别名棠杜梨。　　[3]"棠"二句：意思是说用棠梨作砧木的话，梨果实大而果肉细密脆嫩。　　[4]"桑"二句：用桑树作砧木，梨子品质很差。但后世对于桑树接梨的效果，也有相反记载。南宋温革《分门琐碎录》："桑上接梨，脆美而甘。"《本草纲目》卷三十也说：桑树接梨，结果早，梨子脆美甘甜。　　[5]"枣、石榴上插得者"四句：是说枣树和石榴树上接成的是上等好梨，不过嫁接十株，只能成活一两株。治，指嫁接。收，指成活。梨和枣、石榴、桑亲缘关系远，嫁接很难成活。　　[6]"主客俱下亦得"三句：是说杜梨砧木带着接好的梨穗同时移栽定植也可以，但有风险，如果杜梨栽不活，梨也就跟着死了。主，指砧木。客，指接穗。俱下，指嫁接与移植同时进行。　　[7]"梨叶微动为上时"二句：是说梨树叶芽开始萌动是最好的嫁接时机，快要舒展开来是最晚的时限。莩（fú），莩甲，指叶芽（或花芽）外覆盖的鳞片。

先作麻纫[1]，缠十许匝；以锯截杜，令去地五六寸。不缠，恐插时皮披[2]。留杜高者[3]，梨枝繁茂，遇大风则披。其高留杜者，梨树早成，然宜高作蒿篱盛杜，以土筑之令没；风时，以笼盛梨，则免披耳。斜攕竹为签[4]，刺皮木之际，令深一寸许。折取其美梨枝阳中者[5]，阴中枝则实少。长五六寸，亦斜攕之，令过心，大小长短与签等；以刀微劗梨枝斜

选择接穗的技巧：梨树好，枝条向阳。

攕之际 [6]，剥去黑皮。勿令伤青皮，青皮伤即死。拔去竹签，即插梨，令至劙处，木边向木 [7]，皮还近皮。插讫，以绵幕杜头 [8]，封熟泥于上，以土培覆，令梨枝仅得出头，以土壅四畔 [9]。当梨上沃水 [10]，水尽以土覆之，勿令坚涸。百不失一。梨枝甚脆，培土时宜慎之，勿使掌拨 [11]，掌拨则折。

其十字破杜者 [12]，十不收一。所以然者，木裂皮开，虚燥故也。

果树嫁接常用的插皮接或切接方法，可操作性很强。

［注释］

[1]麻纼：麻绳。　[2]披：开裂，指如果不缠紧扎牢砧头，插接时皮层会被插裂。下文"遇大风则披"，指砧穗接合处因风吹受力而开裂。　[3]"留杜高者"十句：是说杜砧留得高，梨树长得快，但是嫁接后要用蒿秆等围在砧木的外面，围内用土填满筑实，把接合处埋没，漏出接穗枝头；刮风时，再用竹笼围护接穗，这样可以避免接合处披裂。箪（dān），原指盛物件的小圆筐，这里指将蒿秆、秸秆做成圆筒状，围在砧木外围，好像用箪盛着的样子。　[4]"斜攕竹为签"三句：是说用竹片斜削成竹签子，刺入树木砧木的韧皮层和木质部之间，深约一寸左右。攕（jiān），削。皮木之际，韧皮层和木质部之间。　[5]"折取美梨枝阳中者"六句：是说切取好梨树向阳面的枝条作为接穗，接穗长五六寸，下端也斜削，要通过木质部的中心削出头，使形成层以斜面漏出，尖头的大小长短都和竹签相等。阳中者，向阳面的枝条。　[6]劙（yīng）：环切。　[7]"木边向木"二句：是说嫁接

时要使砧木和接穗二者的木质部对准木质部，韧皮部对准韧皮部。[8]以绵幕杜头：用丝绵蒙住砧面接口。幕，封盖、蒙住。杜头，指杜桩的断面和接口处（图4-2）。[9]畔：边、旁边。[10]当梨上沃水：对着梨的接穗浇水。[11]勿使掌（chéng）拨：培土时不要碰到接穗。掌："㽃"的别体，即"掌"字，现写作"撑"，原意是支撑，引申为碰触。[12]十字破杜：横竖两刀通过砧木中心劈成十字形。这种嫁接法，现在叫作劈接，也叫割接。

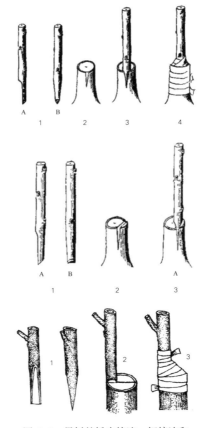

图4-2　果树的插皮接法、切接法和劈接法示意图

梨既生，杜旁有叶出，辄去之。不去势分，梨长必迟。

凡插梨[1]，园中者，用旁枝；庭前者，中心。旁枝[2]，树下易收；中心，上耸不妨。用根蒂小枝[3]，树形可喜，五年方结子；鸠脚老枝[4]，三年即结子，而树丑。

根据实际需要，选择不同的接穗，考虑周到。

凡远道取梨枝者^[5]，下根即烧三四寸，亦可行数百里犹生。

藏梨法：初霜后即收。<small>霜多即不得经夏也。</small>于屋下掘作深荫坑，底无令润湿。收梨置中，不须覆盖，便得经夏^[6]。<small>摘时必令好接，勿令损伤。</small>

凡醋梨^[7]，易水熟煮，则甜美而不损人也。

梨的窖藏，方法合理。

[注释]

[1]"凡插梨"五句：是说凡嫁接梨树，砧木在园圃中的，要用旁生枝作接穗；在院子里的，要用中心枝作接穗。　[2]"旁枝"四句：是说用旁生枝，树形低矮，便于采收果实；用中心枝，树形向上耸立，长在庭院里不碍事。　[3]根蒂小枝：主干基部长出的小枝条。它还处在幼龄阶段，用作接穗，树形好看，但结果较迟。　[4]鸠脚：结果枝分叉像斑鸠脚爪的形状，实指短果枝群。老枝：由于是结果枝的二年生枝，缩短了相应的幼龄期，所以它只需三年便结果。但结果枝长一回，生一个疙瘩，加之树枝粗短，所以树形难看。　[5]"凡远道取梨枝者"三句：凡是从远道取梨枝作接穗的，剪下来之后，随之在剪口一端三四寸的地方烧一下，也可以走几百里路还能成活。下根，指下端，即剪口的一端，亦指把梨枝从树上剪下来，即"离根"。　[6]经夏：过夏。《要术》记载的栽培梨是北方白梨（*Pyrus bretschneideri*）系统的品种，一般耐贮藏，秋收后可以贮藏至来年四至六月，当然有机械损伤和病虫伤害的果实都不好贮藏。今华北、西北栽培梨的重要品种，绝大部分属于白梨系统。　[7]醋梨：应是一种野生酸梨。

[**点评**]

梨（学名：*Pyrus* spp.）起源于中国，是中国最古老的果树之一。西周时梨已有栽培，"梨"字最早见于西汉《尔雅》一书，是作为栽培梨的专名而出现的。未经驯化栽培的梨，古代称为"檎""樆""萝""杜""棠"等。1972年在湖南长沙马王堆汉墓中，曾发掘出2000多年前的西汉梨。

据初步统计，中国古代典籍中记录的梨品种名称，至少在百种以上，不同地区都有自己的优良品种。《要术》的《插梨》篇就提到多个梨品种，其解题引《广志》曰："洛阳北邙张公夏梨，海内唯有一树。常山真定、山阳巨野、梁国睢阳、齐国临淄、巨鹿，并出梨。上党棝（tíng）梨，小而加甘。广都梨，又云巨鹿豪梨，重六斤，数人分食之。新丰箭谷梨，弘农、京兆、右扶风郡界诸谷中梨，多供御。"今天，中国栽培梨的品种资源更为丰富，有些传统品种至今仍有栽培，如红肖梨、雪梨、香水梨、秋白梨、雅梨等（《中国农业百科全书·农业历史卷》"梨栽培史"）。北方各省目前依然是梨的主产区，南方地区梨的生产也有较大增长，梨的产量仅次于苹果和柑橘，成为第三大水果。

《要术》时代，繁殖梨的方法主要为实生和嫁接。古人注意到，实生繁殖的梨不仅结果迟，且大多劣变，而嫁接繁殖可弥补这些缺点。因此，当时在梨生产中，已普遍采用"插梨"，即嫁接繁殖法。《插梨》篇也成为中国关于嫁接技术最早和最详尽的文字记载，它的嫁接内容符合科学原理，在世界上长期处于领先地位，对中国梨栽培的发展起到了重要促进作用。

古代嫁接梨所用的砧木主要是杜梨，嫁接时间在春季梨树刚刚发芽时，即《要术》所谓"梨叶微动时"，具体方法为皮接或切接。嫁接成活的关键之一是接穗和砧木的亲缘关系，亲缘越近越容易成活，但在 1400 多年前，《要术》的记载已突破了这个禁区。文中提到用枣、石榴等异科植物作砧木，可以嫁接成功，而且品质很好。嫁接成活的关键之二是接穗和砧木的伤口必须贴合，尤其是二者的形成层必须密接，即"木边向木，皮还近皮"，还要注意不能伤及接穗的青皮，否则嫁接必然失败。因为二者密接后，会产生愈合组织，并分化产生新的输导组织，使得接穗和砧木的营养物质得以相互传导，从而形成一个新的共同体或新个体。古人虽然不了解其中的原理，但凭借长期的实践经验，显然已认识到使接穗和砧木密切接合，并保护好形成层的青皮（绿色皮层）是嫁接成败的关键。

《要术》之后，梨的栽培技术又有新进展，如宋代已采用梨果套袋以防虫害的方法，套袋所用材料有油纸、箬竹叶、棕叶等。明初文献中记载了梨可在春分前进行扦插繁殖。后世梨果的加工利用措施也更为丰富，产品有梨菹、梨糁（shēn）、梨脯、梨膏、梨干等。

柰、林檎第三十九

苹果属果树，
名实关系复杂。

柰、林檎不种[1]，但栽之。种之虽生，而味不佳。

取栽如压桑法[2]。此果根不浮秽[3]，栽故难求，是以须压也。

用压条法繁殖。

又法：于树旁数尺许掘坑，泄其根头[4]，则生栽矣。凡树栽者，皆然矣。

栽如桃李法。

林檎树以正月、二月中，翻斧斑驳椎之[5]，则饶子。

"泄根"，在没有自然根蘖的情况下，采用人工强迫法使果树发生根蘖苗，获得新苗。

[注释]

[1]柰：古人有苹果和沙果两种说法，《要术》指苹果。林檎：沙果，亦称花红。 [2]压桑法：指桑树的压条繁殖法，见卷五《种

桑柘》。　[3]"此果根不浮秒"三句：是说柰和林檎接近地面的侧根不能发生根蘖，所以难以采用天然的树栽法，必须采用压条的方法来栽植成树。秒，原指杂草，这里指根蘖。　[4]泄其根头：露出侧根的一端。这一端是刨坑时切断支根所露出的根茬，这样会促使根茬伤口萌发不定芽，长出根蘖，可以切取它作栽子。泄，露出。　[5]翻斧："反斧"，方法与《种枣》篇"嫁枣"相同。

[点评]

该篇记载的"柰"和"林檎"都属于苹果属植物。中国苹果属植物资源丰富，栽培的苹果属果树主要有苹果（学名：*Malus pumila* Mill.）、花红（学名：*Malus asiatica* Nakai，又名沙果、林檎）和楸子（学名：*Malus prunifolia* Borkh.，又名海棠果）三大系统。这三大系统古代都有栽培，见诸史籍的苹果属果树名称有柰、林檎、来禽、文林郎果、桗（cén）、楸子、海红、花红、沙果、苹婆、苹婆果、苹果、火刺宾、呼刺宾、槟子等，称谓错综复杂，名实关系混乱。

上述一系列名称中，柰通常是指绵苹果，如《要术》所指；有时泛指苹果属果树，间或指中国李的一个变种。苹果、苹婆、苹婆果都是指绵苹果，与柰所指相同，其中苹果之名迟至1607年成书的《三才图会》始见著录。不过，有些古籍中的苹婆、苹婆果却是指梧桐科的苹婆（学名：*Sterculia nobilis* Smith）。林檎、来禽、文林郎果、花红、沙果均指今花红类。海红、桗和楸子指今海棠果。火刺宾、呼刺宾可能是花红类，也可能是花红与苹果的杂交种。今天我们常吃的苹果则是西洋苹果，1871年前后才开始传入中国。可见，"苹果"这一称呼，古今含义的差别比较大。

在中国古代，柰主要分布在北方，尤其是西北一带。《要术》引晋代郭义恭《广志》曰："柰有白、青、赤三种。张掖有白柰，酒泉有赤柰。"还说西方各地大都产柰，各家都做成柰脯，蓄积几十到几百斛，像收藏干枣、栗子一样。元明之际，山东省及北京市附近所产的绵苹果曾以品质优良著称。林檎，宋代太湖地区栽培较盛，苏州一带有密林檎和平林檎等花红品种，浙江杭州、德清等地也出产优质林檎。

据《要术》记载，苹果属果树不采用实生繁殖，而是采用自根营养繁殖法，即压条法；或者距树干数尺远处掘坑，露出树根，用根蘖苗繁殖。到了宋代，典籍中始见采用嫁接法繁殖苹果类果树的记载。清代文献进一步指出，花红必须采用嫁接法繁殖。嫁接时间在春季或秋季，所用砧木主要为同属植物或本砧，间或用棠梨为砧木。

安石榴第四十一

安石榴即石榴，传说得自西域安石国，故名。

石榴采用扦插繁殖，插条要做"烧头"处理。

枝间安放骨、石的做法，前者或与施肥有关，后者或与石榴原产于西域，性喜砂石土有关。

栽石榴法：三月初，取枝大如手大指者，斩令长一尺半，八九枝共为一窠，烧下头二寸[1]。不烧则漏汁矣。掘圆坑，深一尺七寸，口径尺。竖枝于坑畔，环圆布枝，令匀调也。置枯骨、礓石于枝间[2]，骨、石，此是树性所宜。下土筑之。一重土，一重骨、石，平坎止[3]。其土令没枝头一寸许也。水浇常令润泽。既生，又以骨、石布其根下，则科圆滋茂可爱。若孤根独立者，虽生亦不佳焉。

十月中，以蒲、藁裹而缠之[4]。不裹则冻死也。二月初乃解放。

若不能得多枝者，取一长条，烧头，圆屈如

牛拘而横埋之[5]，亦得。然不及上法根强早成。
其拘中亦安骨、石。

其斸根栽者[6]，亦圆布之，安骨、石于其中
也。

也可用根蘖苗
移栽。

[注释]

[1]烧下头二寸：指用火烧石榴枝的下端二三寸处。《要术》
有多处提到对插条或接穗采用"烧头"处理方法，这里还注明烧
头可以防"漏汁"，其作用应在于避免插条中营养物质的流失以
及病菌感染。　[2]礓（jiāng）石：砾石、小石块。　[3]平坎止：
筑到与坑口相平为止。　[4]蒲：蒲草。藁：同"藳"，稿秆。　[5]牛
拘：牛棬（juàn），即牛鼻环，指将长插条弯曲成圆圈状。这种盘
圈埋在地里的扦插法，现在叫"盘状扦插"，或"盘枝扦插"，西
北等地在繁殖石榴时仍有采用。　[6]斸根栽：石榴树容易萌生根
蘖，可以掘取根蘖苗作为栽子来繁殖。

[点评]

石榴（学名：*Punica granatum* L.）起源于今中亚地
区，是历史上栽植较早的果树。公元前一两千年，石榴
已由中亚传到北非和地中海地区。公元前 4 世纪时，石
榴又由地中海地区传播到欧洲等地。西汉时期，张骞出
使西域，石榴传入中国，后来又由中国传至日本、朝鲜
等国家。今天，石榴在中国分布非常广泛，并形成了陕
西、安徽、山东、新疆、云南、四川、山西、河南等八
大石榴主产区。

《安石榴》解题部分首先交代了石榴的来源和类别。贾思勰引述西晋文学家陆机的话说："张骞为汉使外国十八年，得涂林。涂林，安石榴也"；引《广志》曰："安石榴有甜酸二种"；还引《邺中记》说，后赵武帝石虎的园林中有安石榴，果实有茶缸或饭碗那么大，味道不酸。在该篇正文中，作者详细记载了石榴的扦插繁殖方法，反映出《要术》时代北方石榴栽培已比较普遍，技术上也达到了较高水平。

西晋潘岳曾在河阳（今河南孟州）任县令，他的《河阳庭前安石榴赋》赞誉："石榴者，天下之奇树，九州之名果也"，石榴"千房同模，千子如一。御湢疗饥，解醒止疾。"伴随着石榴种植在中国的扩展，它被人们赋予团圆和睦、多子多福等各种吉祥寓意，常常成为民间文艺的主题，文化积累日益丰富。

种椒第四十三

熟时收取黑子。俗名"椒目"[1]。不用人手数近捉之[2]，则不生也。四月初，畦种之。治畦下水，如种葵法。方三寸一子，筛土覆之，令厚寸许；复筛熟粪，以盖土上。旱辄浇之，常令润泽。

生高数寸，夏连雨时，可移之。移法：先作小坑，圆深三寸；以刀子圆劙椒栽[3]，合土移之于坑中，万不失一。若拔而移者，率多死。

栽树连着宿土，易于成活。

若移大栽者，二月、三月中移之。先作熟蘘泥[4]，掘出即封根合泥埋之。行百余里，犹得生之。

此物性不耐寒，阳中之树，冬须草裹。不裹即死。其生小阴中者[5]，少禀寒气，则不用裹。

环境可以改变椒树的习性，这是作者对植物遗传变异现象的认识。

所谓"习以性成"^[6]。一木之性^[7]，寒暑异容；若朱、蓝之染，能不易质？故"观邻识士，见友知人"也。

种皮可用作香料及调味料，叶子也可利用。

候实口开^[8]，便速收之。天晴时摘下，薄布曝之，令一日即干，色赤椒好。若阴时收者，色黑失味。

其叶及青摘取，可以为菹；干而末之^[9]，亦足充事。

[注释]

[1] 椒目：花椒种子色黑形圆有光泽，就像眼睛一样，故名。椒：指芸香科的花椒。　[2] "不用人手数（shuò）近捉之"二句：是说不用人手多次抓握、揉搓的话，就不会发芽。数，屡次、常常。花椒种子外壳坚硬，油质多，不透水，发芽比较困难。《要术》所说应是用手搓去种子外面的油脂，使之易于透水发芽。现在人们采用的种子处理办法是，播种前先用碱水浸泡，然后用手搓洗，进行脱脂处理。　[3] "以刀子圆劙椒栽"三句：是说用刀子在树苗的周围绕圈切割下去，连同宿土一并挖出来，移栽到挖好的坑里，万无一失。　[4] 熟襄泥：指将稿秆铡短之后和熟的泥。襄，指谷类作物的茎秆。　[5] "其生小阴中者"三句：有些花椒树长在稍阴冷的地方，从小经受了寒冷的锻炼，就不必包裹。　[6] 习以性成：习惯会形成本性。同一种植物，由于生长环境的不同，其性状就会在长期的环境适应过程中发生变异，这与"获得性遗传"的思想很相似。　[7] "一木之性"四句：是说同一种树，在寒冷和温暖的环境中表现不同；就像布帛放进红色或蓝色的染液

里，能不改变颜色吗？　[8]"候实口开"六句：等到果实裂开了口子，便抓紧收获。趁天晴时摊薄晾晒，要在一天之内晒干，这样花椒颜色鲜红，品质也好。　[9]干而末之：晒干揉捻成末。

[点评]

花椒（学名：*Zanthoxylum bungeanum* Maxim.）是中国的原生植物，气味芬芳，利用及栽培历史悠久。最初，花椒是人们敬神祭祖的香物，春秋时期已作为药物，用于去湿、除寒、驱疫。西汉未央宫皇后所居殿名为"椒房"，它以花椒和泥涂壁，温暖芳香，并象征多子。大约在东汉时期，花椒开始用于烹饪调味。

不过，从上古时期直到西晋以前，花椒一直处于野生状态，文献中尚无关于人工栽培花椒的记载。东汉《神农本草经》称，秦椒、蜀椒"生川谷"，反映出当时利用的是野生花椒。结合其他文献记载看，汉魏两晋时期，野生花椒以秦椒和蜀椒最为有名。蜀椒主要分布在今四川一带；秦椒主要分布在今甘肃、陕西两省的南部地区，北至泰山、东至江淮及东南沿海一带也有分布。

西晋末期，郭璞（274—324）的《山海经图赞》称："椒之灌植，实繁有榛，熏林烈薄，酵其芬辛。"从这条史料看，西晋可能已有了花椒栽培。到了南北朝时期，关于花椒种植的文献资料就比较多见了。南朝梁陶弘景（456—536）说，蜀椒"出蜀都北部，人家种之"。贾氏《种椒》篇在讲到花椒的来源和品种时，特地加了按语："今青州有蜀椒种，本商人居椒为业，见椒中黑实，乃遂生意种之……"从中大体可以看出，花椒栽培首先出现于四川北部丘陵山地，此后由贩卖花椒的商人引种到北方，作为一种经济作物而被广泛种植。在《要术》时代，花椒的栽培技术已基本成熟，书中关于花椒收子、播种、移栽、管理、采摘以及食用等方面的记载，颇为细致。

需要指出的是，不论是作为香料，还是作为药物和调味品，在汉代至魏晋南北朝时期，能使用花椒的人很有限。考古资料反映出，这一时期那些有花椒出土的墓葬，其主人一般是王侯及士大夫阶层。可见花椒在当时还是稀罕之物，只有上层社会才能享用。文献中花椒多见于盛大的祭祀场合以及王公贵族的餐桌，也表明花椒资源利用的局限性。即《要术》时代所栽种的花椒，还是为少数人消费服务的。直到宋元以后，花椒才逐步成为大众化的调味料。

齐民要术卷五

种桑、柘第四十五养蚕附[1]

重点讲栽桑养蚕，其"种柘法"所讲大多为柘木的栽植和利用，本书未录。

桑椹熟时，收黑鲁椹[2]，黄鲁桑，不耐久。谚曰："鲁桑百，丰绵帛[3]。"言其桑好，功省用多。即日以水淘取子，晒燥[4]，仍畦种。治畦下水，一如葵法。常薅令净。

鲁桑、荆桑之名首见于《要术》。

明年正月，移而栽之。仲春、季春亦得[5]。率五尺一根。未用耕故。凡栽桑不得者，无他故，正为犁拨耳[6]。是以须概，不用稀；稀通耕犁者，必难慎，率多死矣；且概则长疾。大都种椹长迟，不如压枝之速。无栽者，桑豆套种。 乃种椹也。其下常斸掘种菉豆、小豆。二豆良美，润泽益桑[7]。栽后二年，慎勿采、沐[8]。小采者，长倍迟。

大如臂许，正月中移之，亦不须髡。率十步一树，阴相接者[9]，则妨禾豆。行欲小掎角[10]，不用正相当。相当者则妨犁。

[注释]

[1]柘：落叶灌木或小乔木，桑科，叶可饲蚕，又名"柘桑""黄桑"。木材致密坚韧，可作弓材。煮木取汁，可染黄赤色。　[2]黑鲁椹：指黑鲁桑的桑椹。鲁桑记载首见于《要术》，北魏时已有黑鲁桑和黄鲁桑的区别。黑鲁桑和黄鲁桑应是按照其树皮的颜色来分类的，黑鲁树皮多为棕色、暗褐、青褐。黄鲁桑树皮多为黄褐、灰黄褐。它们都是优良桑种，只是黄鲁桑树龄较短，所谓"不耐久"。　[3]绵：丝绵。帛：丝织品。　[4]晒燥：稍晒去水分，使种子分离，不能理解为晒干。因为椹子极细，水湿相粘是没法播种的。《校释》按：鲜椹容易腐败变质，一般随采随即淘汰取子，随即播种。取子后宜阴干，在暑日下曝晒会损害种子发芽力。　[5]仲春：阴历二月。季春：阴历三月。　[6]正为犁拨耳：正是被耕犁所拨伤。　[7]润泽益桑：豆类适宜桑园套种，有保墒和提高土壤肥力的作用。　[8]采：指采叶。沐：指剪枝。　[9]"阴相接者"二句：树长大后荫蔽相连，就会妨碍禾豆的生长。　[10]"行欲小掎角"三句：是说桑树横行间布置要稍为偏斜，不要彼此都对直。对直了妨碍犁地。小掎（jǐ）角，应是横行偏斜不对正，竖行仍对直，行与行之间的树木呈偏品字形的配置。

须取栽者[1]，正月、二月中，以钩弋压下枝[2]，令着地；条叶生高数寸，仍以燥土壅之。土湿则烂。明年正月中，截取而种之[3]。住宅上及园畔者[4]，固宜即定；其田中种者，亦如种椹法，先概种二三年，然后更移之。

讲压条取栽的方法。

凡耕桑田，不用近树。伤桑、破犁，所谓两失。其犁不着处，斸地令起，斫去浮根，以蚕矢粪之。去浮根，不妨耧犁，令树肥茂也。

又法：岁常绕树一步散芜菁子。收获之后，放猪啖之，其地柔软，有胜耕者。

种禾豆，欲得逼树。不失地利，田又调熟[5]。绕树散芜菁者，不劳逼也[6]。

芜菁的肉质根肥大入土，收获之后，放猪到地里拱食残根断茎，可使土地变得松软起来。这种方法将栽桑、种菜与养猪结合在一起，实现互惠互利，非常巧妙。

[注释]

[1]取栽：取得栽子，即压条苗。 [2]钩弋（yì）：带钩的小木桩，用来钩压桑条固定在地上。这是用压条法取得新栽，文中没有提到桑树嫁接法。压条法简便易行，容易成活，大概是那时最常采用的方法。弋，同"杙"，小木桩。 [3]截取而种之：指截取压条苗来移栽。种，移栽。 [4]"住宅上及园畔者"二句：压条苗栽在住宅或园圃边上时，固然适宜这样栽定。定，定植。 [5]调（diào）熟：田地松和软熟。 [6]不劳：不用。逼：靠近。

剟桑^[1]，十二月为上时，正月次之，二月为下。<small>白汁出则损叶。</small>大率桑多者宜苦斫^[2]，桑少者宜省剟。秋斫欲苦^[3]，而避日中；<small>触热树焦枯，苦斫春条茂。</small>冬春省剟^[4]，竟日得作^[5]。

春采者，必须长梯高机^[6]，数人一树，还条复枝，务令净尽；要欲旦、暮^[7]，而避热时。<small>梯不长，高枝折；人不多，上下劳；条不还，枝仍曲；采不净，鸠脚多^[8]；旦暮采，令润泽；不避热，条叶干。</small>秋采欲省^[9]，裁去妨者。<small>秋多采则损条。</small>

用长梯高几采桑，可见栽植的是树形高大的乔木桑。

应是来自民间的采桑口诀。

[注释]

[1] 剟（chuán）桑：修剪桑树枝条。阴历十二月，桑树处于休眠状态，树液流动几乎停滞，这时剪伐枝条，养分损失最少，所以最为适时。春天桑芽萌动，休眠期已过，树液流动逐渐活跃，因此正月、二月剪伐都不是剪伐的好时机。注文中所谓的"白汁出"，就是桑枝韧皮部内分布着乳管，内含白色汁液，在树液活动旺盛期剪伐会大量流失，从而严重影响枝条的发育，减损产叶量。　[2] 桑多：指桑树枝条冗杂稠密。这不仅消耗营养，还影响通风透光，所以需要重剪。苦：加重，在《要术》里大致与"痛"相当。斫：这里指剪伐。　[3] "秋斫欲苦"四句：秋天剪伐，要求重剪，但要避免在中午的太阳底下修剪。在中午天热时修剪，树枝容易枯焦。秋天重剪之后，来年春天枝条茂盛。　[4] 省剟：轻剪。　[5] 竟日：终日，从早到晚。　[6] 高机：高脚几，即"桑几"。机：通"几"（图 5-1）。　[7] 要：应该、必须。　[8] 鸠

桑梯

几桑

图 5-1　王祯《农书》"桑几""桑梯"

脚：指剪取枝条时，没有齐基部剪下而留着的枯桩。它会成为病菌害虫潜伏的场所。　[9]"秋采欲省"三句：是说秋天桑叶要少采，只剪去一些有妨碍的条叶，如倒生枝、横生枝、骈生枝等。秋季采狠了，以后的枝条会受损伤。裁，通"才"，只、仅仅。

　　椹熟时，多收，曝干之，凶年粟少，可以当食。《魏略》曰[1]："杨沛为新郑长[2]。兴平末[3]，人多饥穷，沛课民益畜干椹，收虀豆，阅其有余，以补不足，积聚得千余斛。会太祖西迎天子[4]，所将千人，皆无粮。沛谒见，乃进干椹。太祖甚喜。及太祖辅政，超（擢）为邺令，赐其生口十人[5]，绢百匹，既欲厉之[6]，且以报干椹也。"

　　干椹救饥活民的例证。

今自河以北，大家收百石，少者尚数十斛。故杜葛乱后^[7]，饥馑荐臻，唯仰以全躯命。数州之内，民死而生者，干椹之力也。

[注释]

[1]《魏略》：记载魏国历史的史书，三国魏郎中鱼豢私撰。此书久佚，后世有辑佚本，以清代张鹏一辑本为佳，辑有 25 卷并附遗文 6 条。　[2] 杨沛：字孔渠，三国冯翊万年（今陕西临潼北）人，生卒年不详。东汉末，为新郑（今属河南）长，后归曹操。先后担任长社（今河南长葛东）令、邺令、京兆尹。在任内不畏权贵，为曹操称许。　[3]"兴平末"七句：是说东汉兴平末年（195），很多老百姓饥饿穷困，杨沛督促大家多积蓄干桑椹，采集野生豆子，并加以检查，将多余的收缴上来，弥补粮食的不足，积聚的干椹、𦭘豆达到一千多斛。课，督促。畜，通"蓄"，蓄积。干椹，当主要来自果桑所产。桑树中有以采收桑椹为主的"果桑"，俗名"椹子桑"，自古栽培，一株大树可产椹数百斤。𦭘（láo）豆，又名鹿豆（《本草纲目》）、治豆（《古今注》），一种野生豆类。李时珍说是野绿豆，也有说是野黑小豆的。斛，古量器名，也是容量单位，这里 1 斛等于 10 斗。　[4] 太祖：指曹操。西迎天子：指曹操于建安元年（196）迎回被李傕、郭汜所劫持的汉献帝，弃洛阳，迁都于许（今河南许昌东），挟天子以令诸侯。　[5] 生口：本指俘虏，后强迫俘虏为奴隶，即用作奴隶的称呼。　[6] 厉：勉励。　[7] 杜葛乱：指北魏末年的杜洛周和葛荣起义。

按：今世有三卧一生蚕，四卧再生蚕^[1]。白头蚕，颉石蚕，楚蚕，黑蚕，儿蚕——有一生再生之异，灰儿蚕，秋母蚕，秋中蚕，老秋儿蚕，秋末老獬儿蚕，绵儿蚕[2]。同功蚕[3]，或二蚕三蚕，共为一茧。凡三卧、四卧[4]，皆有丝、绵之别。

凡蚕从小与鲁桑者，乃至大入簇[5]，得饲荆、鲁二桑[6]；若小食荆桑，中与鲁桑，则有裂腹之患也[7]。

依据体色、斑纹和生理特性等方面的不同，蚕可以分为很多种类及品种。

[注释]

[1]"三卧一生蚕"二句：是说今世有三眠一化蚕和四眠二化蚕。卧：眠。生：孵化。　[2]白头蚕：指没有眼状斑的素蚕。黑蚕可能是乌龙蚕。儿蚕是二化性品种。灰儿蚕是有暗色斑的二化性蚕。颉（xié）石蚕、楚蚕是什么品种，不清楚。秋母蚕、秋中蚕、老秋儿蚕、秋末老獬（xiè）儿蚕，似乎是一个四化性品种的不同世代的名称，不可能出现在山东或华北，而是浙江等地的南方种，可能是贾氏见闻的摘录。绵儿蚕即绵茧种，目前还有存在，又常因簇中高温干燥而产生。（据蒋猷龙：《关于齐民要术所载桑、蚕品种的研究》，《蚕业科学》1979 年第 1 期。）　[3]"同功蚕"三句：是说同功蚕两条或三条，合起来作一个茧。有版本作"同茧蚕"。　[4]"凡三卧、四卧"二句：是说三眠蚕和四眠蚕所生产的产品，都有丝和绵的分别。据《校释》，文中"别"字，各本同，但这样的分别没有什么意义，又容易使人误解为两种不同的蚕，有专产丝和专产绵的分别。假如"别"是"利"的形似之

误，则"皆有丝、绵之利"，倒稳妥得多。　[5]乃至大入簇：一直到长大上簇以前，就是脱离小蚕期后一直到老熟上簇以前这段时间。簇，蚕吐丝时承蚕用的圆形竹器。　[6]荆、鲁二桑：荆桑和鲁桑。这里的荆有"小"意，鲁有"大"意，是相对而言的。荆、鲁二字冠于"桑"前，应表示桑树经济性状之优劣，并非荆地和鲁地桑树品种的称呼。鲁桑叶片圆大肥厚，叶质润嫩，桑椹少；荆桑叶片薄小，桑椹多。在清代，杭嘉湖地区的鲁桑是指嫁接桑（家桑），其接穗来源都是一些良种桑树；而荆桑是指未经嫁接的实生桑（野桑），其经济性状一般不如嫁接桑。可见，后世江南地区所称的鲁桑依然是具有良好经济性状的桑树。（据郑云飞：《"荆桑"和"鲁桑"名称由来小考》，《农业考古》1990年第1期。）　[7]裂腹之患：指蚕腹撑不消化，而胃肠型脓病、空头型软化病等也会由此诱发。稚蚕原来饲喂叶质较差的荆桑，一旦改饲柔嫩多津液的鲁桑，蚕儿贪吃多食，就会引发疾病。

涂抹蚕室要取用"福、德、利"方位上的泥土，这是民间的养蚕习俗，与预防蚕病有关。家蚕发病，大多是微生物病原体在作祟，肉眼看不见，变化多端，难以防治，让人无可奈何。于是，古人养蚕就有了许多忌讳，生怕犯忌坏事。下文向"福、德"方位上采桑，与此相同。《酿造》篇也记有类似的祈神、厌（yā）胜活动。

养蚕法：收取种茧，必取居簇中者。近上则丝薄，近地则子不生也[1]。泥屋用"福、德、利"上土[2]。屋欲四面开窗，纸糊，厚为篱[3]。屋内四角着火。火若在一处，则冷热不均。初生，以毛扫[4]。用荻扫则伤蚕[5]。调火令冷热得所。热则焦燥，冷则长迟。比至再眠，常须三箔：中箔上安蚕，上下空置。下箔障土气，上箔防尘埃。小时采"福、德"上桑，着怀中令暖，然后切之。蚕小，不用见露气[6]；得人体，则众恶除。每饲蚕，卷窗帷，饲讫还下。蚕见明则食^[7]，食多则生长。

老时值雨者，则坏茧，宜于屋里簇之^[8]：薄布薪于箔上^[9]，散蚕讫，又薄以薪覆之。一槌得安十箔^[10]。

齐鲁一带养蚕的基本方法、注意事项及民间习俗。

［注释］

[1] 子不生：指蚕卵不孵化。应是未受精卵，为病弱蚕所产，所以不能孵化。　[2] 泥屋：用泥涂抹蚕室。"福、德、利"：指方位。　[3] 箔：这里作屏障解释，相当于下文的"窗帏"，即窗帘。　[4] 以毛扫：用羽毛扫落蚕蚁。　[5] 荻（dí）：这里指荻花。荻属多年生草本植物，生在水边，叶子长形，似芦苇，秋天开花。　[6] 不用见露气：不能用露水叶饲蚕。蚕食湿叶，水分过多，胃肠消化不了，多发"泻病"，如下痢状，终至食欲减退而死。　[7] 蚕见明则食：小蚕见到光亮就吃叶。小蚕有趋旋光性，和大蚕有背光性相反。　[8] 宜于屋里簇之：应该在屋里上簇。这反映出那时北方通常是屋外簇，只是在有雨时才用屋内簇。直到元代王祯《农书》才指出屋外簇的种种弊害。　[9] 薪：本指柴草，这里指簇材。凡柴草（树枝、秸秆等）都可作簇材，故称。　[10] 槌（chuí）：本指蚕架的直柱，也叫"植"，这里指搁置蚕箔的木架。蚕架的横档叫作"杼"（zhé），也写作"榏""楀""柠"。挂横档于直柱上的绳套叫作"缳"（huán）。蚕箔搁置在横档上，直柱上有几层横档，就可搁上几层蚕箔。"一槌得安十箔"，这是有十层横档的蚕架（图5-2）。

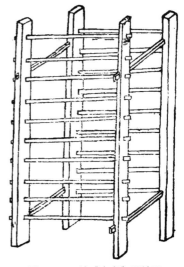

图 5-2　王祯《农书》"蚕架"

以大棵的干蓬蒿作簇材，悬挂在屋内栋梁、椽柱上，让蚕在上面作茧，好处很多。

《要术》指出，用盐腌法杀茧比用日晒法为好，这是资生的关键问题，怎么能不知道呢？

清代杨屾《豳风广义》卷中"蒸茧法"则称："古人有盐腌、瓮泥、日晒之法，余试之未善，余家用蒸馏之法最好。"

又法：以大科蓬蒿为薪[1]，散蚕令遍，悬之于栋梁、椽柱[2]，或垂绳钩弋、鹗爪、龙牙[3]，上下数重，所在皆得。悬讫，薪下微生炭以暖之。得暖则作速[4]，伤寒则作迟。数入候看[5]，热则去火。蓬蒿疏凉[6]，无郁浥之忧；死蚕旋坠，无污茧之患；沙、叶不作，无瘢痕之疵。郁浥则难缲，茧污则丝散，瘢痕则绪断。设令无雨，蓬蒿簇亦良。其在外簇者[7]，脱遇天寒，则全不作茧。

用盐杀茧[8]，易缲而丝韧；日曝死者，虽白而薄脆，缣练衣着[9]，几将倍矣，甚者，虚失岁功：坚、脆悬绝，资生要理，安可不知之哉？

[注释]

[1]蓬蒿：应是菊科的一种蒿属植物。薪：薪柴，这里指簇材。 [2]椽柱：椽和柱子。文中的意思是，屋中凡是能系绳挂蚕簇的栋梁、椽柱都要利用起来。 [3]钩弋：指单个的枝杈钩子。弋，小木桩，今字作"杙"。鹗爪：比喻两三个钩子。龙牙：比喻成排的钩子。 [4]"得暖则作速"二句：是说蚕获得温暖作茧就快，感到寒冷作茧就慢。 [5]数入候看：经常进去察看。 [6]"蓬蒿疏凉"六句：蓬蒿稀疏凉爽，没有闷热潮湿的弊病；死茧会随时掉落，没有污茧的害处；蚕沙、残叶不会夹绩在茧里面，茧没有结疤的疙瘩。郁浥，闷热潮湿。旋，随即、立即。[7]"其在外簇者"三句：是说蚕簇放在室外者，假如突然遇上寒冷天气，簇

内温度过低，蚕儿会停止吐丝，不绩茧。脱，或许、假如。　　[8]用盐杀茧：用盐腌法杀死蚕蛹。　　[9]缣（jiān）练：细绸熟绢。

[点评]

桑树（学名：*Morus alba* L.）原产于中国，栽桑养蚕是中国人的伟大发明，缫丝织绸是中国的独特工艺。现今世界各国的养蚕丝织业，最初都是由中国直接或间接传入的。此外，桑椹可以充当粮食，桑木可以制造器具，桑皮可以造纸作药，这些都是桑树的副产品。桑树的栽植和利用，充分体现出中国人民的勤劳与智慧。

传说黄帝的妻子嫘祖发明养蚕，可见中国养蚕历史悠久。在殷代甲骨文中，已有"蚕""桑""丝""帛"等文字。《诗经》中出现不少关于蚕桑丝织的诗句，如《诗经·豳风·七月》"女执懿筐，遵彼微行，爰求柔桑"，描写暮春时节，姑娘们为采桑养蚕而忙碌的情景。

考古及文献资料还反映出，商周到秦汉时期，黄河中下游地区的蚕桑生产趋于普遍，齐鲁一带的蚕桑业最为兴盛。据《左传》记载，春秋时期，晋国公子重耳长期流亡国外，随从们曾在桑林中密谋，要帮助他早日逃回晋国。从这个故事来看，当时齐国贵族家中栽有大片桑树。《管子·山权数》中则记载了齐相管仲奖励蚕桑的建议，大意是百姓中若有熟悉蚕桑技术，能防治蚕病的人，政府应该给予黄金和粮食等实物奖赏，还要听从他们的言论，免除他们的兵役。《史记·货殖列传》也多次提到齐鲁一带宜于桑麻，蚕桑生产规模较大，有"齐鲁千亩桑麻"之说。

《要术》时代，北方地区饱受战乱摧残，不过山东等地的蚕桑业依然处于全国领先地位。该篇所记载的栽桑养蚕技术，与前代农书相比，是最为详尽的。其中的桑叶采收和桑树剪伐时期掌握的办法，桑田间作技术，以及蚕的品种和种类，幼蚕和老蚕的具体饲养管理措施等，精细合理，代表了当时蚕桑业技术的最高水平。以下仅以桑田耕作与利用为例予以说明。

合理的桑田耕作可以提高土地利用率，维护桑园生态，《要术》对此十分重视。桑树初次移栽后，桑苗幼小，不宜用犁翻耕，防止伤苗难活。要利用桑间的空地种植其他作物，宜于用锄来翻松土壤，这样易于掌握分寸，不致伤害桑苗。桑树第二次移栽定植后，行株距布局要宽，这时就可以在桑间犁地，但离树要远一些，免得"伤桑破犁"。犁不到的地方，用锄头翻土，掘去土壤浅层横根，壅施粪肥。这样既不妨碍耧犁播种，又促使桑树根系向深处扩展，加之新分的滋养，条叶生长旺盛，也有利于抗旱抗寒。

桑间作物的安排常选绿豆、小豆等豆科作物。这是因为豆叶的荫蔽面大，能抑制土壤水分的蒸发，也可抑制杂草的生长；豆苗间要进行中耕，起到除虫和保墒作用；豆的根系密布行间，能使土壤质地疏松，特别是根瘤菌有固氮作用，能提高土壤肥力。这些因素综合起来，就是桑间种豆，"二豆良美，润泽益桑"的道理。另外一种桑下套种芜菁，将栽桑、种菜与养猪相结合的安排也很巧妙，不再赘述。

《要术》之后，北方地区蚕桑业兴旺的情况大约一直持续到唐代。据唐代《元和郡县图志》记载，开元年间，黄河流域出产丝绵和丝织品的州府比长江流域普遍。唐代大诗人杜甫"齐纨鲁缟车班班，男耕女桑不相失"的诗句，描绘了桑蚕业给齐鲁地区带来的丰饶景象。

　　比较而言，长江流域蚕桑业的起源也很早，但蚕桑业发展长期落后于黄河流域。从唐代后期开始到宋元时期，伴随着北人大量南迁和经济、文化重心的南移，江南地区的蚕桑业后来居上，而黄河流域的蚕桑业则一蹶不振。明清时期，江浙地区的蚕桑业尤其发达，成为全国蚕桑业的中心，栽桑养蚕织绸技术也处于领先地位。近现代以来，江南等传统蚕桑产区的蚕桑业几经沉浮，大多趋于衰落或消亡。

种榆、白杨第四十六

榆和白杨是古代北方的常见树种，今天白杨依然很多，而榆树却很少见了。

榆性扇地^[1]，其阴下五谷不植。随其高下广狭，东西北三方，所扇各与树等。种者，宜于园地北畔，秋耕令熟；至春榆荚落时，收取，漫散，犁细畔，劳之。

明年正月初，附地芟杀，以草覆上，放火烧之^[2]。一根上必十数条俱生，只留一根强者，余悉掐去之。一岁之中，长八九尺矣。不烧则长迟也。

在丛林中，树木相互竞争上长，不易弯曲。

后年正月、二月，移栽之。初生即移者，喜曲，故须丛林长之三年，乃移种。初生三年，不用采叶，尤忌捋心^[3]；捋心则科茹不长^[4]，更须依法烧之，则依前茂矣。不用剥沐^[5]。剥者长而细，又多瘢痕；不剥虽短，粗而无病。谚曰："不剟不沐，十年成毂[6]。"言易粗也。必欲剟者，宜留二寸。

于堑坑中种者[7]，以陈屋草布堑中，散榆荚于草上，以土覆之。烧亦如法。陈草速朽，肥良胜粪。无陈草者，用粪粪之亦佳。不粪，虽生而瘦。既栽移者，烧亦如法也。

[注释]

[1] 榆：这里主要指白榆（学名：*Ulmus pumila* L.），即古书中所称的"白枌"，下文所称的"凡榆"。陕西、东北等地通称为"榆树"，河南、河北称"家榆"。榆树皮暗灰色，幼枝灰白色。春间先叶开花，不久结果。翅果春夏间成熟，由绿色变成黄白色，俗名"榆钱"，可以食用。扇地：挡光遮阴，侵夺地力。　[2] 放火烧之：采用"平茬"烧苗法，可使次年苗木生长旺盛，烧后余灰有保暖和增加养料的作用。　[3] 将（luō）心：截去顶梢。　[4] 科茹不长：小榆树被截去顶梢后，顶端生长优势被消除，树干长不高，截口和下部长出丛密的分枝，影响日后取材。茹：分枝丛生。　[5] 剟沐：指剪枝。　[6] 毂（gǔ）：指车轮中心的圆木，周围与车辐的一端相接，中有圆孔，可以插轴，借指车轮或车。　[7] 堑（qiàn）坑：沟坑。堑，壕沟。

又种榆法：其于地畔种者，致雀损谷；既非丛林，率多曲戾。不如割地一方种之。其白土薄地不宜五谷者，唯宜榆及白榆[1]。

此法主要考虑用薪柴、榆荚和树叶卖钱，所以种榆的地方要离市场近一些。

地须近市。卖柴、荚、叶，省功也。梜榆、刺榆、凡榆[2]：三种色，别种之，勿令和杂。梜榆，荚、叶味苦；凡榆，荚味甘，甘者春时将煮卖，是以须别也。耕地收荚，一如前法。先耕地作垄，然后散榆荚。垄者看好[3]，料理又易。五寸一荚，稀概得中。散讫，劳之。榆生，共草俱长，未须料理。

明年正月，附地芟杀，放火烧之。亦任生长，勿使棠近。又至明年正月，劚去恶者，其一株上有七八根生者，悉皆斫去，唯留一根粗直好者。

三年春，可将荚、叶卖之。五年之后，便堪作椽。不梜者[4]，即可斫卖。一根十文。梜者镟作独乐及盏[5]。一个三文。十年之后，魁、碗、瓶、榼[6]、器皿，无所不任。一碗七文，一魁二十，瓶、榼各直一百文也。十五年后，中为车毂及蒲桃瓨。瓨一口，直三百。车毂一具，直绢三匹。

贾氏是经营地主，种榆也要精打细算，获得最大收益。

其岁岁料简剥治之功[7]，指柴雇人——十束雇一人——无业之人，争来就作。卖柴之利，已自无赀[8]；岁出万束，一束三文，则三十贯；荚叶在外也。况诸器物，其利十倍。于柴十倍，岁收三十万。斫后复生，不劳更种，所谓一劳永逸。能种一顷，岁

林木有多年生优势。

收千匹。唯须一人守护，指挥，处分，既无牛、犁、种子、人功之费，不虑水、旱、风、虫之灾，比之谷田，劳逸万倍。

男女初生，各与小树二十株，比至嫁娶，悉任车毂。一树三具，一具直绢三匹，成绢一百八十匹：娉财资遣[9]，粗得充事。

［注释］

[1]白榆：据《校释》校记，应是"白杨"之误。 [2]梜榆：这种榆木特别适宜于作镟材，可供镟成多种中空的器物，小者如盏、碗，大者如缸、毂，但未详是何种榆木。刺榆〔学名：*Hemiptelea davidii*（Hance）Planch.〕：榆科刺榆属植物，小枝具硬刺，生长迅速，可作绿篱；木材坚硬致密，可作各种器具。凡榆：普通榆树，即白榆。北方通称为"榆树"，也有称"家榆"者。 [3]垄者看好：作垄种植者，长大后整齐匀直。 [4]不梜者：不是梜榆的，即刺榆和凡榆。 [5]镟（xuàn）：用刀具以旋转的方式进行切削。独乐：陀螺，一种玩具。盏：小杯子。 [6]魁：《说文解字》："羹斗也"，即舀羹的大勺子，引申为大羹碗。槸：《说文解字》："酒器也"，一种盛酒的器具。 [7]料简：选择甄别，这里指去除恶株及冗长枝条等。剶治：修剪。 [8]已自无赀：卖柴所获得的利益，已非常丰足，不用计算了。赀，计量。 [9]娉（pīng）财：指聘礼。资遣：指嫁妆。

白杨[1]，一名"高飞"，一名"独摇"。性甚劲直，

反复提到种榆投入少，获利多，所谓"无所不任""卖柴之利""其利十倍""一劳永逸""劳逸万倍"等。

白杨树高大挺直，抗寒耐旱，受人称颂。

堪为屋材；折则折矣，终不曲挠。榆性软，久无不曲，比之白杨，不如远矣。且天性多曲，条直者少；长又迟缓，积年方得。凡屋材，松柏为上，白杨次之，榆为下也。

种白杨法：秋耕令熟。至正月、二月中，以犁作垄，一垄之中，以犁逆顺各一到[2]，𤱆中宽狭[3]，正似葱垄。作讫，又以锹掘底一坑作小堑[4]。斫取白杨枝，大如指、长三尺者，屈着垄中，以土压上，令两头出土，向上直竖。二尺一株。明年正月中，剥去恶枝，一亩三垄，一垄七百二十株，一株两根，一亩四千三百二十株。

三年，中为蚕橘。五年，任为屋椽。十年，堪为栋梁。以蚕橘为率，一根五钱，一亩岁收二万一千六百文。柴及栋梁、椽柱在外。

岁种三十亩，三年九十亩。一年卖三十亩，得钱六十四万八千文。周而复始，永世无穷。比之农夫，劳逸万倍。去山远者，实宜多种。千根以上，所求必备。

扦插育苗法。

当时六尺为步，二百四十方步为一亩。此长条亩宽一步（六尺），长二百四十步（一千四百四十尺），每二尺一株，则一垄七百二十株，一株两根，一步的宽度开成三垄，即三条插植沟。如此算来，一亩地正好育苗四千三百二十株。

种树容易获利，又比种粮食省力。

[注释]

[1]白杨（学名：Sect. Populus）：杨柳科杨属植物，落叶大乔木，原产于中国，分布广泛，以黄河中下游为适生区。常见的

有毛白杨（学名：*Populus tomentosa* Carr.）和银白杨（学名：*Populus alba* L.），该篇主要指毛白杨。毛白杨易于繁殖，抗逆性强，生长快，树干通直挺拔，是造林绿化的优良树种。注文中的"高飞"之名，形容白杨长得快、长得高；"独摇"之名形容其高高耸立，远超其他树种，孤独地随风摇曳。　[2]以犁逆顺各一到：指用犁逆向和顺向各翻一次，使得开出的犁沟宽深合适。　[3]墒：今"墒"字，这里指犁沟。　[4]作小堑：再在犁沟底部挖出稍深的小堑坑，将杨树枝条弯曲着放入堑底，压上土，使其两头出土，向上竖起。

［点评］

按照现代植物学分类，榆树属榆科，杨树属杨柳科，二者不同科，差别较大。该篇将榆树与白杨合在一起讲述，说明在贾思勰眼中，这两种树木有不少共同之处。推测起来，一是它们抗寒、耐旱、耐瘠薄，环境适应力很强，易于栽植和成材，在北方地区很常见；二是它们用途广泛，在盖房、器用方面又各具功用，皆为农家生活所需。

榆树

榆树适应性很强，在山坡、沟谷及沙岗都能生长，也常在村边路旁栽植，是传统时代中国北方地区的重要绿化及用材树种。榆木木质坚韧，难伐难解，故民间常用"榆木疙瘩"比喻人脑子不开窍、思想顽固。20世纪后期以来，榆树的栽植明显减少。不过，在东北及西北地区，榆树因其良好的材质及水土保持、绿化功能，依然受到重视。一些历经岁月风雨而存留下来的古榆树，则被称为林木中的活化石，受到重点保护。

该篇重点记述榆树的栽植技术及经济效益，反映出榆树在人们日常生活中的作用。从《要术》记载看，榆树易于种植，只要用心经管，及时售卖木材、榆荚和榆叶，用榆木制作各种器具，就能获得较好的收益。另外，种榆树的其他一些用途该篇未曾提到，如榆树皮内含淀粉及黏性物，磨成粉称榆皮面，掺和在面粉中可用以代粮充饥；它的幼嫩翅果"榆荚"或"榆钱"，能鲜食，也可与面粉混拌蒸食，同样可以救荒活民。从这一点上说，榆树曾在饥荒岁月让老百姓看到了一线生机。

杨树

杨树植物系统分为很多种类，白杨是其中一类，常见的有毛白杨和银白杨，该篇则主要指毛白杨。它树干端直，树皮光滑，常为灰白色，是造林绿化的优良树种。中国辽宁南部及河北、山东、山西、陕西、甘肃、河南、安徽、江苏、浙江等省均有分布，以黄河流域中下游为中心分布区。

关于杨树得名"杨"的原因，历来有不同说法，但都反映出了它的生长特性。《要术》作者自注，"白杨"，一名"高飞"，一名"独摇"，似有树冠高扬、随风摇曳的含义。也有人说，"杨"与"扬"同音互训，"杨树"就是"扬树"，表示这种树高大挺拔，树冠有昂扬向上之势。其实，白杨的其他称呼如大叶杨、响杨、颤杨、冲天杨、眼睛树等，也在一定程度上反映出它的生长特点。

白杨树的形象和品质，自古以来就引起很多文人学士的赞叹，其中最有名的是现代作家茅盾于 1941 年所写的散文《白杨礼赞》。作者以西北黄土高原上"参天耸立，不折不挠，对抗着西北风"的白杨树，来象征勤劳坚韧、力求上进的北方农民，歌颂他们在抗日战争期间为民族解放而艰苦斗争的精神。

由于白杨树易于繁殖，抗逆性强，生长迅速，用途广泛，所以近几十年来，中国林业工作者为了解决森林资源贫乏、木材短缺的问题，大力营造用材林，用丰产栽培方式种植速生杨等树种，杨树人工林面积大为增加。

种竹第五十一

竹子：作器，食用，造园，功能兼具。

淡竹主要分布在北方，文中所讲应是淡竹栽种法。

中国所生，不过淡苦二种[1]；其名目奇异者，列之于后条也[2]。

宜高平之地。近山阜[3]，尤是所宜。下田得水即死。黄白软土为良。

竹鞭也有向肥沃松软土壤延伸的特性，故民谚所讲并非绝对。

正月、二月中，斸取西南引根并茎[4]，芟去叶，于园内东北角种之，令坑深二尺许，覆土厚五寸。竹性爱向西南引[5]，故于园东北角种之。数岁之后，自当满园[6]。谚云："东家种竹，西家治地。"为滋蔓而来生也。其居东北角者，老竹，种不生，生亦不能滋茂，故须取其西南引少根也。稻、麦糠粪之。二糠各自堪粪，不令和杂。不用水浇。浇则淹死。勿令六畜入园。

二月，食淡竹笋，四月、五月，食苦竹笋。蒸、煮、𤎅、酢[7]，任人所好。

淡竹笋、苦竹笋都可以吃，而且有多种吃法。

其欲作器者，经年乃堪杀。未经年者，软未成也。

［注释］

[1]淡苦二种：现有淡竹（学名：*Phyllostachys glauca* McClure）和苦竹［学名：*Pleioblastus amarus*（Keng）Keng］之别。《要术》所指，或许是这两种。前者为禾本科刚竹属下的一个种，耐寒耐旱性较强，为单轴形散生竹，竹竿坚韧，生长旺盛，主要分布于黄河流域至长江流域间的平原、丘陵地带，以及陕西秦岭等地。后者别名"伞柄竹"，为禾本科、大明竹属植物，喜温暖湿润气候，稍耐寒，喜肥沃、湿润的砂质土壤，为复轴混生型竹，主要分布于南方地区。　[2]后条：指该书卷十"竹"条，主要引录他人文献中所记的南方竹种。　[3]近山阜：靠近山丘，栽在坡地或山脚。竹子喜光怕水，近山坡有背风向阳的优点，同时排水良好，冬季气温也较高，有利于散生竹类的防寒越冬。　[4]引根并茎：竹鞭连同母株的竿。引根：指地下茎，即竹鞭。茎：指母株的竹竿。　[5]竹性爱向西南引：单轴型散生竹的竹鞭具有自北向南、自东向西延伸的特性，也有向肥沃松软土壤延伸的特性，所谓"土虚则鞭行"（南宋温革《分门琐碎录》引《岳州风土记》）。　[6]自当满园：自然会长满一园。散生竹的竹鞭具有在地下横走的特性，竹鞭节上所生的芽，有的发育成笋，长成竹竿；有的抽成新鞭，继续前行，在地下不断扩展和长出新竹。这样，一个或少数个体就会逐渐发展成为一大片散生竹林。　[7]𤎅（fǒu）：这里同"缹"，卷九《素食》篇有缹瓜茄等法，

是一种油焖法。酢："醋"的本字,这里指作成酸泡笋。

[**点评**]

中国竹子种类繁多,分布广泛,是世界竹类的唯一起源中心。从古到今,人们在漫长的生产、生活过程中,与竹子结下了不解之缘,创造了丰富的竹文化。

在物质文化方面,中国民众的衣食住行用,每一个方面都离不开竹子的帮助。人们用竹制作竹筐、竹笼、竹筛、竹筒车、竹碗、竹筷、竹勺、竹床、竹席、竹椅凳等各种生产、生活器具,还用竹制作笔筒、纸张、毛笔、乐器等文娱用品,利用竹编、竹雕进行工艺品创作等,很多产竹地区还由此形成了相关的竹产业。

在精神文化方面,竹子"非草非木",本固干直,虚心有节,青翠挺拔,顶风傲雪,常常成为各民族信仰崇拜的对象,成为贤人君子理想人格、崇高精神的化身。古人有"君子比德于竹"的名言,宋代苏轼《于潜僧绿筠轩》有诗曰:"宁可食无肉,不可居无竹。"人们敬竹崇竹、寓情于竹、引竹自况,由此产生的竹文学、竹绘画、竹园林、竹民俗等精神文化成果不胜枚举。

尤其是《要术》和南朝戴凯之《竹谱》等科技文献,全面记载了历史上的竹类品种、栽种和利用等问题,反映出古人对竹子生长特性的认识程度和种竹的技术水平,可以加深我们对中国传统竹文化的了解。

种红蓝花、栀子第五十二[1]

两种染料植物同列，只是文中并未提及栀子，原因不明。

花地欲得良熟。二月末三月初种也。

种法：欲雨后速下，或漫散种，或耧下，一如种麻法。亦有锄掊而掩种者[2]，子科大而易料理[3]。

花出，欲日日乘凉摘取。不摘则干。摘必须尽。留余即合[4]。

红花头状花序顶生，采摘时要用三个手指抽出其筒状花冠。抽摘时必须细心轻摘，不可伤及基部的子房，因为还要留着结子。

五月子熟[5]，拔，曝令干，打取之[6]。子亦不用郁浥。

五月种晚花[7]。春初即留子，入五月便种，若待新花熟后取子，则太晚也。七月中摘，深色鲜明，耐久不黦[8]，胜春种者。

［注释］

[1] 红蓝花：菊科的红花（学名：*Carthamus tinctorius* L.），花红色，叶片像蓼蓝，故名（图 5-3）。古时常用红花中所含红色素作化妆品，如胭脂等，作药用大约始于北宋时期，《要术》尚未见记载。栀子：茜草科植物（学名：*Gardenia jasminoides* Ellis），其果实可作黄色染料。 [2] 锄掊（póu）而掩种：用锄刨穴点播，再覆上土。掊：今“刨”字。 [3] 子科大：“子”上应脱“省”字，是说点播的省子而科丛大。易料理：容易照料和管理。 [4] 留余即合：留下未采的花不久就会凋谢。合，萎蔫闭合。 [5] 五月子熟：春播红花，阴历五月就成熟。 [6] 打取之：打下种子。之，指种子。 [7] 五月种晚花：指夏播秋收的晚季花。 [8] 黦（yuè）：黄黑色。

图 5-3 《植物名实图考》卷十四《隰草类 · 红花》

种红蓝花的收益远超谷子。

负郭良田种一顷者[1]，岁收绢三百匹[2]。一顷收子二百斛，与麻子同价。既任车脂[3]，亦堪为烛，即是直头成米。二百石米，已当谷田；三百匹绢，超然在外。

一顷花，日须百人摘，以一家手力，十不

充一[4]。但驾车地头，每旦当有小儿僮女十百为群[5]，自来分摘，正须平量[6]，中半分取。是以单夫只妇，亦得多种。

小儿僮女，帮助摘花，平量对分，做法巧妙。

[注释]

[1] 负郭：指靠近城郭。　[2] 岁收绢三百匹：指卖红花的收益相当于收绢三百匹。　[3] "既任车脂"三句：是说红花子榨的油，既可以用作车轴的润滑油，也可以作蜡烛，二百石红花子的价值，能抵得上二百石米。直头，两头抵值，即二百石红花种子抵得上二百石米。　[4] 十不充一：不到十分之一，意思是家里人手太少，远远不够用。　[5] 每旦：每天早晨。僮：指儿童。古时"童"指奴仆，儿童的"童"作"僮"，后来二字互易。　[6] 正须平量：只要公平地称量即可。正：魏晋南北朝时常作"止""只"用，《要术》屡见。

杀花法[1]：摘取，即碓捣使熟[2]，以水淘，布袋绞去黄汁[3]；更捣[4]，以粟饭浆清而醋者淘之，又以布袋绞去汁，即收取染红勿弃也。绞讫，着瓮器中，以布盖上；鸡鸣更捣令均，于席上摊而曝干，胜作饼[5]。作饼者，不得干，令花浥郁也。

杀花法除黄利用了黄色素易溶解于水和酸性溶液的特性。

[注释]

[1] 杀花：消除红花中的黄色素。红花除了含有红花红色素

外，还含有大量红花黄色素，因此必须事先褪去黄色素，然后才能利用其红色素作染料。　[2] 碓（duì）：用木石制成的谷物春捣加工器具，这里指用来捣烂红花（图5-4）。　[3] 绞：拧紧、挤压。黄汁：红花含有的黄色素，要去掉。　[4]"更捣"四句：将褪去黄汁的红花再次碓捣，然后用发酸澄清的粟米饭浆水淘洗，又挤压去掉黄汁，这时可以把绞干的红花收起来，准备染红色。醋，有"发酸"的意思。　[5] 胜作饼：摊开晒干好过做成饼状。

图5-4　王祯《农书》"碓"

首次详载胭脂的制作方法。红色素易溶于碱性溶液，故可利用碱性的草木灰来提取，制作胭脂。

胭脂原料除红蓝花以外，还有酸石榴汁（或好醋）、粟米饭浆水、白米粉，提取液是草木灰汁。可见，此胭脂属纯天然有机化妆品。

作燕脂法[1]：预烧落藜、藜藋及蒿作灰[2]，无者，即草灰亦得。以汤淋取清汁，初汁纯厚太醶[3]，即杀花，不中用，唯可洗衣；取第三度淋者，以用揉花，和，使好色也。揉花。十许遍，势尽乃止。布袋绞取淳汁，着瓷碗中。取醋石榴两三个[4]，擘取子，捣破，少着粟饭浆水极酸者和之，布绞取沖[5]，以和花汁。若无石榴者，以好醋和饭浆亦得用。若复无醋者，清饭浆极酸者，亦得空用之[6]。下白米粉，大如酸枣，粉多则白。以净竹箸不腻者，良久痛搅。盖冒至夜[7]，泻去上清汁，至淳处止，倾着帛练角袋子中悬之。明日干浥浥时^[8]，捻作小瓣，如半麻子，阴干之，则成矣。

[注释]

[1]燕脂，即"胭脂"，古代女子的化妆品，涂覆在面部，可使面部红润有光泽，一般用红蓝花制作。李时珍《本草纲目》曾考证了"燕脂"名实，"按伏候《中华古今注》云：燕脂起自纣，以红蓝花汁凝作之。调脂饰女面，产于燕地，故曰燕脂。或作敊。匈奴人名妻为阏氏，音同燕脂，谓其颜色可爱如燕脂也。俗作胭肢、胭支者，并谬也"。　[2]落藜：藜科地肤［学名：Kochia scoparia（L.）Schrad.］的别名，也叫落帚、扫帚苗、扫帚菜，老株可用来作扫帚。藜藋（diào）（学名：Chenopodium album L.）：藜科藜属植物，俗称灰菜、灰灰菜、灰条。　[3]酽（yàn）：汁液浓厚。　[4]醋石榴：酸石榴。酸石榴除药用外，古时多利用其有机酸作为媒染剂或各种配料。　[5]渖（shěn）：通"沈"，即汁液。　[6]空用：单独一种，不杂和其他物品。　[7]"盖冒至夜"四句：是说用东西盖在盛胭脂汁的碗口上，到夜间倒掉上面的清汁，至淳厚的地方停下来，把碗里的浓汁倒进一个用熟绢缝制的尖角袋子中，悬空挂起来。冒，覆盖。练，洁白的熟绢。　[8]浥浥：半干状态。

[点评]

红蓝花，即菊科的红花，又有刺红花、草红花、丹华、黄兰、杜红花、大红花、南红花等称呼。其花红色，叶片像蓼蓝，故名"红蓝花"，现主要供药用。

古时常用红花中所含红色素作胭脂等化妆品，作药用似乎较晚，北宋《开宝本草》始见记载。宋以后药用渐多，宋代《本草图经》和明代《本草纲目》等中医药经典均有记载。《本草图经》记载红蓝花"人家场圃所种，冬而布子于熟地，至春生苗，夏乃有花。……其花曝干，以染真红及作燕脂，主产后病为胜"。可见，红蓝花既用作染料，也具有较好的活血化瘀功效，为妇科良药。《博物志》中说红花是张骞通西域后传入内地的，依据尚不明确。现今人们所说藏红花又称番红花、西红花，与红蓝花并非同科植物，但二者药用功效相近。

《要术》时代，红蓝花主要用于提取红色颜料，制作胭脂之类化妆品，尚未见到其药用记载。贾思勰鼓励大面积种植红花，看来其市场需求量大，不愁没有销路，这大概与当时王公贵族生活侈靡，喜好涂脂抹粉的社会风气有关。《颜氏家训》中就说，梁朝的富贵弟子，个个香料熏衣，搽粉涂胭脂。从《要术》的记载也可看出，当时人们除了用红花染料制作胭脂之外，又精制"英粉""香粉"，以妆饰身体。

关于红花的采摘，该篇中说"花出，欲日日乘凉摘取"，不摘花就干了，采摘时必须采摘干净，留下的不多久便会凋谢。红花开花时间最多不超过四十八小时，花瓣由黄变红时必须及时采摘，一般在二十四小时到三十六小时采摘花色最为鲜美，过后就变成暗红色而凋谢。要是在当天早晨看到花蕾内露出一些黄色小花瓣，明天早晨就要采摘。采摘时间必须在清晨露水未干以前，因为红花叶子的叶缘和花序总苞上都长着很多尖刺，早晨刺软不扎手。否则不但硬刺扎手，操作不便，还会在采花时伤及子房，并且晚了花冠变得柔软，手抓上容易结块，影响花的质量。再迟，就凋谢不好采了。贾思勰的记载虽然简单，但采摘方法颇得要领，符合红花生长特性和生理特点，显然来自于实践经验的总结。

对于红花染料的提取，《要术》称为"杀花法"，记载颇为详细。其过程是：将带露水的红花摘回后，经"碓捣"成浆后，加清水浸渍。在中性条件下，黄色素溶解，用布袋绞去黄色素（即黄汁），这样一来，残花中剩下的大部分已为红色素了。此后，用已准备好的粟饭酸汁冲洗，进一步除去残留的黄色素，即可得到含有红色素的残花，然后再碓捣，摊开晾干备用。这种提取红花色素的"杀花法"，在隋唐时期就已传至日本等国。若要制作胭脂，先用呈弱碱性的草木灰汁把红花素溶解过滤出来，再于酸汁中沉淀，并加入淀粉，经过澄清，最后制成小瓣状的胭脂。

明末宋应星《天工开物·彰施》"红花"条指出："若入染家用者，必以法成饼然后用，则黄汁净尽，而真红乃现也。"所以必须"杀去"黄色素，才能作为红色染料用。据现代科学分析，红花中含有黄色和红色两种色素，其中黄色素溶于水和酸性溶液，在古代无染料价值，而现代常用于食物色素的安全添加剂；红色素易溶解于碱性水溶液，在中性或弱酸性溶液中可产生沉淀，形成鲜红的色淀沉积下来，可用作染料制胭脂或染红布。古代可以染红色的染料还有茜草，但茜草为土红，又需要较为复杂的媒染工序。而红花所染为"真红"，且可直接在纤维上着色，故在传统红色染料中占有极为重要的地位。

种蓝第五十三

种蓝是为了制作蓝靛，染蓝衣物。蓝，中国古代平民服装的主色调，就是用蓝靛染成的。

东汉崔寔《四民月令》："五月，可别蓝。"

蓝地欲得良[1]。三遍细耕。三月中浸子，令芽生，乃畦种之。治畦下水，一同葵法。蓝三叶浇之。晨夜再浇之。薅治令净。

五月中新雨后，即接湿耧耩[2]，拔栽之。《夏小正》曰："五月启灌蓝蓼。"三茎作一科，相去八寸。栽时宜并功急手[3]，无令地燥也。白背即急锄。栽时既湿，白背不急锄则坚确也[4]。五遍为良。

七月中作坑，令受百许束，作麦秆泥泥之[5]，令深五寸[6]，以苫蔽四壁。刈蓝，倒竖于坑中，下水，以木石镇压令没。热时一宿，冷时再宿，漉去荄[7]，内汁于瓮中。率十石瓮[8]，着石灰一斗五升，急手抨之，一食顷止。澄清，泻去水；别作小坑，贮蓝淀着坑中[9]。候如强粥[10]，还出瓮中盛之，蓝淀成矣。

种蓝十亩，敌谷田一顷。能自染青者[11]，其利又倍矣。

世界上关于蓝靛制作工艺的最早记载。

农家自己种蓝，又能制蓝染布者，获利可以加倍。

[注释]

[1]蓝：指蓼科的蓼蓝（学名：*Polygonum tinctorium* Ait.），亦单称蓝，为蓼科一年生草本植物，原产于中国，南北各地均有栽培，主要用作染色及药用（图5-5）。　[2]接湿耧耩：指趁着雨后土地潮湿，将整治好的蓝地用耧耩出栽植沟。　[3]并功急手：指数工合一工，快速栽植。功：通"工"。　[4]坚确：指土壤坚硬结块。确，同"塙"，指土壤板结。　[5]䅘（nè）：指麦子的颖壳或铡短的麦秸。　[6]深：指泥层的厚度。　[7]荄（gāi）：本指草根，这里指蓝残存的茎叶。　[8]"率（lǜ）十石瓮"四句：是说十石的大瓮，按比例加入一斗五升的石灰，急速搅拌，大约一顿饭的工夫，停手。率，比例。急手，急速、快速。　[9]蓝淀：蓝汁的沉淀，即蓝靛。　[10]强

图5-5　《植物名实图考》
卷十三《蓝（一）》

粥：浓稠的粥。　[11]青：指蓝色。

[点评]

中国古人用来制作蓝靛染料的蓝草有蓼科的蓼蓝、十字花科的菘蓝、豆科的木蓝、爵床科的马蓝等多种，《要术》中所讲的应是蓼蓝。蓼蓝为蓼科一年生草本植物，单叶互生，花序穗状，花淡红色，原产于中国，也单称为蓝。二三月间下种培苗，民间有"榆荚落时可种蓝"的说法。

蓼蓝在中国栽培和利用的历史，可追溯到夏商周三代时期。《夏小正》有"五月启灌蓝蓼"的记载，意思是人们要在五月份移栽蓝蓼。《诗经·小雅·采蓝》："终朝采蓝，不盈一襜。"说的是女子采摘蓝草一早晨，兜起衣裳还盛不满。战国时期，《荀子·劝学》中的名句"青，取之于蓝，而青于蓝"，即源于当时的染蓝技术。其中"青"是指青色，"蓝"则指制取靛蓝的蓝草。一般认为，在秦汉之前，中国人种植蓝草已比较普遍了，由蓝靛染料及蓝染技术所染出的大青、绀青等一直是中国传统服饰的主要颜色。

《要术》中《种蓝》篇不仅记载了蓼蓝的栽培方法，还专门讲述了从蓝草中提取"蓝淀"的方法：七月份筑好沤蓝用的坑，"刈蓝倒竖于坑中，下水"，然后用木棍、石块镇压，使蓝草全部浸没在水里。天热时沤一夜，天凉时沤两夜。捞出沤过的茎叶，将蓝汁舀到大瓮里。按照10石的蓝汁加入1斗5升石灰的比例，向大瓮中加入石灰，急速剧烈地搅动约一顿饭的时间，停手。待瓮中的蓝液澄清后，倒去上面的清水。另外挖一个小坑，把蓝汁的沉淀倒在坑中。等待其中的沉淀物像浓稠的粥那样时，再舀回到瓮中，蓝靛就制成了。

有人可能会问，蓼蓝名为"蓝"，而它的叶子是绿色，花是淡红色，它与蓝色到底有什么关系呢？据现代科学解释，蓝草的叶子中含有尿蓝母，这是一种吲哚酚与葡萄糖构成的配糖体——靛式，尿蓝母本身不是蓝色，但是在碱性发酵液中会被糖化酶或碱剂分解，游离出无色的吲哚酚，进而在空气中氧化缩合为蓝色的沉淀——蓝淀，即蓝靛染料。因此，古代常使用酒糟和石灰来发酵水解蓼蓝，制造蓝靛。在染布的时候，再利用石灰、米酒发酵液还原靛蓝色素，印染织物。

贾思勰所记载的蓝靛制作方法，符合科学原理，是人们染蓝和制作蓝印花布的重要工序，在传统社会长期沿用。直到近代，这种天然植物蓝靛，才逐渐被人工合成蓝靛所替代。不过，现代的苗族、瑶族、侗族、布依族等民族，仍然大量使用蓼蓝加工扎染、蜡染民族工艺品，瑶族的一支甚至因其善于使用蓝靛染布而得名"蓝靛瑶"。

齐民要术卷六

养牛、马、驴、骡第五十六

专设畜牧卷，是《要术》的显著特点，反映出南北朝时期中原农业生产结构的调整与变迁。

牛马等役畜的饲养原则。

服牛乘马[1]，量其力能；寒温饮饲，适其天性：如不肥充繁息者[2]，未之有也。金日磾[3]，降虏之煨烬[4]，卜式，编户齐民[5]，以羊、马之肥，位登宰相。公孙弘[6]、梁伯鸾[7]，牧豕者，或位极人臣，身名俱泰[8]；或声高天下，万载不穷。宁戚以饭牛见知[9]，马援以牧养发迹[10]。莫不自近及远，从微至著。呜呼，小子何可已乎[11]！故小童曰[12]："羊去乱群，马去害者。"卜式曰："非独羊也，治民亦如是。以时起居，恶者辄去，无令

防治家畜传染病的经验：恶者辄去，无令败群。

败群也。"谚曰："羸牛劣马寒食下^[13]"，言其乏食瘦瘠，春中必死。**务在充饱调适而已。**

[注释]

[1]服：役使。　[2]肥充：膘肥体壮。繁息：繁殖生息。　[3]金日（mì）磾（dī）：匈奴贵族，汉武帝时因战败被俘，令他养马。由于马养得肥壮，得到汉武帝的赏识和提拔。　[4]煨（wēi）烬：灰烬，这里指无用之人。　[5]卜式：汉武帝时曾在上林苑为皇室牧羊，最后做到御史大夫。　[6]公孙弘：汉武帝时人。六十岁以前，以养猪为业。后应征为官吏，位及宰相。　[7]梁伯鸾（luán）：名鸿，东汉初人。早年以牧猪为生，刻苦好学，很有学问，但不肯做官。后与其妻孟光迁居苏州，为人舂米，过着简朴的生活。据说每次舂米回来，孟光会做好饭食，摆在托盘中，高高捧起，恭敬地送到梁鸿面前，所谓"举案齐眉"。　[8]身名俱泰：地位、名誉都很安稳。　[9]宁戚：春秋时卫国人。有一次他在齐国都城东门外喂牛，刚巧齐桓公夜间出巡，宁戚就边喂牛边大声唱歌。桓公听了，觉得是个人才，便留用他为"客卿"。　[10]马援：东汉初人（前14—49）。因辅佐光武帝有功，任伏波将军，封侯。早年以养马起家，传说《铜马相法》这部相马书是他写的。发迹：指人脱离困顿状况而得志，变得有财有势。　[11]小子何可已乎：年轻人怎么可以放弃家畜饲养呢。已，停止、放弃。　[12]小童：这里指牧童。　[13]羸牛劣马寒食下：瘦牛弱马，寒食节前就会倒下死去。这说明古人对于役畜越冬的饲养管理很重视。

马：头为王，欲得方；目为丞相，欲得光；

据《校释》注，《要术》相马文，颇为烦琐、零乱，与他篇大异。且其内容多与其他相马书相同或相近，但没有标明出处，这与全书的风格明显不合。怀疑其中大部分资料是后人插进去的。

考虑到相马术在中国畜牧史上的重要地位，本书予以适当节录。

脊为将军，欲得强；腹胁为城郭，欲得张；四下为令[1]，欲得长。

凡相马之法，先除"三羸""五驽"[2]，乃相其余。大头小颈，一羸；弱脊大腹，二羸；小胫大蹄，三羸。大头缓耳[3]，一驽；长颈不折[4]，二驽；短上长下[5]，三驽；大髂短胁[6]，四驽；浅髋薄髀[7]，五驽。

[注释]

[1]四下为令：四肢为命令，要长一些。令：命令。 [2]三羸（léi）：三种瘦弱的马。羸：瘦弱。五驽（nú）：五种劣马。驽，指跑不快的马。 [3]缓耳：松弛下垂的耳朵。 [4]长颈不折：脖子长却没有弯曲。折，弯曲。 [5]短上长下：躯干短而四肢长。 [6]大髂（qià）短胁：腰椎长而肋肋短，指马胸廓不发达，跑得不快，也不能持久。髂，马腰部后面两侧的骨，构成髋骨的前上部。胁，从肩胛到肋骨尽处的部分。 [7]浅髋薄髀（bì）：髋部狭窄，股部瘠薄，指马臀股部骨肉发育不良，推进力弱。髀，股部。

相马五藏法[1]：肝欲得小；耳小则肝小，肝小则识人意。肺欲得大；鼻大则肺大，肺大则能奔。心欲得大；目大则心大[2]，心大则猛利不惊，目四满则朝暮健。肾欲得小[3]。肠欲得厚且长，肠厚则腹下广方而平。脾欲得小；肷腹小则脾小[4]，脾小则易养。

望之大，就之小[5]，筋马也[6]；望之小，就之大，肉马也：皆可乘致[7]。致瘦欲得见其肉[8]，谓前肩守肉。致肥欲得见其骨。骨谓头颅。

马，龙颅突目，平脊大腹，胜重有肉[9]：此三事备者，亦千里马也。

论述马内脏和外形之间的相互联系，属家畜外形学范畴，有一定科学道理。

良马：头颅像龙一样，额部大而隆起，同时骨突明显；眼睛略微突出，眼球充盈有神采。躯干部腹大而脊平，反映背腰部强壮有力，腹部满实而不下垂。臀股部肌肉发达，奔跑时后驱推进有力而持久。头部、中躯和后躯构成马体的三大主要部分，如果一匹马的外形符合以上三个基本条件，也就是古人眼中的千里马了。

[**注释**]

[1]五藏：五脏。藏：同"脏"，内脏。　[2]"目大则心大"三句：是说眼睛大心就大，心大就勇猛不受惊吓，眼睛饱满有神采，可以从早到晚精力充沛，步伐矫健有力。　[3]肾欲得小：指外肾（睾丸）要小。但此句无下文，与相肝、心、脾、肺四脏不相称，五脏相法实缺其一。句后又插入六腑的"肠"，疑有窜乱脱误。　[4]肷（qiǎn）腹：腰两侧肋骨和胯骨之间的虚软处。　[5]就：靠近、接近。　[6]筋马：类似现代马的体质分类中肌腱明显的结实细致型。下文"肉马"相当于肌肉发达的结实粗糙型马。这两种类型的马匹都适宜于骑乘用。　[7]乘致：为"乘传致远"的省词。致，到达。　[8]"致瘦欲得见其肉"四句：是说马即使很瘦瘦，肩膊部也要能见到肌肉，这说明其四肢上部发育良好。马即使很肥，头颅骨突也要显现出来，这说明其膘厚而不是单纯的肥胖。致，通"至"，极。守，保持。　[9]胜（bì）重有肉：臀股部肌肉发达。胜，音义同"髀"，这里指股部肌肉（图6-1）。

图 6-1　（唐）李石编著，邹介正、和文龙校注：《司牧安骥集校注》
卷一《良马相图》

马的具体饲养管理方法，讲究"三刍""三时"，符合"寒温饮饲，适其天性"的原则。

饮食之节：食有"三刍"[1]，饮有"三时"。何谓也？一曰恶刍，二曰中刍，三曰善刍。善谓饥时与恶刍[2]，饱时与善刍，引之令食，食常饱，则无不肥。剉草粗[3]，虽足豆谷，亦不肥充；细剉无节，簁去土而食之者[4]，令马肥，不咳[5]，自然好矣。何谓"三时"？一曰朝饮，少之；二曰昼饮，则胸餍水[6]；三曰暮，极饮之。一曰：夏汗、冬寒，皆当节饮。谚曰："旦起骑谷[7]，日中骑水。"斯言旦饮须节水也。每饮食，令行骤则消水，小骤数百步亦佳。十日一放，令其陆梁舒展[8]，令马硬实也。夏即不汗，冬即不寒；汗而极干。

[**注释**]

[1] 刍（chú）：这里指喂牲畜的草料。 [2] 善谓："善"应为衍文，元代《农桑辑要》引《要术》无"善"字。 [3] 剉（cuò）草：铡草。 [4] 筵（shāi）：古同"筛"。 [5] 哐（qiāng）：呛喉、咳嗽。 [6] 胸餍（yàn）水：据《校释》校记，胸，疑是"酌"之形误，"酌餍水"，指有节制地喝饱水，与下文的"极饮之"有区别。餍，吃饱，这里为喝足。 [7]"旦起骑谷"二句：谚语的意思是，清早骑马靠的是饲料，中午骑马靠的是饮水。 [8] 陆梁：跳跃。

饲父马令不斗法 [1]：多有父马者，别作一坊，多置槽厩 [2]；剉刍及谷豆，各自别安。唯着鞴头 [3]，浪放不系。非直饮食遂性，舒适自在，至于粪溺 [4]，自然一处，不须扫除。干地眠卧，不湿不污。百匹群行，亦不斗也。

饲征马令硬实法 [5]：细剉刍，杴掷扬去叶 [6]，专取茎，和谷豆秣之 [7]。置槽于迥地 [8]，虽复雪寒，勿令安厂下。一日一走，令其肉热，马则硬实，而耐寒苦也。

饲养公马的经验。

[**注释**]

[1] 父马：指用作种马的公马。 [2] 槽厩：食槽和马厩。 [3] 鞴（lóng）头：笼头，套在牛马等牲畜头上用来系缰绳挂嚼子的用具，多用皮革制成。 [4] 粪溺（nì）：粪尿。 [5] 征

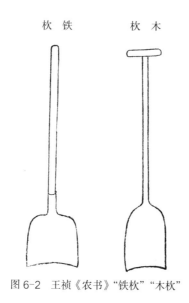

杴铁　　杴木

图 6-2　王祯《农书》"铁杴""木杴"

马：骑乘马。硬实：指身体硬棒结实。　[6]杴（xiān）：同"锨"，一种翻土或铲东西的传统农具，这里应指"木杴"（图 6-2）。　[7]秣（mò）：本意是喂马的草料，这里指喂马。　[8]迥地：较远的地方。

讲马、驴杂交技术。

赢[1]：驴覆马生赢[2]，则准常[3]。以马覆驴，所生骡者，形容壮大，弥复胜马。然必选七八岁草驴[4]，骨目正大者[5]：母长则受驹[6]，父大则子壮。草骡不产，产无不死。养草骡，常须防勿令杂群也。

驴，大都类马，不复别起条端[7]。

[注释]

[1]赢（luó）：即"骡"字。《说文解字》："赢，驴父马母。"公驴配母马所生后代叫作骡（赢），古今称呼相同。公马配母驴所产者，古时叫驮骡，现在称"驴骡"。但《要术》称前者为"赢"，而后者为"骡"，别一字为二名，与一般不同。　[2]覆：这里指雄配雌，即公驴与母马交配。　[3]准常：通常，常见。　[4]草：母畜的俗称，草驴即母驴。　[5]骨目：犹言骨窍，这里指骨盆。　[6]受驹：受孕坐胎。　[7]不复别起条端：不再另列条目。条端，科目、条文。

[点评]

在传统社会，马、牛、驴、骡作为役畜，可骑乘、耕田、拉车、驮运、曳磨，军事、交通运输和农业生产中都少不了它们。例如，马曾被奉为"六畜之首"，在军事方面作用重大，历史上有"马上得天下"之说。因此，历代设有专门的"马政"机构，负责马的牧养、训练、使用和采购。再如，过去人们常说牛是农之本，是农民的宝贝，历代政府也采取了各种保护耕牛的举措。如果没有牛耕，中国农业的精耕细作和粮食增产就难以实现。所以，古人对马、牛、驴、骡这些大家畜十分重视，并积累了丰富的饲养繁育及疾病防治经验。

《要术》首先提出大家畜饲养的基本原则："服牛乘马，量其力能；寒温饮饲，适其天性。"这 16 个字应是从长期畜牧实践中总结出来的，概括性很强。意思是使役过程中要估量牛马所具有的能力，不能超负荷使役；饲养过程中要考虑天冷天热的不同情况，合理饮水喂料，以适应它们的天性。如果按照这样的原则去饲养，牛马就会膘肥体壮，健康生长和繁殖。另外，应该为牛马贮备充足的越冬饲料。否则，寒冬腊月，缺乏饲草，牲畜吃不饱，就会日渐掉膘消瘦，"春中必死"，也就是逃不出冬瘦、春死的规律。

该篇还重点交代了牛马的日常饲喂准则："食有三刍，饮有三时。"就是要根据牲口的饥饱情况分别给予粗、中、精三等饲料，又要根据早、中、晚的不同时间给予数量不等的饮水。饥饿时给予粗料，吃饱时给予精料，促使其多进食，牛马就容易长得肥健。草要铡得细一些，就是农谚所说的"寸草铡三刀，没料也上膘"，仅靠谷、豆等精料饲喂对牲畜反而不好。早上天气凉爽，水分消耗较少，应该少饮。如果饮水过多，使腹部胀满，不利于使役。晚上要让牛马尽量多饮水，所谓"极饮"，这样有利于补充全天的水分消耗，促进其采食和消化吸收。

另外，牛马在古代社会的重要性，还使得人们非常注重观察和品评它们的优劣，很早就形成了精湛的相牛术和相马术。有些人还以擅长相畜而闻名天下，其中春秋时期的"宁戚相牛"和"伯乐相马"最为著名。对先秦以来所积累的相畜术，《要术》有较为全面的总结。

《要术》之后，关于马牛饲养管理的技术经验增长有限，且从未出现相关专书。相比之下，关于马牛疾病防治的医书则不断涌现，著名者如唐代《司牧安骥集》、明代《元亨疗马集》、清代《养耕集》《牛医金鉴》《抱犊集》《牛经备要医方》《活兽慈舟》等。

养羊第五十七

常留腊月、正月生羔为种者[1]，上；十一月、二月生者，次之。非此月数生者，毛必焦卷。骨骼细小。所以然者，是逢寒遇热故也。其八、九、十月生者，虽值秋肥，然比至冬暮，母乳已竭，春草未生，是故不佳。其三、四月生者，草虽茂美，而羔小未食，常饮热乳，所以亦恶。五、六、七月生者，两热相仍[2]，恶中之甚。其十一月及二月生者[3]，母既含重[4]，肤躯充满，草虽枯，亦不赢瘦；母乳适尽，即得春草，是以极佳也。

冬季和初春阶段所生的羔羊母乳充足，还能及时吃上青草，所以羔羊生长健壮，适合留作种羊。

大率十口二羝[5]。羝少则不孕，羝多则乱群。不孕者必瘦[6]，瘦则非唯不蕃息，经冬或死。羝无角者更佳。有角者，喜相抵触，伤胎所由也。

拟供厨者，宜剩之^[7]。剩法：生十余日，布裹齿脉碎之^[8]。

[注释]

[1] 种（zhǒng）：种羊。此句意思是，腊月、正月生的羔羊常被留作种羊。《要术》所记为绵羊，绵羊多数品种秋冬季节发情配种，但也有可终年繁殖的。 [2] 两热：指天气炎热，又饮热乳，最不利于羊羔生长发育。仍：重复。 [3] 十一月及二月：从十一月到二月，正文所说的生羔最好和次好的四个月都包括在内。及，至。 [4] 含重：原指"重身"，即怀孕，这里引申为乳量充足或多乳。重，亦通"湩"，即乳汁，含重有"含湩"之意。 [5] 十口二羝（dī）：十只羊中配二只公羊。口，羊的只数。羝，公羊。 [6] 不孕者必瘦：怀孕母羊能分泌一种激素，促进机体新陈代谢，提高消化吸收能力，所以比较肥壮。未怀孕的母羊没有这种优势，容易消瘦，过冬或致生病死亡。 [7] 剩：阉割。 [8] 布裹齿脉碎之：指用布裹着，以牙齿咬碎睾丸。齿：作动词用，即咬。脉：指睾丸。也有人解释"齿脉"是指精索，方法是用锤锤打，使输精管与血管闭锁，睾丸因得不到血液供应而萎缩。

牧羊必须大老子、心性宛顺者^[1]，起居以时，调其宜适。卜式云：牧民何异于是者。若使急性人及小儿者，拦约不得^[2]，必有打伤之灾；或劳戏不看^[3]，则有狼犬之害；懒不驱行，无肥充之理；将息失所^[4]，有羔死之患也。唯远水为良。二日一饮。频饮则伤水而鼻脓。**缓驱行，勿停息。**息则不食而羊瘦，急行则坌尘而蚛颡也[5]。**春夏早放，秋冬晚出。**春夏气软[6]，所以宜早；秋冬霜露，所以宜晚。《养生经》云[7]："春夏早起，与鸡俱兴；秋冬晏起，必待日光。"此其义也。夏日盛暑，须得阴凉；若日中不避热，则尘汗相渐[8]，秋冬之间，必致癣疥[9]。七月以后，霜露气降，必须日出霜露晞解[10]，然后放之；不尔则逢毒气，令羊口疮、腹胀也。

　　圈不厌近，必须与人居相连，开窗向圈。所以然者，羊性怯弱，不能御物，狼一入圈，或能绝群。**架北墙为厂**[11]。为屋即伤热，热则生疥癣。且屋处惯暖，冬月入田，尤不耐寒。**圈中作台，开窦**[12]，**无令停水。二日一除，勿使粪秽。**秽则污毛，停水则"挟蹄"[13]，眠湿则腹胀也。**圈内须并墙竖柴栅，令周匝**[14]。羊不揩土，毛常自净；不竖柴者，羊揩墙壁，土、咸相得[15]，毛皆成毡。又竖栅头出墙者，虎狼不敢逾也。

右侧旁注：
放羊并不简单。如果放羊方法不得当，羊不仅吃不饱、长不肥，还容易生病。

当时农区养羊实行放牧与舍饲相结合的方式，这里讲圈养舍饲的注意事项。

［注释］

[1]大老子：谨慎敦厚的老人。宛顺：柔顺、和顺。　[2]拦约：拦挡。　[3]劳戏：好嬉戏、贪玩。劳，有过分、癖好之义。　[4]将息：调养、休息。　[5]坌（bèn）尘而蚛（zhòng）颡（sǎng）：是说跑得太快，扬起并吸入较多的灰尘，因而引起呼吸器官疾病。坌，尘土，这里指扬起尘土。蚛，被虫咬，这里指呼吸道感染引

起的脓肿。颡，借作"嗓"字，喉咙、嗓子。　[6]气软：软和，但也可能是"暖"字之误。　[7]《养生经》：宋代官修书目《崇文总目》著录有《养生经》一卷，陶弘景撰，原书已佚。　[8]渐：浸染。　[9]癣（xuǎn）疥（jiè）：两种皮肤病。癣，是由霉菌引起的某些皮肤病的统称。疥，由疥虫寄生而引起的一种传染性皮肤病。　[10]晞（xī）解：日出后霜露消解。晞，干燥。　[11]厂：房子有盖顶而四壁不全者为厂，文中的意思是靠北面的屋墙建一个羊舍。　[12]开窦：开出向外排水的洞。　[13]挟蹄：羊蹄因炎症而引起的蹄壳变形狭窄症。　[14]周匝：环绕一周。[15]土、咸相得：指墙土和汗里的盐分相混合，使得羊毛结成了毡片。

羊一千口者，三四月中，种大豆一顷杂谷^[1]，并草留之，不须锄治，八九月中，刈作青茭^[2]。若不种豆、谷者，初草实成时，收刈杂草，薄铺使干，勿令郁浥。䝁豆、胡豆、蓬、藜、荆、棘为上^[3]；大小豆萁次之^[4]；高丽豆萁^[5]，尤是所便；芦、荻二种则不中^[6]。凡乘秋刈草^[7]，非直为羊，然大凡悉皆倍胜。崔寔曰"七月七日刈刍茭"也。既至冬寒，多饶风霜，或春初雨落，青草未生时，则须饲，不宜出放。

积茭之法^[8]：于高燥之处，竖桑、棘木作两圆栅，各五六步许。积茭着栅中，高一丈亦无嫌。任羊绕栅抽食，竟日通夜，口常不住。终冬过春，无不肥充。若不作栅，假有千车茭，掷与十口羊，

种植大豆以及收割杂草，制作青干饲料，为羊只越冬做准备，此乃养羊之关键。

亦不得饱：群羊践蹋而已，不得一茎入口。

不收茭者[9]：初冬乘秋，似如有肤；羊羔乳食其母，比至正月，母皆瘦死；羔小未能独食水草，寻亦俱死。非直不滋息，或能灭群断种矣。余昔有羊二百口，茭豆既少，无以饲，一岁之中，饿死过半。假有在者，疥瘦羸弊[10]，与死不殊，毛复浅短，全无润泽。余初谓家自不宜，又疑岁道疫病[11]，乃饥饿所致，无他故也。人家八月收获之始，多无庸暇[12]，宜卖羊雇人，所费既少，所存者大。传曰："三折臂，知为良医。"又曰："亡羊治牢，未为晚也。"世事略皆如此，安可不存意哉？

积茭之法，冬季羊能吃饱，又不浪费饲草，巧妙。

若不给羊只贮备越冬饲草，后果很严重，此处为经验之谈。

[注释]

[1]杂谷：指大豆与谷子混播。 [2]青茭：在豆、谷等未老之前青刈，主要贮作青干饲料，即下文所称"茭豆"。茭，干草。 [3]䜩（láo）豆：古人指野黑小豆或野绿豆。胡豆：一说是青斑豆或青小豆，也有说是蚕豆。蓬：蓬草，即飞蓬。藜：灰菜。荆：荆条。棘：酸枣。 [4]豆萁（qí）：豆茎。 [5]高丽豆：大豆类。 [6]芦：开花前的芦苇。薍（wàn）：开花前的荻。 [7]"凡乘秋刈草"三句：是说趁着秋天的时候割草，不但是为了养羊，凡是用作饲料，都是加倍的好。非直，不但。然，而且。 [8]积茭：堆积茭草。 [9]"不收茭者"六句：是说如果不储备越冬干草来喂羊，初冬时母羊还保留着秋膘余势，看上去好像较肥；但是冬季羊羔全靠吸食母乳为生，到了正月，母羊就都瘦死了。乘，

凭借。肤，肌肤，相当于"膘"。　[10]疥瘦羸弊：指羊或病或衰弱。　[11]岁道：岁时、时令。　[12]庸暇：空闲时间。

冬夜羔羊出生时应特别留心，及时燃火保暖。

寒月生者，须燃火于其边。夜不燃火，必致冻死。凡初产者，宜煮谷豆饲之。

白羊留母二三日，即母子俱放。白羊性很[1]，不得独留；并母久住，则令乳之。

羖羊但留母一日[2]。寒月者，内羔子坑中，日夕母还，乃出之。坑中暖，不苦风寒，地热使眠，如常饱者也。十五日后，方吃草，乃放之。

白羊，三月得草力，毛床动[3]，则铰之[4]。铰讫于河水之中净洗羊，则生白净毛也。五月，毛床将落，又铰取之。铰讫，更洗如前。八月初，胡葈子未成时[5]，又铰之。铰了亦洗如初。其八月半后铰者，勿洗：白露已降，寒气侵人，洗即不益。胡葈子成然后铰者，非直着毛难治，又岁稍晚，比至寒时，毛长不足，令羊瘦损。漠北寒乡之羊，则八月不铰，铰则不耐寒。中国必须铰[6]，不铰则毛长相着，作毡难成也。

剪羊毛时将环境变化、羊毛质量和羊只生长都考虑到了，可谓周全。

[注释]

[1]很（hěn）：古通"很""狠"，违背、不顺从。　[2]羖（gǔ）

羊：这里指黑羊。 [3]毛床：指被毛的基部。 [4]铰：剪。 [5]胡
菜（xǐ）：指菊科的菜耳，即苍耳。《要术》中有胡菜、胡葈、葈耳、
胡荽（suī）等异写和别名。其果实为倒卵形，外部密生硬刺，易
附着于人的衣服或畜体上，所以古时又有"羊负来"的名称。必
须在菜耳子实未成熟前剪羊毛，否则放牧时它们容易附着在羊毛
上，就比较麻烦了。 [6]中国：这里指中原地区，与上文"漠北"
相对。

羊有疥者[1]，间别之[2]；不别，相染污，或
能合群致死。羊疥先着口者[3]，难治多死。

治羊疥方：取藜芦根[4]，咬咀令破[5]，以泔
浸之，以瓶盛，塞口，于灶边常令暖，数日醋香，
便中用。以砖瓦刮疥令赤，若强硬痂厚者，亦可
以汤洗之，去痂，拭燥，以药汁涂之。再上，愈。
若多者，日别渐渐涂之，勿顿涂令遍[6]——羊瘦，
不堪药势，便死矣。

又方：去痂如前法。烧葵根为灰。煮醋淀[7]，
热涂之，灰厚傅[8]。再上，愈。寒时勿剪毛，去
即冻死矣。

又方：腊月猪脂，加熏黄涂之[9]，即愈。

羊脓鼻、眼不净者[10]，皆以中水治方：以
汤和盐，用勺研之极咸，涂之为佳。更待冷，接

羊疥癣有高
度传染性，危害
很大。

羊疥症状：病
初虫体刺激神经末
梢，引起剧痒，羊
不断在圈墙、栏杆
等处摩擦。然后皮
肤出现丘疹、结
节、水疱，甚至脓
疱，以后形成痂皮
或龟裂。

取清，以小角受一鸡子者，灌两鼻各一角，非直水差[11]，永自去虫。五日后，必饮。以眼鼻净为候，不差，更灌，一如前法。

羊脓鼻，口颊生疮如干癣者，名曰"可妒浑"[12]，迭相染易[13]，着者多死，或能绝群。治之方：竖长竿于圈中，竿头施横板，令狝猴上居数日，自然差。此兽辟恶，常安于圈中亦好。

治羊"挟蹄"方[14]：取羝羊脂，和盐煎使熟，烧铁令微赤，着脂烙之。着干地，勿令水泥入。七日，自然差耳。

凡羊经疥得差者，至后夏初肥时，宜卖易之。不尔，后年春疥发，必死矣。

狝猴高居羊圈中，能防治羊病，应属迷信说法。

[注释]

[1] 疥：疥癣病，主要由疥螨、痒螨和足螨三种寄生虫危害引起。羊疥癣的特征是皮肤炎症、脱毛、奇痒及消瘦，多发生于秋末、冬季和早春，阴暗潮湿、圈舍拥挤和常年舍饲可增加发病概率和流行时间。 [2] 间别：隔离开来，在于防止疥癣传染。 [3] 羊疥先着口者：指羊疥先从口部发病。这种症状应是由疥螨侵染所引起。疥螨病一般开始于皮肤柔软且毛短的地方，如嘴唇、口角、鼻面、眼圈及耳根部，以后皮肤炎症逐渐向四周蔓延。患羊因终日啃咬和摩擦患部，烦躁不安，影响采食量和休息，日见消瘦，最终极度衰竭死亡。 [4] 藜芦：百合科，多年生有毒草本。藜芦

根可作外用药，用来治疥癣、白秃等恶疮，并能毒杀蚤、虱、臭虫等。　[5]㕮（fǔ）咀：咀嚼，本指将药物咬碎，以便煎服。但藜芦有毒，这里是切碎或捣碎的意思。　[6]"若多者"六句：是说如果疥很多，就每天分批涂药，不要一次涂到满。因为病羊很瘦弱，承受不起猛烈的药力，用药量大了，便会死去。别，分次、分批。　[7]醋淀：沉淀下来的醋脚。　[8]傅：通"附"，附着。　[9]熏黄：劣质的雄黄。《唐本草》注：雄黄，恶者名熏黄，用熏疮疥，故名之。　[10]"羊脓鼻、眼不净者"二句：是说羊有鼻出脓、眼睛不干净者，要用中水的方子来治疗。羊脓鼻、眼不净，应是感冒症状。中水，即伤水，指饮水过多而得病。　[11]非直：不但、不仅。水差（chài）：中水病治好了。差，同"瘥"，病愈。　[12]可妒浑：应是从北方游牧区传入中原的疥癣病名，传染性很强。　[13]迭相染易：彼此相互传染。迭，交替、轮流。易，更换、由此及彼。　[14]挟蹄：应是羊的腐蹄病，由坏死杆菌侵入羊蹄缝内，造成蹄质变软、烂伤，流出脓性分泌物。病羊跛行，影响采食，从而逐渐消瘦以至死亡。

［点评］

人们平常所称的羊包括绵羊和山羊，二者属于不同的种，该篇讲的是绵羊。一般认为，家羊的驯化以西亚为最早，后由此地传播到全世界。家绵羊由野生羱羊驯化而成，家山羊则由野生羖（gǔ）羊驯化而成。在中国，羊是"六畜"之一，饲养历史在五六千年以上。

自古以来，牧区养羊以成群放牧为主，逐水草而迁徙。农区养羊较早将放牧与舍饲结合起来，殷商甲骨文中既有执鞭牧羊的象形字，也有羊圈的象形字。据《史记·平准书》载，汉代卜式的养羊经验是："以时起居，恶者辄斥去，毋令败群。"魏晋南北朝时期，贾思勰首次对羊的留种选育以及放牧与舍饲相结合的养羊方式作了细致总结，反映出当时羊的传统饲养管理技术已趋于完善，后世仅有局部改进。

在羊的良种选育方面，《养羊》篇一开始就指出，阴历十二月和正月生的羊羔作种最为理想，十一月和二月生的次之，其他各月生的都不好，不宜作种。原因在于从十一月到二月这四个月生的羊羔，在母羊怀孕期间，正值秋草丰茂的时候，母羊营养良好，奶水较多，小羊羔吃得饱饱的。到春季断奶时，青草又长出来了，小羊有青草吃，自然长得健壮，宜于选作种羊。因此，选留体躯肥壮、抗病力强的冬羔作种，一直是西北牧区的传统。中国古代形成了蒙古羊、藏羊、哈萨克肥臀羊、滩羊、同羊、寒羊、湖羊、库车羊等多个著名地方绵羊品种。这些良种的产生，除了自然环境的影响之外，显然与人们长期的选种留种活动分不开。

在饲养管理方面，该篇提倡放牧与舍饲相结合，指出羊放牧的原则是：起居以时，调其宜适；缓驱行，勿停息；春夏早放，秋冬晚放；夏日盛暑，须得阴凉。牧羊的方法是选择性情温和的老年人，缓缓驱行，让羊边走边吃草，这样有利于羊长膘；不要赶得太快，使羊只顾走路来不及吃草，吃不饱就会瘠瘦；也不要偷懒而不驱赶，让羊停留在同一处草地吃草，使羊因吃不到草而变瘦。冬天不宜放牧，就应该由放牧转为舍饲。

羊的舍饲方法，该篇记述最为详细，反映出农区养羊的特点及关键环节：羊圈要和住房相连，圈内要保持干燥，不能积水，防止羊蹄又腐烂生病；两天扫除粪便一次，避免污染羊毛；圈四周要竖立栅栏围护起来，阻隔羊身揩土，避免羊毛粘结成块，同时可防止野兽入圈害羊。另外，冬季人工饲喂的关键是要贮备足够的饲草，保证羊只安全越冬。否则，冬季缺乏草料，羊吃不饱就会掉膘消瘦，到春天容易生病死亡，逃不出"秋肥、冬瘦、春死"的命运。所以，养羊较多时，应在春季杂种豆、谷刈作青茭，或者刈杂草晒成干草贮存起来，留作冬寒春雨时舍饲用。在谈到羊只越冬时，贾思勰深有感触。他提到，自己曾养了二百只羊，由于没有备足越冬青干饲料，结果到冬季饿死大半，即使活下来的，也是病弱不堪，教训很深刻。

在羊病防治方面，作者主要针对群羊饲养情况，重点记载了羊疥癣、感冒和腐蹄等常见传染病、多发病的防治措施。这些羊病防治措施大多合理有效，其中有些经验来自北方牧区。

养猪第五十八

中国民间向来喜欢嘴筒短的猪。

圈小可以蹲膘催肥,农谚说:"小猪要游,大猪要囚。"

养猪方式是放牧与舍饲结合,猪饲料则以糟糠为主,体现出中国古代农家是"穷养猪"。

母猪取短喙无柔毛者良[1]。喙长则牙多;一厢三牙以上则不烦畜,为难肥故。有柔毛者,燖治难净也[2]。

牝者,子母不同圈。子母同圈,喜相聚不食,则死伤。牡者同圈则无嫌。牡性游荡,若非家生[3],则喜浪失。圈不厌小[4]。圈小则肥疾。处不厌秽。泥污得避暑。亦须小厂,以避雨雪。

春夏草生,随时放牧。糟糠之属,当日别与[5]。糟糠经夏辄败,不中停故。八、九、十月,放而不饲。所有糟糠,则蓄待穷冬春初。猪性甚便水生之草,把楼水藻等令近岸,猪则食之,皆肥。

初产者[6],宜煮谷饲之。其子三日便掐尾[7],

六十日后犍[8]。三日捯尾，则不畏风[9]。凡犍猪死者[10]，皆尾风所致耳。犍不截尾，则前大后小。犍者，骨细肉多；不犍者，骨粗肉少。如犍牛法者，无风死之患。

十一、十二月生子豚，一宿，蒸之。蒸法：索笼盛豚[11]，着甑中，微火蒸之，汗出便罢。不蒸则脑冻不合[12]，不出旬便死。所以然者，豚性脑少，寒盛则不能自暖，故须暖气助之。

供食豚，乳下者佳，简取别饲之[13]。愁其不肥——共母同圈，粟豆难足——宜埋车轮为食场，散粟豆于内，小豚足食，出入自由，则肥速。

寒冬腊月，索笼蒸豚。

两个饲养小猪的方法：一是挑选"乳下"仔猪，另外饲养，将来用作肉猪。二是竖埋车轮于地，露出上半部，小猪可以自由进出轮辐空隙，吃到撒在里面的粟豆，母猪则进不去。

[注释]

[1]短喙（huì）：指猪的嘴筒短。喙，鸟兽的嘴。柔毛：长毛内长着的短绒毛。依照传统经验，猪以毛疏而净者长得快，有绒毛的长不好。 [2]爓（qián）治：去毛、褪毛，通"燂"，有古籍解释是"以汤去毛"。 [3]家生：指家养，亦即圈养。 [4]圈不厌小：猪性好睡，在小圈内少活动，可减少食物消耗，提高饲料转化率，所以长肥较快。 [5]别与：另外给予。 [6]初产者：指刚产仔猪的母猪，不是指仔猪。母猪产后身体虚弱，开始几天要精心饲喂，增加营养，以恢复其体力并促进泌乳。 [7]捯尾：截去尾巴，大概是怕阉割后小猪夹尾巴，把病菌带到伤口上。 [8]犍（jiān）：阉割。原指阉牛，这里用为阉割的通称。 [9]风：一般解释为破伤风。 [10]"凡犍猪死者"二句：

是说凡阉割后致猪死亡的，都是因尾部而感染了破伤风。　[11]索笼：用绳索编制的笼。　[12]脑冻不合：刚生的仔猪，囟门受冻不封合，会死，所以要借助暖气助它长合。　[13]"供食豚（tún）"三句：是说供食用的小猪，以乳头下面的仔猪为好，把长得快的挑选出来，另外饲养。豚，小猪。简取，挑选、选择。乳下猪，母猪腹下位于前面的奶头泌乳量多，能吃上这几管奶的仔猪长得快，而能抢到前面吃奶的总是体质强健的几只仔猪，俗称"顶子猪"。

[**点评**]

中国是目前世界上养猪最多的国家，也是最早将野猪驯化成家猪的国家之一。从考古资料可以看出，在距今六七千年以前，黄河中下游地区和长江中下游地区养猪已比较普遍。与定居农业相适应的养猪业，很早就形成了自己的特点。

商周时期养猪技术有了明显进步，这主要表现在舍饲和阉割技术发明两个方面。殷商甲骨文有专门表示猪圈栏的文字，说明当时养猪可能已采用了舍饲方式。《易·大畜》记载"豮豕之牙，吉"，意思是阉割了的猪，性情就会变得驯顺，虽有锋利的牙齿，亦不足为害。《礼记》也提到，未阉割的猪，皮厚毛粗，称"豕"；阉割后的猪长得膘满臀圆，称"豚"。可见人们早已注意到，阉割对促进猪的生长发育有明显效果。阉割技术在民间的普遍使用，成为畜牧史上的一件大事，对养猪业的发展起到了很大促进作用。

秦汉时期，农区养猪大多采用舍饲与放牧相结合的方式，并开始注意养猪积肥，出现连厕圈等各种类型的猪圈，传统养猪业的特点初步形成。汉代出现专门相猪的人，说明当时已认识到猪的外形可反映其体质特点和生产能力，并通过长期选育，汰劣存优，获得多个具有明显地方特色的优良猪种。

魏晋南北朝时期，猪的传统饲养管理技术趋于完善，这在《要术》中有集中反映。该篇的关键内容是：养猪要有圈舍，注意将放牧与舍饲结合起来，以调节饲料的余缺。春夏期间，野外青草较多，应随时放牧，糟糠饲料仅作为补充；秋季庄稼收割，野外闲田牧地增多，只放牧而不饲喂，所有节余的糟糠，留待隆冬和初春舍饲期间使用；把有限的粟豆精料用在仔猪生长、冬春舍饲及出栏前的催肥阶段。这种饲养方式，虽然延长了饲养周期，但可充分利用廉价易得青粗饲料及农副产品，适应了小农经济的饲养条件。书中记载的公母猪配种比例，仔猪掐尾预防破伤风，仔猪去势，仔猪加辅料等也都是合理有效的技术经验。

后世继承和发展了《要术》时代的养猪技术，并在扩大猪的饲料来源和猪病防治方面有较大进步。养猪技术的成熟以及经济文化重心的南移，还促进了南方地区养猪业的发展。明清时期，番薯、马铃薯、玉米等美洲作物的引进和推广，增加了养猪的饲料来源。同时，各地还把种田和养猪结合起来，形成了以"粮—猪—肥—粮"为主体的农业生态模式，养猪肥田的观念更加深入人心。另外，清光绪时期刊印的《猪经大全》，是现存唯一以猪病治疗为主的兽医著作，弥补了《要术》没有总结猪病防治技术的缺憾。

中国猪种具有早熟易肥、耐粗饲、繁殖力强等优点，历史上曾多次被引入欧美各国，促进了世界养猪业的发展。例如，早在 2000 多年前，罗马帝国就曾引进中国汉代的岭南猪，改良其原有猪种而育成了罗马猪。18 世纪时，中国广东猪种被引入英国，与当地（约克郡和巴克郡）土猪进行杂交，育成了世界闻名的大约克夏猪和巴克夏猪。可惜近现代以来，由于受到洋猪的冲击等，中国的土种猪消亡严重，发掘和保护其品种资源刻不容缓。

养鸡第五十九

鸡种[1]，**取桑落时生者良**，形小，浅毛，脚细短者是也，守窠[2]，少声，善育雏子。**春夏生者则不佳**。形大，毛羽悦泽，脚粗长者是，游荡饶声，产、乳易厌[3]，既不守窠，则无缘蕃息也。

鸡，春夏雏，二十日内，无令出窠，饲以燥饭。出窠早，不免乌、鸱[4]；与湿饭，则令脐脓也[5]。

鸡栖，**宜据地为笼，笼内着栈**[6]。虽鸣声不朗，而安稳易肥，又免狐狸之患。**若任之树林**[7]，一遇风寒，大者损瘦，小者或死。

燃柳柴，杀鸡雏：小者死，大者盲。此亦"烧穰杀瓠"之流[8]，其理难悉。

鸡种，以选择秋季孵化者为佳。

古代农家养鸡，一般是散养，天黑了鸡才会回到笼舍里。有人养鸡更粗放，让鸡晚上栖息在树林里。

"烧穰杀瓠"之说，应出自秦汉时期，寓意两物相克，作者自注寓批评之意。

[注释]

[1]"鸡种"二句：是说鸡种以桑树落叶时孵化出来的雏鸡为好。桑树落叶在十、十一月之间，北方气候已比较寒冷，雏鸡形体较小，喜抱窝守巢，善于育雏。生者，应指孵化出来的雏鸡，而不是生下来的鸡蛋。　[2]守窠（kē）：指鸡伏巢性好，善于育雏。　[3]产：产蛋。乳：指抱窝孵卵。　[4]乌：乌鸦。鸱（chī）：老鹰。　[5]脐：这里指鸡的肛门。　[6]栈：鸡笼内设的横木条，让鸡在上面栖息。　[7]任之树林：古时养鸡，有让鸡栖息在树上的习惯，但《要术》提倡笼养。　[8]烧穰杀瓠：在家里烧黍穰，地里的瓠就会死去。

　　养鸡令速肥，不杷屋^[1]，不暴园^[2]，不畏乌、鸱、狐狸法：别筑墙匡^[3]，开小门；作小厂，令鸡避雨日。雌雄皆斩去六翮^[4]，无令得飞出。常多收秕、稗、胡豆之类以养之，亦作小槽以贮水。荆藩为栖^[5]，去地一尺。数扫去屎。凿墙为窠，亦去地一尺。唯冬天着草——不茹则子冻^[6]。春夏秋三时则不须，直置土上，任其产、伏；留草则蜫虫生^[7]。雏出则着外许^[8]，以罩笼之。如鹌鹑大^[9]，还内墙匡中。其供食者，又别作墙匡，蒸小麦饲之，三七日便肥大矣。

修建专门的圈舍来养鸡，方法传沿至今。

［注释］

[1] 杷:《要术》用作"爬"字。　[2] 暴园:损害菜园。暴,槽蹋、损害。　[3] 墙匡:围墙,即四周筑起矮墙围护起来。　[4]六翮(hé):主副羽翼的总称,也就是翅膀上带有空心硬管的翎毛。翮,鸟翎(líng)的茎。　[5] 荆藩为栖:在小厂屋里面沿着墙边用荆条编织成矮篱笆的样子,离地一尺高,让鸡在篱笆上面栖息。藩,篱笆。　[6]菇:包、围裹,这里指将草垫在鸡窝里保温。　[7] 蜫(kūn)虫:昆虫。　[8]外许:外处,即把小雏移到墙匡之外。　[9]鹌鹑:为鸡形目中最小的种类(学名: *Coturnix coturnix*),体型酷似鸡而甚小,体长五六寸,亦简称为"鹑"。中国古代饲养鹌鹑主要为了赛斗和赛鸣,明代逐步发现其药用价值。清代出现《鹌鹑谱》一书,对鹌鹑的品种及饲养方法有详细记载。中国现今的肉、蛋用鹌鹑,大约是20世纪陆续从国外引进的。

取谷产鸡子供常食法[1]:别取雌鸡,勿令与雄相杂,其墙匡、斩翅、荆栖、土窠,一如前法。唯多与谷,令竟冬肥盛,自然谷产矣。一鸡生百余卵[2],不雏,并食之无咎。饼、炙所须[3],皆宜用此。

要求食用未受精蛋,认为这样不杀生,没有罪过。

瀹鸡子法[4]:打破,泻沸汤中,浮出,即掠取,生熟正得,即加盐醋也。

荷包蛋。

炒鸡子法:打破,着铜铛中,搅令黄白相杂。细擘葱白,下盐米[5]、浑豉[6],麻油炒之,甚香美。

炒鸡蛋。

[**注释**]

[1] 谷产鸡子：未受精的蛋，下篇《养鸭鹅》称为"谷生"，即"非阴阳合生"。　[2] "一鸡生百余卵"三句：一只鸡产一百多个蛋，都是不会孵化的，全部拿来吃，没有什么罪过。不雏，不能孵化，因为是未受精蛋。并，全部。无咎：没有罪过。　[3] 炙：煎、炒。　[4] 瀹（yuè）：即稍煮一下。　[5] 盐米：疑为"盐末"。　[6] 浑豉：应指整粒的豆豉。浑，全、整个。

[**点评**]

家鸡是由野生的红色原鸡及其他几种原鸡驯化而成的。据考证，中国的家鸡至迟在 3000 多年前已被中国南方先民驯养成功，后逐步传播到北方地区，属于本土起源。

人们最初驯养鸡，并非只是为了食其肉和蛋，利用雄鸡报晓及玩赏也是养鸡目的之一。因为人们发现家养公鸡很好斗，斗鸡活动就成为一种原始娱乐形式，斗鸡品种的出现也很早。至迟在西周时期，养鸡的主要目的已是提供肉食和鸡蛋。江苏句容浮山果园的西周墓葬中，曾出土距今 2800 多年的西周鸡蛋。这些鸡蛋存放在一个陶罐中，保存完好，显然是供食用的。

春秋战国至秦汉时期，农家养鸡已很普遍，鸡种也有较大进化。老子《道德经》曰："邻国相望，鸡犬之声相闻。"《孟子·尽心章句上》说，每个农户都应该养鸡，"五母鸡，二母彘，无失其时，老者足以无失肉矣"。汉代的一些地方官，如渤海太守龚遂、南阳太守召信臣等人，也把鼓励农家养鸡作为劝农的内容。据汉代刘向《列仙传》记载，洛阳人祝鸡翁曾靠规模化养鸡卖钱。《越绝书》记载，春秋末年，吴越曾办过"鸡陂墟""鸡山"等大规模养鸡场。

北魏时期，贾思勰首次对中国的养鸡技术作了系统总结，其中包括种蛋选择法、雏鸡饲喂法、笼养鸡法、鸡的育肥法、防抱窝法、谷产鸡子法等。以笼养鸡法为例，家鸡由野鸡驯化而来，它虽然不会飞回树林中去，但仍保留着树栖的习性，所以古人散养时往往会把鸡赶到树林中去过夜。《要术》注意到鸡"任之树林"的危害性，改正旧习，让鸡夜晚在笼舍的横木架子上栖息，所谓"笼内着栈"。这样既适应了鸡的天性，又使得它们能避开风寒，安稳易肥，免遭狐狸危害。

《要术》之后，古籍中关于养鸡技术的记载较为零散，但也可从中发现鸡的品种选育、人工孵化和疾病防治有较大进步。例如，明清时期民间出现了专门孵化鸡、鸭、鹅的"哺坊"，并先后发明炕孵、缸孵、桶孵等孵化方式，以及使用炒麦、炒糠、马粪等作为孵化保温材料的具体方法。清初，黄百家撰有《哺记》一卷，详细总结了鸭蛋人工缸孵的经验，其中关于"看胎施温"技术的记载，尤为具体生动。再如，经过老百姓的长期选育，历史上全国各地形成不少著名的鸡种资源，如狼山鸡、萧山鸡、浦东鸡（九斤黄鸡）、乌骨鸡、北京油鸡、芦花鸡、桃源鸡、寿光鸡等。

养鹅、鸭第六十

鸡、鸭、鹅，中国三大家禽。该篇把鹅、鸭合在一起，反映出二者在生活习性及饲养方法上比较接近。

鹅、鸭，并一岁再伏者为种[1]。一伏者[2]，得子少；三伏者，冬寒，雏亦多死也。

雌雄要按比例搭配。

大率鹅，三雌一雄；鸭，五雌一雄。鹅，初辈生子十余[3]，鸭生数十；后辈皆渐少矣。常足五谷饲之，生子多；不足者，生子少。

让鹅、鸭入巢产蛋的办法，民间称"引蛋"。

欲于厂屋之下作窠，以防猪、犬、狐狸惊恐之害。多着细草于窠中，令暖。先刻白木为卵形，窠别着一枚以诳之[4]。不尔，不肯入窠，喜东西浪生；若独着一窠，后有争窠之患。生时寻即收取，别着一暖处，以柔细草覆藉之[5]。停置窠中，冻即雏死[6]。

伏时，大鹅一十子，大鸭二十子；小者减之。

多则不周。数起者，不任为种。数起则冻冷也。其贪伏不起者，须五六日一与食起之，令洗浴。久不起者，饥羸身冷，虽伏无热。

鹅、鸭皆一月雏出[7]。量雏欲出之时，四五日内，不用闻打鼓、纺车、大叫、猪、犬及春声；又不用器淋灰[8]，不用见新产妇。触忌者，雏多厌杀[9]，不能自出；假令出，亦寻死也[10]。

雏既出，别作笼笼之。先以粳米为粥糜，一顿饱食之，名曰"填嗉[11]"。不尔，喜轩虚羌量而死[12]。然后以粟饭，切苦菜[13]、芜菁英为食。以清水与之，浊则易。不易，泥塞鼻则死。入水中，不用停久，寻宜驱出。此既水禽，不得水则死；脐未合[14]，久在水中，冷彻亦死。于笼中高处，敷细草，令寝处其上。雏小，脐未合，不欲冷也。十五日后，乃出笼。早放者，非直乏力致困，又有寒冷，兼乌鸱灾也。

关于"填鸭法"的最早文字记载。

[注释]

[1]一岁再伏：应指一年中第二次孵化的小雏，不是一年两抱的母禽。因为第二次孵化在春夏间，天气晴暖，青草茂盛，白昼放养时间长，小鸭小鹅生长好，发育快，最适宜于留作种用。 [2]"一伏者"五句：第一次孵化是冬天下的蛋，天越冷，受精率越低，因而孵化率低，即得子少；第三次孵化在冷天，所

以雏成活率低，所谓"冬寒多死"。 [3]初辈：第一批。 [4]别着：各自放置。别，各、各自。诳（kuáng）：诱骗。 [5]覆藉：上盖下垫。覆，上面盖。藉，下面衬垫。 [6]冻即雏死：指蛋受冻了，小雏发育未全就死在壳中。 [7]一月雏出：鹅的孵化期为28—33天，鸭为26—28天，大约是一个月。 [8]淋灰：指用水浇淋石灰。 [9]厌（yā）杀：被各种忌讳的事物压制，小雏死在壳中出不来。厌，即"厌胜"，用此物压制他物而获胜，古有所谓"厌胜术"。 [10]寻：不久。 [11]填嗉：这里指用粳米粥糜一次将鹅鸭雏喂饱。苗鹅、苗鸭生长迅速，而消化道发育不完全，功能也不完善，"填嗉"有刺激和促进消化道发育的作用。嗉，指嗉囊，俗称"嗉子"。 [12]喜轩虚羌量而死：苗鹅被干硬食物阻噎，而消化器官发育尚未健全，噎物无力消化，终致饥饿使得昂头直颈，痛苦地嘶叫喘气而死。据《校释》校记，喜轩虚，元刻《农桑辑要》引作"噎轩虚"。轩，高举，这里指昂头直颈。虚，腹中空虚，即饥饿。羌量与"哓（qiàng）哴（liàng）""哓哴（liàng）"同音，都是口语的记音字，这里指喘气嘶叫。 [13]苦菜：各地叫法和所指有所不同，一般是指菊科苦苣菜属物，多年生草本。其嫩叶味感甘中略带苦，可炒食或凉拌。 [14]脐未合：苗鹅出壳后，腹部中心偏后有一脐眼，一定日子后愈合不见，俗称"收靫"，即脐眼收合之意。

鹅，唯食五谷、稗子及草、菜，不食生虫。《葛洪方》曰："居'射工'之地[1]，当养鹅，鹅见此物能食之，故鹅辟此物也。"鸭，靡不食矣。水稗实成时，尤是所便，啖此足得肥充。

鹅不食生虫，而鸭什么都吃，食谱很广，故人们养鸭治虫。

供厨者，子鹅百日以外，子鸭六七十日，佳。过此肉硬。

大率鹅鸭六年以上，老，不复生、伏矣，宜去之。少者，初生，伏又未能工[2]。唯数年之中佳耳。

作杬子法[3]：纯取雌鸭，无令杂雄，足其粟豆，常令肥饱，一鸭便生百卵。俗所谓"谷生"者。此卵既非阴阳合生，虽伏亦不成雏，宜以供膳，幸无麛卵之咎也[4]。

取杬木皮[5]，《尔雅》曰："杬，鱼毒。"郭璞注曰："杬，大木，子似栗，生南方，皮厚汁赤，中藏卵、果[6]。"无杬皮者，虎杖根[7]、牛李根[8]，并任用。《尔雅》云："蒤，虎杖。"郭璞注云："似红草，粗大，有细节，可以染赤。"净洗细莝，到，煮取汁。率二斗，及热下盐一升和之。汁极冷，内瓮中，汁热，卵则致败，不堪久停。浸鸭子。一月任食。煮而食之，酒食俱用[9]。咸彻则卵浮。吴中多作者，至数十斛。久停弥善，亦得经夏也。

> 作咸鸭蛋也要用未受精蛋，有不伤害生命的含义。

> 咸鸭蛋的制作与食用方法。吴中（今太湖地区）人养鸭较多，善作咸鸭蛋。

[注释]

[1]射工：古时传说中的毒虫名，又叫"蜮""水弩"。据说

它能以口气或含沙射人身或人影，致人生疮或发病。　[2]工：精熟、熟练。　[3]杬（yuán）子：咸鸭蛋。　[4]麛（mí）卵：麛，指初生的幼兽；卵，指正在孵化的鸟卵。咎（jiù）：过失、罪过。　[5]杬木：应是山毛榉科栎属植物。但贾氏注文《尔雅》的"杬，鱼毒"和郭璞注的"杬木"是不相干的两种植物。据《校释》注，杬，字亦从"艹"作"芫"，是瑞香科的芫花（Daphne genkwa），落叶灌木，有毒，可毒鱼，故又名"药鱼草""鱼毒"，即《尔雅》所指者，现在南北各地都有。有毒的芫花，自不能渍藏鸭蛋和水果。郭璞注的杬木，应是左思《吴都赋》中的"杬"，刘逵注引《异物志》称："杬，大树也。其皮厚，味近苦涩，剥干之，正赤，煎讫以藏众果，使不烂败，以增其味。豫章有之。"这正是郭璞所注"生南方"的杬木。　[6]中：可以、合用。　[7]虎杖：蓼科的虎杖（学名：Reynoutria japonica Houtt.），高大粗壮的多年生草本，茎中空，呈圆柱形，嫩时有红紫斑点，节有膜质鞘状托叶。根茎木质，黄色，古时和甘草煮汁，作为夏季的饮料。　[8]牛李：鼠李科的鼠李（学名：Rhamnus davurica Pall.），落叶灌木或小乔木，树皮、果实可制黄色染料。　[9]酒食俱用：下酒就饭都可以。

［点评］

一、养鹅

家鹅是由野雁驯化而来的，饲养历史悠久，品种很多。现一般认为，中国家鹅由鸿雁（学名：Anser cygnoides L.）驯化而来，而欧洲家鹅的祖先是一种灰雁（学名：Anser anser L.）。目前，鹅在世界上被广泛饲养，中国以华东、华南地区饲养较多。中国鹅按照羽毛颜色可分灰鹅和白鹅两种。灰鹅如狮头鹅、雁鹅、乌鬃鹅等，白鹅如太湖鹅、豁眼鹅、皖西白鹅、浙东白鹅、四川白鹅等，其中后者更受人们喜爱。

中国养鹅的历史至少有3000多年，春秋战国时期，鹅的饲养已比较常见了。上古时鹅径称为雁，故《说文解字》释雁为鹅。《庄子·山木》："舍于故人之家。故人喜，命竖子杀雁而烹之。竖子请曰：'其一能鸣，其一不能鸣，奚杀？'主人曰：'杀不能鸣者'。"这里的雁显然是指家养的鹅。《楚辞·七谏》曰"畜凫（fú）驾（jiā）鹅"，说明鹅是家养的。西汉王褒《僮约》中说："后园纵养，雁鹜（wù）百余。……牵犬贩鹅，武阳买茶。"明确讲到养鹅鸭和卖鹅之事，反映当时庄园中养鹅较多，可用于出售。

北魏时期，《要术》总结了鹅鸭从选种、公母比例、孵化、育雏到饲养育肥的一系列技术经验。例如，书中说种鹅应选一岁再伏者。再伏指第二次抱孵，约在五月份。此时黄河流域天气暖和，青草茂盛，且白昼放养时间长，雏鹅易采到充足的鲜草嫩叶，生长好，发育快。关于鹅与鸭食性的不同，贾思勰指出，鹅只吃五谷、稗子及草、菜等植物性食物，不食生虫。这也说明家鹅便于放养，饲养成本较低。

明清时期，南方地区鹅的孵化与饲养管理技术有较大进步。明代《便民图纂》和《物理小识》对留种母鹅的选择，苗鹅孵出日期和抱孵方法等都有详细记载。另外，明代已普遍实行"栈鹅法"，即在出售屠宰前，将群鹅置于圈池或笼内饲养，并给予浓厚的精饲料催肥。

古人养鹅爱鹅，也留下了很多关于人与鹅的故事。

据说东晋大书法家王羲之酷爱鹅，曾在会稽（今绍兴）养鹅，并从鹅的姿态中获得书写灵感。他认为，执笔时食指要像鹅头那样昂扬微曲，运笔时则要像鹅掌拨水那样，把力量贯注于笔端。"鹅鹅鹅，曲项向天歌。白毛浮绿水，红掌拨清波。"这首《咏鹅》诗，相传是初唐诗人骆宾王在七岁时所写，描写生动形象，千古流传。

二、养鸭

家鸭起源于野鸭，野鸭在世界上分布很广，且易于驯养。中国家鸭是由鸭科河鸭属的绿头鸭（学名：*Anas platyrhynchos* L.）和斑嘴鸭（学名：*Anas poecilorhyncha* Forster）驯化而来的，其中绿头鸭是中国最常见的野鸭。

从考古资料看，鸭在商周时期可能已被中国先民驯养，距今已有三千多年。春秋时期，江南地区养鸭较多。《吴越春秋·吴地志》："吴王筑城以养鸭，周围数十里。"秦汉时期，养鸭更为普遍。在多地汉墓中，都有陶鸭随葬。

《养鹅、鸭》篇的内容包括鸭鹅选种、雌雄配比、作巢产卵、孵卵育雏、幼鸭填嗉、育肥供厨等，可见，北魏时期人们已积累了丰富的养鸭经验。例如，鸭的选种要求"一岁再伏者"，即选用每年第二次孵化的雏鸭为种鸭，并淘汰六年以上的老鸭。在饲养管理上尤其注意雏鸭的养育：育雏环境要安静清洁；雏鸭孵化出来后，要放入另外的鸭笼中，用粳米煮成的粥糜一顿喂饱"填嗉"；喂食雏鸭要用粟饭和切碎的青菜，便于其消化吸收，饮水要清洁，还要注意防寒保暖。当时已认识到鹅不食生虫，而鸭子"靡不食矣"，食谱很广，后世养鸭治虫，也正是利用了鸭子的这一习性。另外,《养鹅、鸭》篇还详细记载了"作杬子法",即制作咸鸭蛋的方法,并说吴中(今太湖地区)人有的一家能作几十斛。这反映出当时太湖地区养鸭很多,很早就形成了制作咸鸭蛋的传统。

《要术》之后,出现了鸭的人工孵化技术,群鸭放牧也有较大发展,江南水乡和四川盆地成为中国养鸭业最发达的地区。在长期的养鸭过程中,各地育成了很多良种鸭。例如,隋唐时期已有金羹鸭、赤羽鸭、丹毛鸭、乌衣鸭和白玉鸭等品种;宋代育成南京鸭良种。明清时期,家鸭的饲养更受重视,养鸭治虫、稻鸭共作也成为一种农业生态技术模式。各地民众在不同的自然环境、农作制度及饲养技术条件下,因地制宜,培育出独具特色的鸭子品种,其中最著名的有北京鸭、绍兴鸭、涟源鸭、高邮鸭等。另外,与鸭子饲养繁育的兴盛有关,各地历史上还形成了不少有名的鸭肉和鸭蛋产品,如北京烤鸭、南京盐水鸭、高邮咸鸭蛋等。

齐民要术卷七

涂瓮第六十三

瓮是农业社会的重要容器，大小各异，用途广泛。涂瓮在于弥渗防漏，为酿造做准备。

凡瓮，七月坯为上，八月为次，余月为下[1]。

凡瓮，无问大小，皆须涂治；瓮津则造百物皆恶[2]，悉不成，所以特宜留意。新出窑及热脂涂者[3]，大良。若市买者，先宜涂治，勿便盛水。未涂遇雨，亦恶。

涂法：掘地为小圆坑，旁开两道，以引风火。生炭火于坑中，合瓮口于坑上而熏之[4]。火盛喜破[5]，微则难热，务令调适乃佳。数数以手摸之[6]，热灼人手，便下。泻热脂于瓮中，回转浊流[7]，极令周匝；脂不复渗乃止。牛羊脂为第一好，猪脂亦得。俗人用麻子脂者，误人耳。若脂不浊流，直一遍拭之[8]，亦不免津。俗人釜上蒸瓮者，水气，亦不佳。以热汤数斗着瓮中，涤荡疏洗之[9]，泻却[10]；满盛冷水。数日，便中用。用时更洗净，日曝令干。

古代没有温度计，酿造篇常见古人用手感知器物和汤饭温度的记载，如热灼人手、小热得通人手、小暖如人体、温如人体、冷如人体、温如人腋下。

[注释]

[1]"凡瓮"四句：凡是瓦瓮，以七月份泥坯烧成的最好，八月的次之，其余各月的都不好。瓮，指酿酒作醋用的瓦瓮，使用之前要加以涂治处理，防止渗漏。　[2]津：渗漏。　[3]及热：趁热。脂涂：用油脂涂抹。　[4]合：瓮口朝下，倒扣在坑口上。　[5]喜：容易，《要术》常用。　[6]数（shuò）数：频频、常常。　[7]浊流：指混有杂质缓缓流动的油脂。　[8]直：只、仅仅。　[9]疏：意为清除、洗涤。　[10]泻却：倒掉。

[点评]

《要术》卷七首篇为《货殖》（本书未录），反映出其后记载的各种农产品加工活动，主要目的在于出售。卷七第二篇《涂瓮》则被看作是酿造、腌渍等农村副业的前提，因为酿酒作醋、制酱腌菜都少不了瓮这种容器。

陶器出现于新石器时代，是农业社会的重要生活器具，也是农业文明的标志之一。陶器种类很多，该篇所讲的"瓮"，是指主要用于酿造、腌渍的大型陶器或瓦器，一般为小口大腹形状。它通常使用黏土烧制，质地较粗糙，瓮壁及瓮地可能有小空隙，不经涂治，就会渗漏，导致酿造失败。所以，平民百姓应该掌握涂瓮的要领。

从该篇文字来看，涂瓮的方法很有讲究：在地上挖掘一个可通风助燃的小圆坑，炕里面烧上炭火，将瓮倒扣在坑口上，掌握好火候，慢慢熏烤，时时用手摸摸瓮壁，等热到烫手了，就拿下来。随即将熬热的动物油脂倒进瓮里回转，直到油脂不再渗入瓮壁才停手。有人仅用油脂擦拭一遍，起不了多大作用。油脂用牛油、羊油最好，猪油也可以，但不能用大麻油。然后将几斗热水倒进瓮中，荡涤刷洗干净，倒掉，再满满地盛上冷水。过几天，瓮就可以使用了。使用时还要再一次洗干净，并在太阳底下晒干，以免残留水分造成污染。

造神曲并酒第六十四

神曲饼形小，发酵效率高，与"笨曲"相对。该篇原有五种造神曲法，大同小异，本书选录三种。

作三斛麦曲法：蒸、炒、生[1]，各一斛。炒麦：黄，莫令焦。生麦：择治甚令精好。种各别磨[2]。磨欲细。磨讫，合和之。

七月取中寅日[3]，使童子着青衣，日未出时[4]，面向杀地[5]，汲水二十斛。勿令人泼水，水长亦可泻却[6]，莫令人用。

其和曲之时，面向杀地和之，令使绝强[7]。团曲之人，皆是童子小儿，亦面向杀地，有污秽者不使。不得令人室近[8]。团曲[9]，当日使讫，不得隔宿。屋用草屋[10]，勿使瓦屋。地须净扫，不得秽恶；勿令湿。画地为阡陌[11]，周成四巷。

制作酒曲是培养有益微生物的过程，古代主要依靠经验性操作。为了防止杂菌污染，制曲失败，人们对制曲的环境条件要求很严格，采取了各种控制措施，还祈求曲王保佑。

"厚九分"下有大段"祝曲文"，为主人制曲时祈祷各方神灵保佑的文字，本书未录。

作"曲人"[12]，各置巷中——假置"曲王"，王者五人。曲饼随阡陌比肩相布[13]。

布讫，使主人家一人为主，莫令奴客为主[14]。与"王"酒脯之法：湿"曲王"手，中为碗，碗中盛酒脯、汤饼[15]。主人三遍读文，各再拜。

其房欲得板户，密泥涂之，勿令风入。至七日开，当处翻之[16]，还令泥户。至二七日，聚曲，还令涂户，莫使风入。至三七日，出之，盛着瓮中，涂头[17]。至四七日，穿孔，绳贯，日中曝，欲得使干，然后内之[18]。其曲饼，手团二寸半，厚九分。

[注释]

[1] 蒸、炒、生：这种曲是蒸、炒、生三种小麦各一斛，等量配合制成。小麦经过蒸、炒，有利于霉菌的繁殖，可提高出酒率。北宋以后，由于酿酒技术的进步，作曲已大多用生料。　[2] 种各别磨：三种小麦分开来磨碎。　[3] 中寅日：指七月里第二个逢寅的日子，这是迷信的"择吉"说法。　[4] 日未出时：在太阳没有出来以前最早汲水，水比较纯净清洁，有利于和曲。　[5] 杀地：占卜的一个方位名称，迷信说法。制曲培养酿造微生物室复杂细致的过程，搞不好就会失败，所以古人禁忌很多。　[6] 水长（zhàng）：水有多余。长，多余。　[7] 绝强：少加水，拌和得很硬，也很均匀。　[8] 室近：意即"近室"，指团曲时不许有闲杂人靠

近或进入制曲间，以避免有害微生物的污染。　[9]"团曲"三句：是说和好的曲料必须在当天团曲完毕，进入密闭的曲室培养菌种，不得放在外面过夜。　[10]草屋：密闭程度胜过瓦屋，有利于保温、避风。　[11]"画地为阡陌"二句：是说在曲室就地画出纵横行列，作为排曲的地方；四周空出四条巷道，以便排曲和翻曲的人走动。阡陌，原指田间小道，这里指布曲的小行列。　[12]曲人：应是将酒曲作成人形，当作曲王。　[13]比肩相布：左右相挨近，曲块之间留有一定的空隙，这样有利于发酵热量的发散和菌类的均匀生长与繁殖。下文"又作神曲方"所说"作行伍，勿令相逼"，正是此意。现在的布曲方式有分堆作层叠式排列的，如品字形等式。《要术》中似乎都是采用单层排列法。　[14]奴客：地主家的依附奴，也称为"私客""家客"。主：指主祭人。[15]酒脯：酒和干肉，也泛指酒菜。汤饼：一般指面条。　[16]当处翻之：就地把曲饼翻转过来，这样有利于品温（即料温）的调节和菌类的繁殖。　[17]涂头：指涂封瓮口。　[18]内之：仍然装进瓮中。内，同"纳"。

造酒法：全饼曲，晒经五日许，日三过以炊帚刷治之[1]，绝令使净。若遇好日，可三日晒。然后细剉[2]，布杷盛[3]，高屋橱上晒经一日，莫使风土秽污。乃平量曲一斗，臼中捣令碎。若浸曲一斗，与五升水[4]。浸曲三日[5]，如鱼眼汤沸，酘米[6]。其米绝令精细[7]。淘米可二十遍。酒饭[8]，人狗不令啖。淘米及炊釜中水、为酒之具

《要术》各种酿酒法，分别列在相应的制曲法下面，表示该酒是用上述酒曲酿造的。这里的"造酒法"分为三段。第一段交代"三斛麦曲"的碎曲、浸曲、淘米、用水等准备工作。第二段"作秫、黍米酒"和第三段"作糯米酒"讲的是用这种曲酿制各种酒的方法。

酿酒时要分次酘饭下瓮，初酘投在曲液中，二酘以下酘在发酵醪中。酘饭有多至十次者，直至发酵停止，酒熟为好。发酵醪对于后酘的饭起着酒母作用。

有所洗浣者[9]，悉用河水佳耳。

若作秫、黍米酒[10]，一斗曲，杀米二石一斗[11]：第一酘，米三斗；停一宿，酘米五斗；又停再宿，酘米一石；又停三宿，酘米三斗。其酒饭，欲得弱炊[12]，炊如食饭法，舒使极冷，然后纳之。

若作糯米酒，一斗曲，杀米一石八斗。唯三过酘米毕[13]。其炊饭法，直下饙[14]，不须报蒸。其下饙法：出饙瓮中[15]，取釜下沸汤浇之，仅没饭便止。此元仆射家法[16]。

[注释]

[1]日三过：一日三遍。过，"遍"。 [2]细剉：斫成小块，大如枣、栗。剉，斫碎。 [3]布帊（pà）：即今大方巾，帛二幅叫作"帊"。盛：用布帊兜裹着。 [4]与五升水：据《校释》校记，用水量太少，疑是"五斗水"。 [5]"浸曲三日"二句：如果浸曲三天，气泡大小像鱼眼那样，就可以投饭下瓮酿酒了。鱼眼，这里用来比喻浸曲发酵出现的气泡。 [6]酘（tóu）米：意思是投饭在瓮中酿酒，即今俗语所谓"落缸"。酘：即"投"字，这是用于酿造时的写法。 [7]绝令精细：指米舂得很精细。米越精白，可溶性无氮物含量越高，它是产生酒精的主要来源。米的外皮及胚子中蛋白质及脂肪含量特别多，会影响酒质，所以要除去，只留着胚乳。 [8]酒饭：酿酒的米饭。 [9]洗浣（huàn）：

洗涤。　[10]秫：秫米，即黏粟，不是糯稻米。　[11]杀米：杀，消化，这里指酒曲对于原料米的糖化和酒精发酵的效率。二石一斗：指该酒曲一斗所能消化的秫、黍米数量。　[12]弱炊：饭要蒸得软熟一些，方法是"再馏"，即添水再蒸。　[13]三过：三次。　[14]"直下馈（fēn）"二句：是说直接将半熟饭下到酒瓮中，不需要再蒸。馈，《玉篇》："半蒸饭也"，就是蒸汽上甑后就不再蒸的半熟饭。这种饭不能酿酒，必须再经软化，使无生心、白心现象，处理方法见下文的"其下馈法"。报蒸，回蒸，即复蒸。报，"回"的意思。　[15]"出馈瓮中"三句：是说起出馈饭，下入瓮中，乘热灌进适量的锅底沸汤，使饭胀饱熟透。"出馈"下省去"纳""入"这样的字眼。（图7-1）[16]元仆射家法：元姓仆射家中的酿酒方法。仆射，魏晋南北朝时期的一种高级职官，此处的元仆射具体是指何人，尚难确定。

图7-1　成都东汉酿酒画像石拓片

又造神曲法：其麦蒸、炒、生三种齐等，与前同；但无复阡陌、酒脯、汤饼、祭曲王及童子手团之事矣。

预前事麦三种，合和细磨之。七月上寅日作曲。溲欲刚[1]，捣欲精细，作熟[2]。饼用圆铁

与上文"作三斛麦曲法"相比，大同小异。但此法去掉了祭祀曲王的程序及一些无关紧要的禁忌，更为切实可行。另外，其曲饼用圆铁范制成，形制稍大。

范[3]，令径五寸，厚一寸五分，于平板上，令壮士熟踏之。以杙刺作孔[4]。

净扫东向开户屋，布曲饼于地，闭塞窗户，密泥缝隙，勿令通风。满七日翻之，二七日聚之，皆还密泥。三七日出外，日中曝令燥，曲成矣。任意举、阁[5]，亦不用瓮盛。瓮盛者则曲乌肠[6]——乌肠者，绕孔黑烂。若欲多作者，任人耳，但须三麦齐等，不以三石为限。

此曲一斗，杀米三石；笨曲一斗[7]，杀米六斗：省费悬绝如此[8]。用七月七日焦麦曲及春酒曲，皆笨曲法。

造神曲黍米酒方：细剉曲，燥曝之。曲一斗，水九斗，米三石。须多作者，率以此加之。其瓮大小任人耳。桑欲落时作[9]，可得周年停。初下用米一石，次酘五斗，又四斗，又三斗，以渐待米消即酘，无令势不相及[10]。味足沸定为熟[11]。气味虽正，沸未息者，曲势未尽，宜更酘之；不酘则酒味苦、薄矣[12]。得所者，酒味轻香，实胜凡曲。初酿此酒者，率多伤薄，何者？犹以凡曲之意忖度之，盖用米既少，曲势未尽故也，所

这种神曲的发酵力是笨曲的六倍，二者相差悬殊。

在手工酿酒条件下，气温过高，酒容易酸败。桑落时天气开始变凉，但还不太冷，历来认为是酿酒的最好时令，故很早就有"桑落酒"之称。

以伤薄耳。不得令鸡狗见。所以专取桑落时作者，黍必令极冷也^[13]。

［注释］

[1] 溲（sōu）欲刚：曲要和得干硬一些。溲，用水拌和。　[2] 作熟：指和得刚硬的曲料必须再经过彻底揉捣，务必使其均匀、熟透。　[3] 范：指踩曲块的模型，就是"曲模"。　[4] 杙（yì）：小木棒。　[5] 举：挂起来。阁：放在高屋橱架上。　[6] 乌肠：指曲孔周围发黑变坏。曲晒干之后，再盛入瓮中，中心穿孔部位更易吸收潮气，导致杂菌滋生侵染，穿孔周围发黑腐烂。　[7] 笨曲：一种曲型大而酒化力很低的曲。下文"焦麦曲及春酒曲"，都是炒小麦曲，也都属于笨曲。　[8] 省费：指用曲量的少或多。悬绝：相差悬殊。　[9] "桑欲落时作" 二句：是说桑叶将落时酿的酒，可以陈放一周年。桑欲落时，北方在阴历九、十月。停，指陈酿，即成品酒的存贮期或保质期。　[10] 无令势不相及：指在前几天的主发酵期内，酘饭必须适时，不能过早，也不能过迟。酘早了，来不及消化发酵，酒易酸败变质。酘晚了，即曲有余势而酘饭没有跟上，会使成品酒酒质淡薄甚至变酸。又，此曲一斗，杀米三石，至此只酘了二石二斗，其余大概包括在"以渐待米消即酘"的过程之中。　[11] 沸定：指听不到发酵的响声。　[12] 酒味苦、薄：酒味既苦而又淡薄。曲多酒苦，米多酒甜。这是说曲势未尽，酘米不足，所以味苦而淡薄，也容易酸败。　[13] 黍必令极冷：指黍米酒饭一定要摊得很冷。桑叶将落在秋末冬初，酒饭容易摊得很冷，下酿时不致因饭温而增高酒醪的温度，引起酒的变质。

又作神曲方：以七月中旬以前作曲为上时，

第一次提出"曲势"概念，表示曲的发酵力状况。酿酒要把握好酘饭时机和数量，并且一定要等到"味足沸定"，即曲势已尽，发酵过程停止后，酘饭才可结束。否则，会导致酒味苦薄。

此神曲方也比较简易。不要求在七月寅日开始作；男女都可团曲，也不一定要童男；所有房子都可以作曲，不一定要东向开门的草屋；要求作"曲王"，但可以不用祭祀。其他方面如原料配比、作曲程序及方法，都与前述两个相似。

在《要术》各种曲中，此曲大概是和水最多的。一般来说，曲料加水的多少，凭手摸来定干湿标准，民间有"捏得拢，散得开"的经验。用水太少或太多，均对制曲不利。

中国的酒曲用淀粉质原料制成，采取固体培养法，具有保存微生物的独特效能。把曲存放在阴凉干燥的地方，经过两三年，其糖化力和酒化力很少减弱，仍可用作种曲进行扩大培养，从而使菌种得以长期保存。此曲经过了日晒夜露的锻炼，保存期更长。

亦不必要须寅日；二十日以后作者，曲渐弱。凡屋皆得作，亦不必要须东向开户草屋也。大率小麦生、炒、蒸三种等分，曝蒸者令干，三种合和，碓师[1]。净簸择，细磨。罗取麸，更重磨，唯细为良[2]，粗则不好。刬胡叶[3]，煮三沸汤。待冷，接取清者，溲曲。以相着为限，大都欲小刚，勿令太泽。捣令可团便止，亦不必满千杵。以手团之，大小厚薄如蒸饼剂[4]，令下微浥浥[5]。刺作孔。丈夫妇人皆团之，不必须童男。

其屋，预前数日着猫，塞鼠窟，泥壁，令净扫地。布曲饼于地上，作行伍，勿令相逼，当中十字通阡陌，使容人行。作"曲王"五人，置之于四方及中央：中央者面南，四方者面皆向内。酒脯祭与不祭[6]，亦相似，今从省。

布曲讫，闭户密泥之，勿使漏气。一七日，开户翻曲，还着本处，泥闭如初。二七日，聚之：若止三石麦曲者，但作一聚，多则分为两三聚，泥闭如初。三七日，以麻绳穿之，五十饼为一贯，悬着户内，开户，勿令见日。五日后，出着外许悬之[7]。昼日晒，夜受露霜，不须覆盖。久停亦尔，但不用被雨。此曲得三年停，陈者弥好^[8]。

［注释］

[1] 碓（duì）硙（fèi）：舂捣。硙，舂米。　[2] 唯细为良：磨得越细越好。这是《要术》粉碎得最细的一种曲料。曲料过粗过细，各有利弊。现在的小麦曲一般仅将小麦粒破碎成三五片，使淀粉外露即可，免得其有过多的粉质。　[3] 胡叶：应为"胡菜叶"的省称。胡菜，即"苍耳"。　[4] 蒸饼：今蒸馍、馒头。剂：剂子、面剂儿，做馒头或饺子等面食时，从和好的整团面上分出来的小块儿。　[5] 令下微浥浥：使曲饼下面稍微带点潮湿。　[6]"酒脯祭与不祭"三句：是说供不供酒脯以及祭与不祭，曲的质量都一样，现在已经省掉。　[7] 外许：外处，指户外。许，处所、地方。　[8] 陈者弥好：存放时间久的酒曲更好。

神曲酒方：净扫刷曲令净^[1]，有土处，刀削去，必使极净。反斧背椎破，令大小如枣、栗；斧刃则杀小^[2]。用故纸糊席，曝之。夜乃勿收，令受霜露。风、阴则收之，恐土污及雨润故也。若急须者，曲干则得；从容者，经二十日许受霜露，弥令酒香。曲必须干，润湿则酒恶。

春秋二时酿者，皆得过夏；然桑落时作者，乃胜于春。桑落时稍冷，初浸曲，与春同；及下酿，则茹瓮^[3]——止取微暖，勿太厚，太厚则伤

秋季桑落时酿酒最好。

热。春则不须，置瓮于砖上。

秋以九月九日或十九日收水，春以正月十五日，或以晦日^[4]，及二月二日收水，当日即浸曲。此四日为上时，余日非不得作，恐不耐久。收水法，河水第一好；远河者取极甘井水，小咸则不佳。

渍曲法：春十日或十五日，秋十五或二十日。所以尔者，寒暖有早晚故也。但候曲香沫起，便下酿。过久曲生衣^[5]，则为失候；失候则酒重钝，不复轻香。

水质与酿酒品质关系极大，所谓"名酒必有佳泉"。水中氯化物如果含量适当，对微生物是一种养分，对酶无刺激作用，并能促进发酵。但到了能使人尝到咸苦味时，则是太多了，对微生物有抑制作用，会减弱酶的活性。

[注释]

[1]净扫：据《校释》校记，"净扫"各本同，与"令净"重沓，前文"造酒法"有"以炊帚刷治之，绝令使净"，应疑作"净帚"。　[2]杀：通"煞"，太，过分之意。　[3]茹瓮：指用秸秆或布絮之类包裹在瓮外，起到保温增温作用。茹，作包、裹解，《要术》特用词。　[4]晦日：农历每月的最后一天。　[5]生衣：指曲长出菌醭，结成一层皮膜。此时曲已变质，糖化、发酵力减弱，使成品酒厚重不醇。

这种磨成细粉的曲，其酿酒效率在秋季为一斗曲三石米，在春季则高达一斗曲四石米，即春季用曲量只占原料米的2.5%，酒化指标非常高。

米必细𥻗，净淘三十许遍；若淘米不净，则酒色重浊。大率曲一斗，春用水八斗，秋用水七斗；秋杀米三石，春杀米四石。初下酿[1]，用黍米四斗，再馏弱炊，必令均熟，勿使坚刚生减也。于席上摊黍饭令极冷，贮出曲汁[2]，于盆中调和，以手搦破之[3]，无块，然后内瓮中。春以两重布覆，秋于布上加毡，若值天寒，亦可加草。一宿，再宿，候米消，更酘六斗。第三酘用米或七八斗。第四、第五、第六酘，用米多少，皆候曲势强弱加减之，亦无定法。或再宿一酘，三宿一酘，无定准，惟须消化乃酘之。每酘皆挹取瓮中汁调和之，仅得和黍破块而已，不尽贮出。每酘即以酒杷遍搅令均调，然后盖瓮。

虽言春秋二时杀米三石、四石，然要须善候曲势：曲势未穷，米犹消化者，便加米，唯多为良。世人云："米过酒甜。"此乃不解法候[4]。酒冷沸止，米有不消者，便是曲势尽。

酒若熟矣，押出[5]，清澄[6]。竟夏直以单布覆瓮口，斩席盖布上，慎勿瓮泥；瓮泥封交即酢坏[7]。

冬亦得酿，但不及春秋耳。冬酿者，必须厚茹瓮、覆盖。初下酿，则黍小暖下之。一发之后，

反复强调要用心观察。酘米次数和多少，都要根据曲势强弱或者米是否消化来决定，没有固定的标准。

"押出"和"清澄"是为了保证酒质和便于贮存。《北山酒经》卷下"收酒"："大抵酒澄得清，更满装，虽不煮，夏月亦可存留。"

重酘时，还摊黍使冷——酒发极暖，重酿暖黍，亦酢矣。

其大瓮多酿者，依法倍加之。其糠、沈杂用 [8]，一切无忌。

酿酒在前几天的主发酵阶段，微生物活动旺盛，酒精含量直线上升，过后转入后发酵阶段，醇度增长减缓。发酵温度过低或过高，都会引起酒液变质。

发酵温度过高，易被适生温度高于酵母菌的酸败菌所侵殖。这里的冬酿酒初次落瓮用温饭，再酘时发酵温度很高，则用冷饭。否则，热上加热，必致酸败。

[注释]

[1]"初下酿"五句：是说第一次下酿，用四斗黍米饭，蒸汽初次透出饭面后，添水复蒸，使饭软熟，务必达到生熟均匀，没有过硬、生心、过熟发毛等减损的问题。馏，添水复蒸。弱炊，蒸得软熟一些。均熟，再馏使生熟均匀，糊化透彻，达到全熟。　[2]贮出：舀出，亦简称"贮"，如下文"贮汁于盆中"。　[3]搦（nuò）：用手抓捏。　[4]法候：指在发酵期守候观察，并掌握恰当的酘米份量和最合适的酘米时机，与"失候"相对。　[5]押出：指榨酒。押，通"压"。这里首次提到酒的压榨，但没有说明具体方法。卷八《作酢法》提到"如压酒法，毛袋压出"，并且能够"压糟极燥"，说明压榨技术已相当进步，至少应有简单的榨床。　[6]清澄：酒液榨出后必须经过澄清，否则会影响酒质和增加过夏的困难。按照现在的操作程序，澄清后即接着煎酒，目的在于杀死酒中杂菌并使蛋白质混浊物质凝集，以利于酒的贮存和老熟。《要术》时代可能没有煎酒这样的工序，但澄清也便于贮存，所谓"春秋二时酿者，皆得过夏"。　[7]封交：指泥瓮之前，将瓮口用箬叶、芦叶之类交横覆盖，然后用泥涂抹封严。　[8]沈：汁，指淘米泔、饭汤等。

[点评]

一、《要术》之前的酿酒史

考古资料证明，在距今四五千年的龙山文化时期，中国先民已开始酿酒。商周时期，酒有酒、醴、鬯（chàng）等种类。其中醴是甜酒，鬯是加香草的浸泡酒。古文献中还常见商周帝王因贪酒而误国失政的故事。战国时期出现了酎酒，就是经过两次或多次重酿而成的醇浓美酒。但是，在整个夏商周时期，文献中只有酒的简单记载，而没有见到具体的酿酒技术总结。《尚书·说命》仅仅提到"若作酒醴，尔惟曲蘗"八个字。《礼记·月令》讲得稍微细致一些，也只有"秫稻必齐，曲蘗必时，湛炽必洁，水泉必香，陶器必良，火齐必得"六条酿酒原则。

秦汉时期，酿酒业发达，各地出现多种名酒，文献中关于酒的记载也明显增加。《史记·货殖列传》记载："通邑大都，酤一岁千酿。"是说在交通发达的大都市，每年可以卖出一千瓮酒。西汉中期，官方实行酒的专卖政策，还规定酿酒要执行"一酿用粗米二斛，曲一斛"的操作规程。从技术层面看，这个政策的意义是提倡酿酒原料以粗代细和以曲代蘗，促进了酿酒法的革新。近些年的一些考古遗址中，甚至发现了战国秦汉墓葬中埋藏的古酒实物。可见，秦汉及其以前，酿酒业已经兴起，饮酒也成为风气。但因古书记载简略等原因，当时到底如何作曲蘗，如何酿造，后人并不明确。

魏晋南北朝时期，饮酒之风较盛。这与当时放开酒禁，允许民间酿酒有关。加之遭逢乱世，不论是官宦名士，还是普通民众，都深切感受到人间的苦难和生命之短暂，饮酒及醉酒便成为他们逃避现实和应付世事的方式，酒的生产和销售也由此兴盛起来，成为重要的农村副业以及庄园经济的组成部分。幸好贾思勰在《要术》一书中，设专篇总结了北魏及其以前制曲酿酒的技术经验，弥补了此前造酒史料比较笼统或零散的缺憾。该篇不仅是迄今所能找到的关于中国古代酿酒技术最早及最具体的文献记载，也是世界上现存最早的酿酒经典。

二、《要术》的制曲成就

在制曲方面，贾思勰总结了酒曲的分类应用原则，观察并发现了微生物的生长规律，掌握了水分控制和温度控制的关键。

1. 酒曲分类

按照曲的发酵力大小把酒曲分为神曲、笨曲两大类，接着再依据制曲原料和原料处理方法之不同，把酒曲分为9个品种及相对应的酿酒类型。这样，就把当时繁多的酿酒用曲及相应酒品系统化了。

"神曲一斗杀米三石，笨曲一斗杀米六斗。"就是说，以神曲类酿酒，其用曲量是酿酒原料的1/30；用笨曲酿酒，其用曲量为原料的1/6。为什么有如此悬殊的发酵力？今天我们可以说，神曲中含有数量更多的根霉菌和酵母菌。当时没有这样的认知条件，但人们从实际比较中找到了发酵力差别的一个重要原因。就是在制曲的时间上，凡发酵力较强的神曲类都在七月初十至二十日，而笨曲制作时间就不太严格，或六月作，或七月作，或九月作。就贾思勰所在的黄河中下游地区来说，农历六、七、九几个月空气微生物群显然有着重要差别。不同季节制曲，曲中微生物群不同，其发酵力大小亦异。这个结论至今仍然对北方大曲生产有现实意义。

若与前代相比较，《要术》的制曲水平有了很大提高，酒曲的酶活力明显增强，这与当时制曲原料的生熟搭配有关。《汉书·食货志》记载的酒曲与米料比例为1:2，而《要术》笨曲酿酒的曲料比达到了1:6，神曲更高。

2. 水分控制

饼曲出现于汉代，《要术》时代酿酒已全部采用饼曲。顾名思义，饼曲就是把曲团成饼状，与散曲比较起来，不仅是形状的变化，重要的是曲中微生物区系发生了变化。在饼曲内部，酵母和根霉更易于生长，酶活力明显提高，因而制酒的质量优于散曲。因为要团曲成饼，所以就需要在曲料中加水，而加水的多少很有讲究。另外，微生物生长最基本的生理条件是水分，水分多少反过来会影响微生物的生长。

据该篇记载，控制水分是制曲的一个重要条件，必须严格把握。造神曲时加水要尽量少一些，和曲"令使绝强"，就是要和得极干硬。加水量以能揉捏成团为限度，大都要求稍微硬些，不要太湿。若加水过多，势必影响到曲内部的通气，使有益微生物的呼吸作用受到妨碍；曲中水分过多时，微生物旺盛生长后释放出来的热量，也难以随水分的蒸发全都散发出去，造成曲中温度升高，影响或者抑制微生物的生长，直接降低曲的质量。

3. 温度调控

温度也是酒曲微生物生长的生理条件之一，《要术》的调控办法合理而科学。

造各种神曲时，调控温度的简便方法，首先是利用季节性气温变化，将制神曲开始的时间定在农历七月上中旬，有的在"七月中寅日"，有的在"七月上寅日"，也有的在"七月中旬"。因为黄河中下游地区七月份气温最高，空气中各种微生物的数量也多，有利于曲的自然接种。

为了保证制曲成功，《要术》在制曲时还采取了一套曲室内控温措施。《造神曲》讲，制曲全过程一般需要二十一天。具体做法是：将用作曲屋的房子打扫干净，把曲饼排列在地面上，把窗子和门都关好，用泥密涂缝隙，不要漏风。满七天时，将曲饼就地翻个身。满十四天，聚拢起来，照样把门泥封严密。第二十一天，拿出来，在太阳底下晒干，酒曲便做成了。

书中所讲的几个制曲阶段，基本符合霉菌生长规律。第一阶段泥封曲室保温，以利于霉菌孢子吸水萌发。第二阶段菌丝迅速生长，呼吸作用强烈，释放出大量热能，这时需要翻饼散热，调节品温，同时促使霉菌等微生物在曲块另一面生长。第三阶段霉菌的菌丝体继续生长，但因营养消耗，生长速度变慢，曲饼温度有所降低，这时又要把曲饼聚集到一起保温。到二十一天之后，曲中已产生大量菌丝体，并形成分生孢子。这时就可以将曲拿到室外晒干，贮藏待用。由于霉菌孢子的生存能力强，菌丝体中各种酶系仍保持一定活力，所以干燥后的曲"得停三年"，仍有发酵能力。这显然是古人通过对霉菌生长规律的长期观察，结合曲的质量好坏总结出的制曲基本程序（图7-2）。

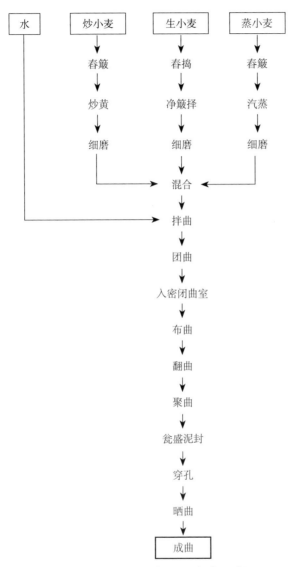

图 7-2 三斛麦曲制造程序图（源自《校释》）

三、《要术》的酿酒成就

《造神曲并酒》篇，记载的酿制酒的品种达到 40 多种，使用的原料米多种多样，技术成熟而系统，反映出当时酿酒业的发达和酿酒技术的进步。

1.记录酿酒发酵的全过程

关于酿酒发酵完整过程的记述,《要术》以前没有出现过。从该篇可以看出当时的酿酒过程包括以下几个环节。

第一,酿酒要选择季节,以便调控温度。应"专取桑落时作"或"春月酿之",而桑落时酿酒更好。因为桑落时在深秋,气候稍冷,在当时便于通过人工保暖等方法控制温度。

第二,处理酒曲、选择原料并进行加工处理,如曝晒、捣碎、浸泡曲料,原料可选用黍米、秫米、糯米等,经过舂米、淘米等环节后,酒饭或蒸,或炊,或馏等。

第三,按原料、水和曲的比例混合接种。用神曲时,曲、水、料三者之比为 1∶9∶30;用笨曲时不太严格。

第四,分批投料,控制发酵力,待原料被曲中微生物分解后,再第二次投料。每次投料逐渐减少,多者可达九次之多,谓之"九酘"。当曲菌的代谢产物累积过多,自身活性受到抑制而不能生长时,原料已"消化"至尽,这时酒就成熟了。

书中的准确记录,为传统酒业生产的发展提供了技术依据。

2.原料的选择和处理

《要术》记载的 40 多种酒,有神曲酒 8 种。神曲酒使用了黍、稷、粱、秫、粟、糯、粳等各种原料,其中黍米用得最多。不同原料,使用同一类曲酿制,其酒品也不相同。例如,同为神曲造酒,可生产出黍米酒、秫米酒、糯稻酒、粳米酒等不同类型的酒品。原料选定后还要精细舂捣,反复淘洗二三十遍,多的甚至达五六十遍。为什么原料米要细舂并反复淘洗呢？贾思勰说："若淘米不净，则酒色重浊。"现在看来，淘米是要把可溶性盐、维生素、氨基酸等溶于水而除去，保存下来的物质以淀粉为主。这样就保证了糖化酶的基质纯度，为酵母产酒做好准备。

3. 酿酒水质的选择

《要术》对酿酒所用的水质很注意。"收水法，河水第一好。远河者，取汲甘井水，小咸则不佳。"意思是说，水质宜酸不宜碱。霉菌、酵母菌适宜生长和发酵的条件偏酸，偏碱的水不利于发酵，酿成的酒品味也不好。从酿酒季节上看，"十月落桑"时节，水温低，水中杂质和微生物很少，酿酒时杂菌污染小，可提高成功率。而在春季和其他月份，水中微生物的种类和数量增加，为防止杂菌污染，需要煮水至沸进行灭菌，否则酒就会变质。古人酿酒注重水质的思想，对后世中国名优酒的生产有重要影响。

4. 酿酒温度的调控

《要术》记载酿酒的时间，多在十月"桑落时节"，即强调低温操作。原因在于低温投料有利于控制发酵产热。下酿之前，预先准备好的曲汁已发酵起来了，所谓"曲香沫起"，温度升高。如果再投入较高温度的酒饭，势必造成醪液过度发酵，使酒发酸。另外，在当时的条件下，控制发酵醪的温度，升温较易，可通过"茹瓮"，即用秸秆、丝绵等包裹酒瓮等办法来实现，而降温较难。所以，古人酿酒选择在秋、春、冬季进行。这时室温偏低，便于人工控制，可保障酒的质量。

5. 分批投料与"曲势"概念的提出

通过对酿酒过程长期细致的观察，古人总结出发酵现象的"曲势"变化规律，采取了符合微生物生长原理的分批投料酿造措施。据"造神曲黍米酒方"记载，酿酒原料可以由多到少，依次投放，一直到酒味已足，发酵的响声停止了，酒就成熟了。假若酒味纯正，但发酵声还没有停息，表明曲势（酶活力）还没有消尽，应该再投一些酒饭为好，否则酒味就会失于苦薄。作者还说，分批补料的依据是曲势强弱，投放并没有定数，"善候曲势"，即善于观察发酵力的强弱变化，把握好投料多少和次数是酿酒成功的关键。

6. 酒的品质有了很大提高

从上古到北魏时期，所酿的酒都是黄酒类，度数较低。但《要术》中所酿的黄酒，很注重品质，讲究"轻香"，即酒质清醇香美。若酒质"苦薄""重钝"，就意味着酿酒失败。

《要术》酿酒的特点之一就是规定一定的用曲量，在酿造期分多次投饭，以达到酒曲的酒化指标。其中第二次以后的饭食是投在前次的酒化醪中，用水量很少，实际上是以酒液代水，酒的浓度渐次提高，属于"重酿酒"。所以，这种酒最后出酒比较少，但酒的品质相当高，同时酒化完全，出糟率也相应降低。

汉代普通酒的酿造规格是曲一斛，粗米二斛，出酒六斛六斗，就是一斛米出三斛三斗酒，出酒率很高。《梦溪笔谈》记载宋代的酒用秫米一斛，出酒一斛五斗，沈括已经认为是很薄的薄酒。而汉代的出酒率超过宋酒一倍以上，难怪沈括说汉酒是"初有酒气"而已。这种薄酒，汉魏人可以喝到"一石不乱"，甚至数石不乱。《要术》的神曲重酿酒，一斗曲用水只有几斗，酿米却高达一石八斗到四石之多，其醇厚度可想而知。

酒精度较高的白酒，现一般认为大概到元代以后才出现。至于南昌西汉海昏侯墓出土的青铜"蒸馏器"，是否用于白酒生产，或者说白酒是否出现于西汉时期，还有待进一步考证。

白醪曲第六十五皇甫吏部家法[1]

白醪曲用来制作甜米酒，应属于笨曲。

作白醪曲法：取小麦三石，一石熬之[2]，一石蒸之，一石生。三等合和，细磨作屑[3]。煮胡叶汤，经宿使冷，和麦屑，捣令熟。踏作饼：圆铁作范，径五寸，厚一寸余。床上置箔，箔上安蘧蒢[4]，蘧蒢上置桑薪灰，厚二寸。作胡叶汤令沸，笼子中盛曲五六饼许，着汤中，少时出，卧置灰中，用生胡叶覆上——以经宿[5]，勿令露湿——特覆曲薄遍而已。七日翻，二七日聚，三七日收，曝令干。

七月作白醪曲，天气较热，曲料易变质。胡叶汤及生胡叶可消毒防腐，有利于改善酒曲的品质，制曲过程中多次用到。

作曲屋，密泥户，勿令风入。若以床小[6]，不得多着曲者，可四角头竖槌，重置椽箔如养蚕法。七月作之。

酿白醪法[7]：取糯米一石，冷水净淘，漉出着瓮中，作鱼眼沸汤浸之。经一宿，米欲绝酢[8]，炊作一馏饭[9]，摊令绝冷。取鱼眼汤沃浸米泔二斗[10]，煎取六升，着瓮中，以竹扫冲之，如茗渤。复取水六斗，细罗曲末一斗，合饭一时内瓮中[11]，和搅令饭散。以毡物裹瓮，并口覆之。经宿米消，取生疏布漉出糟。别炊好糯米一斗作饭，热着酒中为汎[12]，以单布覆瓮。经一宿，汎米消散，酒味备矣。若天冷，停三五日弥善。

一酿一斛米，一斗曲末，六斗水，六升浸米浆。若欲多酿，依法别瓮中作，不得并在一瓮中。四月、五月、六月、七月皆得作之。其曲预三日以水洗令净[13]，曝干用之。

白醪，味淡薄而带甜，是一种连糟吃的甜米酒，但不等同于今天的"醪糟"或"甜酒酿"。

[**注释**]

[1] 皇甫吏部：据《魏书·裴叔业传》，裴叔业的属吏皇甫光先仕南齐，后入北魏，其侄皇甫玚（yáng）曾在后魏担任吏部郎，还是后魏王族高阳王的女婿。《要术》所称，也许就是皇甫玚。　[2] 熬：炒。　[3] 屑：指磨成的小麦碎屑。　[4] 蘧（qú）蒢（chú）：用苇或竹编成的粗席。　[5]"以经宿"三句：是说胡叶要早一天采来，使其经过一夜，不带露湿——只是薄薄地盖上，

把曲饼全部遮住就可以了。 [6]"若以床小"四句：是说如果床的面积小，排不下多做的曲饼，可以在床的四角竖立直柱，架设多层横档木和箔席，就像养蚕时设蚕架的方法那样。 [7]白醪：白醪酒。醪：一般是糯米作的酒，成熟快，两三天就可以吃，大都在春秋和夏季酿造，酒色白，故称。 [8]绝酢（cù）：极酸。绝：极、最。酢：酸味。 [9]一馏饭：没有熟透的一蒸饭。由于此米事先用沸汤浸泡过一夜，已经胀透，所以只要一蒸就"均熟"了。 [10]"取鱼眼汤沃浸米泔二斗"五句：是说取得原先用鱼眼汤浸泡过一夜的原米泔水二斗，也就是原浸米的酸浆水二斗，煎熬浓缩为六升，盛在瓮中，用竹刷把冲激，让其产生大量泡沫，就像茶水的泡沫那样。竹扫，竹刷把。茗渤，茶水的泡沫。 [11]合饭一时内瓮中：指六斗水，一斗曲末，连同酒饭一起落瓮。 [12]汎：这里指浮在酒液中的糯米饭块。 [13]预：预先、事前。

［点评］

该篇记载的白醪酒，是一种速酿的连糟甜米酒。它的特点是用酸浆水作为酿造的重要配料，以促进快速酒化，酒用粗布过滤，酒液浑浊，含有少量的糟，酒味也不会过甜，跟一般的醪酒略有不同。现代酿造学上称正在发酵期间的酒为发酵醪，称成熟未经压榨的酒为成熟醪，正是取义于连糟的"醪"。

用酸浆作酿酒配料在《要术》中只有三例，都是外来的酿造法。该例白醪酒，作者标明来自皇甫吏部家法，其余二例则采自《食经》，本书未录。皇甫吏部可能是由南齐入后魏的皇甫玚，《食经》中的菜谱则很有南方特点，很可能是南朝人的作品，那么酸浆酿酒应是当时南方人特有的一种工艺，被贾思勰所关注并采录。

皇甫家法首先要浸渍原料米，这在《要术》正文中是很少见的。浸米之一般目的，在于使原料米淀粉颗粒的巨大分子链，因水化作用而展开，以便在常压蒸煮下，短时间内就能糊化透彻。浸透的糯米，通常在蒸汽上来后再浇水闷盖五六分钟，就能达到充分糊化的效果。皇甫家法之浸米目的不仅在此，更重要的还在于使米质酸化，从而取得原浸糯米的酸浆水作为酿酒的配料。

北宋末期，主要反映杭州地区酿酒技术的《北山酒经》也用煎熬的酸浆投入生产，并强调"造酒最在浆……浆不酸，即不可酿酒"；"看米不如看曲，看曲不如看酒，看酒不如看浆"。说明制作酸浆和掌握酸度极为关键。现在绍兴酒（包括同系统的仿绍酒）的"摊饭酒"就用浸米酸浆在落缸时拌饭，无锡"老廒黄酒"的酸浆还要先经过充分煎熬，再投入生产，更和皇甫家法相似。

关于酸浆的功效，据绍兴酒业研究，它可以调节发酵醪的酸度，有利于酵母菌的繁殖，并为酵母提供良好的营养料，使酒精浓度迅速增长，对杂菌起到抑制作用。《北山酒经》指出酸浆有死活之分，泡沫白色明快，浆汁稠而黏涎，才是有利于酿酒的活浆。《要术》"皇甫家法"经过煎熬浓缩和冲激泡沫的处理，泡色明快，浆汁十分稠涎，明显是极好的活浆，对酸度控制和加快酒化极为有利。南方气温高，在炎热季节酿酒容易酸败，人们在长期的生产实践中所创造的"以酸制酸"特种工艺，有力促进了黄酒生产，一直沿用至今（图7-3）。

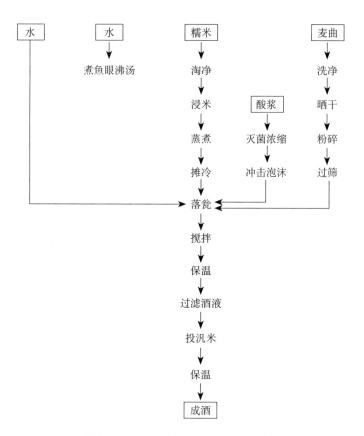

图 7-3　白醪酒酿造程序图（源自《校释》）

笨曲并酒第六十六

笨曲，即粗曲，是相对神曲而言的。其酿酒效率不及神曲，且曲型大，配料单纯，显得比较"粗笨"，故名。该篇所称的"笨曲"，实际上是一类曲的总称。

作秦州春酒曲法[1]：七月作之，节气早者，望前作[2]；节气晚者，望后作。用小麦不虫者，于大镬釜中炒之[3]。炒法：钉大橛[4]，以绳缓缚长柄匕匙着橛上，缓火微炒。其匕匙如挽棹法[5]，连疾搅之，不得暂停，停则生熟不均。候麦香黄便出，不用过焦。然后簸择，治令净。磨不求细[6]，细者酒不断粗，刚强难押。

预前数日刈艾，择去杂草，曝之令萎，勿使有水露气。溲曲欲刚，洒水欲均。初溲时，手搦不相着者佳。溲讫，聚置经宿，来晨熟捣。作木范之：令饼方一尺，厚二寸。使壮士熟踏之。饼

艾草有浓烈的香味，用来铺盖酒曲，可驱虫防腐。

成，刺作孔。竖槌，布艾橼上，卧曲饼艾上，以艾覆之。大率下艾欲厚，上艾稍薄。密闭窗、户。三七日曲成。打破，看饼内干燥，五色衣成[7]，便出曝之；如饼中未燥，五色衣未成，更停三五日，然后出。反复日晒，令极干，然后高橱上积之。此曲一斗，杀米七斗。

[注释]

[1]秦州：三国魏置，在今甘肃天水、陇西一带。北魏时州治在上邽，位于今天水市南。　[2]望：农历每月十五日。　[3]镬（huò）釜：大锅。　[4]"钉大橛"三句：是说在地上钉一个大木桩，将长柄勺子的上端，用绳子松松地活套在木桩上，用缓火微微地翻炒小麦。匕匙（chí），勺子。缓缚，松松地活套在木桩上，使长柄勺转动灵活，像摇橹那样。　[5]棹（zhào）：船桨。　[6]"磨不求细"三句：是说曲料不要粉碎过细，曲料过细会使酒化过早过快，后劲不足，则消化不透，酒醪厚重，不利压榨。据《校释》校记：粗，怀疑原是"糟"字，残烂后错成"粗"。"断"，即指糟粕与酒液的分离。刚强，指厚重不消化，非坚硬之意。　[7]五色衣成：指曲饼里面长着各种颜色的霉菌，有黑曲霉、白曲霉、黄曲霉和米曲霉等。

作春酒法：治曲欲净，剉曲欲细，曝曲欲干。以正月晦日，多收河水；井水若咸[1]，不堪淘米，下馈亦不得。

大率一斗曲，杀米七斗，用水四斗，率以此加减之。十七石瓮，惟得酿十石米，多则溢出。作瓮随大小，依法加减。浸曲七八日，始发，便下酿。假令瓮受十石米者，初下以炊米两石为再馏黍，黍熟，以净席薄摊令冷，块大者擘破[2]，然后下之。没水而已，勿更挠劳[3]。待至明旦，以酒杷搅之，自然解散也。初下即搦者，酒喜厚浊[4]。下黍讫，以席盖之。

以后，间一日辄更酘，皆如初下法。第二酘用米一石七斗，第三酘用米一石四斗，第四酘用米一石一斗，第五酘用米一石，第六酘、第七酘各用米九斗：计满九石，作三五日停。尝看之[5]，气味足者乃罢。若犹少味者，更酘三四斗。数日复尝，仍未足者，更酘三二斗。数日复尝，曲势壮，酒乃苦者，亦可过十石米，但取味足而已，不必要止十石。然必须看候，勿使米过，过则酒甜。其七酘以前，每欲酘时，酒薄霍霍者[6]，是曲势盛也，酘时宜加米，与次前酘等[7]——虽势极盛，亦不得过次前一酘斛斗也。势弱酒厚者，须减米三斗。势盛不加，便为失候；势弱不减，

曲米比为1:7，酒化力明显低于神曲。

七酘是关键节点。七酘时，已酘米九石，曲米比例接近发酵标准。因此，七酘以后就要特别留意，必须根据曲势强弱来确定是否要继续酘米。即使曲势依然强壮，剩余的一石米也要分次投入，并随时观察和品尝。如果米已酘足，酒味仍苦，就要继续适量加米，不一定止于十石。同时，要避免酘米过量，使酒变甜。酿酒过程和注意事项讲解非常细致，显然是深入调查和认真总结得来的认识。

酘米加减要点。

以下还有作
颐曲法以及作颐酒
法、河东颐白酒
法、笨曲桑落酒
法、笨曲白醪酒
法、蜀人酴酒法、
粱米酒法、穄米酎
法、秫米酎法、粟
米酒法、粟米炉酒
法等，本书仅节录
其中的笨曲桑落酒
法和穄米酎法，其
余不录。

刚强不消。加减之间，必须存意。

若多作，五瓮以上者，每炊熟，即须均分熟
黍，令诸瓮遍得；若偏酘一瓮令足[8]，则余瓮比
候黍熟，已失酘矣。

酘，常令寒食前得再酘乃佳[9]，过此便稍晚。
若邂逅不得早酿者[10]，春水虽臭[11]，仍自中用。

淘米必须极净。常洗手剔甲，勿令手有咸气；
则令酒动[12]，不得过夏。

[注释]

[1] "井水若咸"三句：是说井水如果是咸的，不能用来淘
米，炊饭沃馈也不行。　[2] 擘（bāi）破：掰开、掰破。擘，同
"掰"。　[3] 挠劳：指搅拌。劳，有"动"意。　[4] 喜：容易。
饭落瓮时马上搅拌，容易搅糊，所以酒容易厚浊。　[5] 尝看之：
品尝酒味以察曲力。同样的麦曲，常因微生物的性能改变，使酿
酒效果不同，所以用米量不是一成不变，需要灵活掌握。　[6] 酒
薄：这里指糖化、发酵作用旺盛，出酒情况良好，即液化迅速，
产酒量较多，实际是发酵醪较为稀薄，不是指酒味淡薄。霍霍：
犹言"闪闪""亮晶晶"，形容"酒薄"，指醪稀液多的状况。　[7] 次
前：上一次。　[8] "若偏酘一瓮令足"三句：假如只将一瓮投充足，
其余的瓮就要等到第二锅饭熟，这样就失投了。比，皆、都。失
投，延误了发酵盛期，再投饭消化不了，多致酸败。　[9] 寒食：
在清明前一两天。　[10] 邂逅：不期而遇，这里指偶然碰上什么
事情。　[11] 春水虽臭：《要术》除冬水外，其余各月酿酒用水都

须经过煮沸才能投入生产。但这里说偶然碰上什么事情，不能早酿，正月晦日收来的"春水"，虽已发臭，依然好用。此或是过分强调"正月晦日"收水的缘故。 [12]则令酒动：就会使酒变质。动，改变、变动。此句上面应省去"不尔"或"有咸气"一类字。

笨曲桑落酒法：预前净划曲[1]，细剉，曝干。作酿池[2]，以稾茹瓮[3]，不茹瓮则酒甜，用穰则太热。黍米淘须极净。以九月九日日未出前，收水九斗，浸曲九斗。当日即炊米九斗为馈。下馈着空瓮中，以釜内炊汤及热沃之，令馈上游水深一寸余便止。以盆合头。良久水尽，馈熟极软，泻着席上，摊之令冷。挹取曲汁[4]，于瓮中搦黍令破，泻瓮中，复以酒杷搅之。每酘皆然。两重布盖瓮口。七日一酘，每酘皆用米九斗。随瓮大小，以满为限。假令六酘[5]，半前三酘，皆用沃馈；半后三酘，作再馏黍。其七酘者，四炊沃馈，三炊黍饭。瓮满好熟，然后押出。香美势力，倍胜常酒。

此酒九月九日开始作，十月下旬作好，时值桑落时节，故名。

九月九日，为传统的重阳节。此处不仅把酿酒的日子定在九月九日，而且收水九斗、浸曲九斗、当日炊米以及每次酘米也都是九斗。这似乎与"九"是个吉利数字有关，但主要是为了便于记忆和操作。

[注释]

[1]划（chǎn）：削，指削净曲的外层。 [2]酿池：低于地面放酒瓮的发酵坑池，今称"缸室"。 [3]稾（gǎo）：指粟黍不带

叶子的茎秆。下文"穰"指带叶的茎秆。　[4]"挹取曲汁"四句：舀出曲汁，在另外的瓮中和饭，把饭快捏破，然后下入酒瓮中，再用酒杷搅匀。挹（yì）取，舀出来。　[5]"假令六酘"五句：是说假如酘饭六次，前三次酘的用开水泡软的沃馈饭；后三次，则用添水复蒸的再馏饭。沃馈，用开水泡软的米饭。

稬米酎法^[1]：净治曲如上法。笨曲一斗，杀米六斗；神曲弥胜。用神曲者，随曲杀多少，以意消息^[2]。曲，捣作末，下绢筛。计六斗米，用水一斗。从酿多少，率以此加之。

曲、米七斗，而水只有一斗，用水量很少。这标志着固体发酵的开端，是古代酿酒工艺的重大进展。

米必须舂，净淘，水清乃止，即经宿浸置。明旦，碓捣作粉，稍稍箕簸，取细者如糕粉法。粉讫，以所量水煮少许稬粉作薄粥。自余粉悉于甑中干蒸，令气好馏，下之，摊令冷，以曲末和之^[3]，极令调均。粥温温如人体时，于瓮中和粉，痛抨使均柔，令相着；亦可椎打，如椎曲法。擘破块，内着瓮中。盆合，泥封。裂则更泥，勿令漏气。

瓮口要用泥封严实，实行厌气发酵，这样有利于酵母厌气酶系进行酒化，生成更多的酒精。

正月作，至五月大雨后，夜暂开看，有清中饮^[4]，还泥封。至七月，好熟。接饮^[5]，不押。三年停之，亦不动。

一石米[6]，不过一斗糟，悉着瓮底。酒尽出时，冰硬糟脆[7]，欲似石灰。酒色似麻油，甚酽[8]。先能饮好酒一斗者，唯禁得升半[9]。饮三升，大醉。三升不浇，必死。

凡人大醉，酩酊无知[10]，身体壮热如火者，作热汤，以冷水解——名曰"生熟汤"，汤令均均小热[11]，得通人手——以浇醉人。汤淋处即冷，不过数斛汤，回转翻覆，通头面痛淋，须臾起坐。与人此酒，先问饮多少，裁量与之。若不语其法，口美不能自节，无不死矣。一斗酒，醉二十人。得者无不传饷亲知以为乐[12]。

《要术》的各种酿造酒，均没有经过煎煮灭菌处理，保存时间有限。此酒度数较高，可陈贮三年不变质，保存时间最长。北宋《北山酒经》始有"煮酒"记载，为世界最早。

此酒浓厚，多饮能醉人至死，《要术》有解酒办法。

[注释]

[1] 穄米：指不黏的黍米，又名"糜（méi）子"。酎（zhòu）：酎酒，一种"重酿酒"，指酿造期长而酒质酽醇的酒。　[2] 以意消息：指细心地增减分量。消息，增减。　[3] 以曲末和之：明确指出用曲末和饭，与现今常见的酿法相同。《北山酒经》卷下《用曲》说，古法是投饭醪液中，近世则是"炊饭冷，同曲溲拌入瓮"。《要术》大多采用前法，后法的使用在这里出现了，但还不普遍。　[4] 有清中饮：上层的清汁喝着味道不错。中：适于、合于。　[5] 接饮：就瓮中舀取上面的清酒来喝，不压榨。　[6] "一石米"三句：是说一石原料米，酿成酒后不过一斗糟，而且全都沉在瓮底。这里明确提到出糟率，以容量计，仅占用米量的

10%，确实很低。现在黄酒的出糟率，以重量计，约为用米量的20%—40%。一般来说，酿造期越长，出糟率越少。　[7]冰硬糟脆：指剩下的酒糟像冰一样硬而又很糟脆。　[8]酽（yàn）：汁浓味厚。　[9]禁（jīn）：胜任，承受得起。　[10]酩（mǐng）酊（dǐng）：醉得迷迷糊糊。　[11]均均小热：微微有些热。　[12]传饷亲知：赠送给亲友品尝。传，互相赠送。饷，招待，供给食物。

[**点评**]

笨曲有粗笨之意，是相对神曲而言的，包括了文中的秦州春酒曲和颐曲等。其特点主要是曲料粗、曲饼大，配料单纯，只用炒麦，发酵力也较低等。但笨曲酿酒也有自己的特色及优点。

一是制曲、酿酒季节更易变通，没有严格限制。笨曲如神曲一样，制曲以七月份最好，酿酒以十月桑落时节最好，但笨曲在季节选择上似乎更为灵活，如作颐曲一般"七月最良，然七月多忙，无暇及此"，所以，作曲时间也可选择在九月份。笨曲酿酒一年四季都可以作，而且酒质不大受影响。

二是全部用炒麦作原料，不像大多神曲那样蒸、炒、生小麦原料等分并用，这样可以增加香味并有杀灭杂菌的作用。在当时的生产条件下，制曲易坏难好，选择用熟料比较可靠。

三是通过多次补料，可造出质量更高的酒。例如，笨曲桑落酒，"香美势力，倍胜常酒"；粱米酒，"芬芳酷烈，轻隽遒爽，超然独异"。尤其是粟米酒，只用笨曲来酿，不仅气味不输黍米酒，而且酿造成本低，适合于财力不足的人家采用。

　　四是可以采用接近固态的发酵法，造出醇浓味美的酎酒。"穄米酎法"酿酒，用水量很少，这标志着固体发酵的开端，对后世的白酒生产有深远影响。另外，"酎法"酿酒，严格实行厌气发酵，能生成更多的酒精，因而"酒色似麻油，甚酽"，容易醉人，不能多饮。

齐民要术卷八

黄衣、黄蒸及糵第六十八

黄衣、黄蒸是酱曲，糵用来制作饴糖，要提前准备，故卷八首先予以记述。

作黄衣法[1]：六月中，取小麦，净淘讫，于瓮中以水浸之，令醋。漉出，熟蒸之。槌箔上敷席，置麦于上，摊令厚二寸许，预前一日刈薍叶薄覆[2]。无薍叶者，刈胡枲，择去杂草，无令有水露气；候麦冷，以胡枲覆之。七日，看黄衣色足，便出曝之，令干。去胡枲而已，慎勿扬簸。齐人喜当风扬去黄衣，此大谬：凡有所造作用麦䴷者，皆仰其衣为势[3]，今反扬去之，作物必不

对齐人喜欢簸去黄衣的做法提出批评，理由正确。

善矣。

作黄蒸法[4]：六、七月中，𫗦生小麦，细磨之。以水溲而蒸之，气馏好熟，便下之，摊令冷。布置，覆盖，成就，一如麦䴴法。亦勿扬之，虑其所损。

作蘗法[5]：八月中作。盆中浸小麦，即倾去水，日曝之。一日一度着水，即去之。脚生[6]，布麦于席上，厚二寸许。一日一度，以水浇之，牙生便止。即散收，令干，勿使饼；饼成则不复任用。此煮白饧蘗[7]。

若煮黑饧，即待芽生青[8]，成饼[9]，然后以刀劙取，干之。

欲令饧如琥珀色者，以大麦为其蘗[10]。

蘗用麦芽制成，含有淀粉酶、糖化酶等，可用以发酵造饴糖。

[1] 黄衣：衣指大量繁殖的菌类群体，其颜色一般以黄为好，故称其成品为"黄衣"。黄衣又名"麦䴴"，也叫"䴴子""麦㘝"。䴴是完整，㘝是囫囵不破，所以它是整粒小麦罨（yǎn）成的酱曲。　[2] 薍（wàn）：吐穗开花之前的荻。　[3] "皆仰其衣为势"三句：是说作酱主要借助于霉菌的糖化和水解蛋白质作用，现在反而把菌衣簸去，则酵解作用大减，成品质量必然差。　[4] 黄蒸：用带麸皮的面粉罨制成的酱曲，与整粒的麦做成的"黄衣"不同。　[5] 蘗（niè）：小麦芽，用来熬制饴饧。　[6] 脚生：指小麦种子萌发时最初长出的幼根。　[7] 白饧（táng）：白色的饴糖，

用小麦刚长出的白色芽蘗晒干熬制而成。饧，是用麦芽糖化淀粉、滤去米渣后的糖化液汁煎成的稠厚饴糖。饧：古读 táng，即今"糖"字。隋唐以后又读 xíng。　[8] 芽生青：指嫩芽继续生长，由白转青。　[9] 成饼：指根、芽相互盘结成一片。由于麦芽青色，熬成的饴糖暗褐色，叫作"黑饧"。　[10] 以大麦为其蘗：用结成饼的大麦芽制成的饴糖，在未经加工挽打使硬化变白以前，颜色褐黄，呈琥珀色。

[点评]

黄衣又名麦䴊，是指用麦粒作原料制成的酱曲，其基本成分为米曲霉；黄蒸是用小麦面粉作原料制成的酱曲。二者都是散曲，但对米曲霉的生长来说，黄蒸要好于黄衣。米曲霉的最适生长温度为 30℃左右，35℃以上的菌丝呈灰色，影响蛋白酶的活力。所以，《要术》作黄衣和黄蒸的时间均选择在农历"六月中"，应是从实践中积累的经验。一般春秋季空气中酵母多，夏季则霉菌多，故人们选择在"伏天踩曲"。

农历六月或七月，正是一年中气温和大气湿度最高的月份，米曲霉孢子在空气中的数量也比较多，这些都为菌种培养提供了有利条件。为了控制培养菌种时杂菌的污染，防止酸败，古人对培养基的酸度进行了人工控制。办法是"于瓮中以水浸之令醋"，就是让原料在水中浸泡，先使醋酸菌或乳酸菌生长，它们产生一定的有机酸，使培养物酸化。这样既适合米曲霉的培养，又控制了一般腐败细菌的生长。因为霉菌生长最适合的酸度 pH 为 4—5，而其他杂菌最适合生长的 pH 在 7.0 左右，偏酸时则不能生长。这一酸化措施表明,《要术》时代已经掌握了霉菌生长的规律,酱曲制作技术趋于成熟。

另外,该篇的"糱",是用麦芽制成的,含有淀粉酶、糖化酶等,用于作饴糖。上古时期,糱用于造一种叫"醴"的甜酒。明代宋应星《天工开物》认为:"古来曲造酒,糱造醴,后世厌醴味薄,遂至失传,则糱法亦亡。"就是说,糱与曲性质接近,都可用于发酵,但用途不同,后来人们不再酿造醴,糱法就失传了。该篇反映出,北魏时期糱还在使用,但仅限于熬制饴糖。

作酱等法第七十

作酱的时间在天冷时最好。气温较低，可有效防止有害细菌的侵入。随着制酱过程的推进，气温也在逐渐上升，此时更适宜酵母菌的繁殖，有利于豆酱风味的改善。

作酱作醋时忌讳妊娠妇人，其他农产品加工篇也可见到此类记载，这是古人的迷信说法。

十二月、正月为上时，二月为中时，三月为下时。用不津瓮[1]，瓮津则坏酱。尝为菹、酢者，亦不中用之。置日中高处石上。夏雨，无令水浸瓮底。以一铁鏊（一本作"生缩"）铁钉之[2]，背"岁杀"钉着瓮底石下，后虽有妊娠妇人食之，酱亦不坏烂也。

用春种乌豆[3]，春豆粒小而均，晚豆粒大而杂。于大甑中燥蒸之。气馏半日许，复贮出更装之[4]，回在上者居下[5]，不尔，则生熟不多调均也[6]。气馏周遍，以灰覆之，经宿无令火绝。取干牛屎，圆累，令中央空，燃之不烟，势类好炭。若能多收，常用作食，既无灰尘，又不失火，胜于草远矣。啮看：豆黄色黑极熟[7]，乃下，日曝取干。夜则聚、覆，无令润湿。临欲春去皮，更装入甑中蒸，令气馏则下，一日曝之。明旦起，净簁择，满臼春之而不碎。若不重馏，碎而难净。簁拣去碎者。作热汤，于大盆中浸豆黄。良久，淘汰，接去黑皮，汤少则添，慎勿易汤；易汤则走失豆味，令酱不美也。漉而蒸之。淘豆汤汁，即煮碎豆作酱，以供旋食。大酱则不用汁。一炊顷，下置净席上，摊令极冷。

用干牛粪作燃料，牧区多见，农区也有用者。贾氏说牛粪烧起来没有烟尘，火力与好木炭相似，建议多加收积，用来烧煮食物，似乎是借鉴了牧民的做法。

［注释］

[1] 不津：指不渗漏。　[2] 鉎（shēng）鏉（shòu）：即生锈。　[3] 乌豆：黑豆。　[4] 更装：装上再蒸。更，再。　[5] 回在上者居下：把原来在上面的豆子倒在下面。回：调换。　[6] 不多：犹言不够。但也可能是"多不"倒错，或者"多"是衍文。　[7] 豆黄：指黑豆瓣。色黑：黑豆的豆瓣也是黄色的，不过经长时间的蒸焖，颜色会变成暗褐色。

酱曲的四种曲料各有要求。盐色发黄，说明含有氯化钙和氯化镁等杂质。这些杂质带有明显的苦涩味，影响酱的味道。

黄蒸和麦曲预先做好，作酱时捣末细筛，接种到酱曲之中，这也是《要术》时代制酱的一个工艺特色。

预前，日曝白盐、黄蒸、草蒿[1]、麦曲[2]，令极干燥。盐色黄者发酱苦，盐若润湿令酱坏。黄蒸令酱赤美。草蒿令酱芬芳；蒿，接，簁去草土。曲及黄蒸，各别捣末细筛——马尾罗弥好[3]。大率豆黄三斗，曲末一斗，黄蒸末一斗，白盐五升，蒿子三指一撮。

盐少令酱酢；后虽加盐，无复美味。其用神曲者，一升当笨曲四升，杀多故也。豆黄堆量不概[4]，盐、曲轻量平概。三种量讫，于盆中面向"太岁"和之，向"太岁"，则无蛆虫也。搅令均调，以手痛挼[5]，皆令润彻。亦面向"太岁"内着瓮中，手挼令坚[6]，以满为限；半则难熟。盆盖，密泥，无令漏气。

熟便开之，腊月五七日，正月、二月四七日，三月三七日。当纵横裂[7]，周回离瓮，彻底生衣。悉贮出，搦破块。两瓮分为三瓮。日未出前汲井花水[8]，于盆中以燥盐和之，率一石水，用盐三斗，澄取清汁。又取黄蒸于小盆内减盐汁浸之，挼取黄沈，漉去滓。合盐汁泻着瓮中。率十石酱[9]，用黄蒸三斗。盐水多少，亦无定方，酱如薄粥便止：豆干饮水故也。

仰瓮口曝之[10]。谚曰："萋萋葵[11]，日干酱。"言其美也。十日内，每日数度以杷彻底搅之。十日后，每日辄一搅，三十日止。雨即盖瓮，无令水入。水入则生虫。每经雨后，辄须一搅。解后二十日堪食[12]；然要百日始熟耳。

制曲是在厌氧条件下进行的，所谓"盆盖密泥"。这使得微生物生长进程放缓，限制它对原料的分解能力，所以，制曲过程需要二三十天，时间周期较长。

加黄蒸曲料后继续发酵，酱品要"百日始熟"。

敞开瓮口晒酱，即采用天然有氧发酵法，可使空气中的一些微生物如酵母、细菌落入瓮中，增加豆酱风味，但难免灰尘虫鼠之害。现在工厂生产大多采用玻璃房晒酱，以保证质量。

[**注释**]

[1] 草蒿（jú）：其子实用作调味料，尚不能确定是何种植物。《广雅·释草》："蒿子，菜也。"《集韵》引《广志》："一曰马芹。"《本草纲目》引苏恭《唐本草》："马蕲生水泽旁……子黄黑色，似防风子，调食味用之，香似橘皮，而无苦味"，似乎说明了马蕲（亦即马芹）正是"蒿"，尤其是"香似橘皮"，说明了其名为"蒿"的原因。但在《要术》的《八和齑》篇中，草橘和马芹并举，则二者在《要术》中并非一物。依下文"挼，簸去草土""蒿子三指一撮"，说明人们利用草蒿的种子或小型果实来作调味料。　[2] 麦曲：指笨曲，因下文有与神曲相比较的自注。文中多处出现的"曲末"，也都是指笨曲末。　[3] 马尾罗：指用马尾毛或马鬃毛织成"纱"做成的筛箩。　[4]"豆黄堆量不概"二句：是说按比例取料时，豆黄要堆成满满的一斗来量，不用刮平，盐和曲则量得少一些，要刮平。概，本指量米粟时刮平斗斛用的木板，这里指刮平。轻，数量少，程度浅。　[5] 痛挼：指用力揉搓。　[6] 挼：这里作"按捺"解。　[7]"当纵横裂"三句：是说酱料成熟开封后，应当纵横裂开，周边会与瓮相分离，全都长满了衣。　[8] 井花水：清晨初汲的井水。　[9] 酱：指酱黄，不是指和水后的酱。　[10] 仰瓮口曝之：敞开瓮口曝晒。仰，敞开。　[11] 萎蕤葵：指适当萎蕤的葵菜腌制成的葵菹。萎蕤，萎蔫、凋谢。这里是说凋萎的葵做成的腌菜和日中晒成的酱味道都很美好。　[12] 解：这里指调稀浓度。

[**点评**]

酱的起源很早，但最初出现的酱是以肉类为原料制成的，称为肉醢、醢酱、鱼醢等。豆酱是指用大豆为主要原料酿制而成的调味品，咸鲜兼备，风味特殊，自古以来就深受人们喜爱。

豆酱可能出现于先秦时期，但文献中缺乏有力证据。西汉《急就篇》有"芜荑盐豉醯酢酱"一句，这里提到的酱应是豆酱。据说 1972 年湖南长沙马王堆汉墓出土的酱品中，就有豆酱。东汉《四民月令》："（正月）可作诸酱。上旬炒豆，中旬煮之，以碎豆作末都。""末都"就是豆酱。《要术》详细记载了豆酱以及肉酱、鱼酱等的制作方法，其中豆酱是当时的主要酱品。

从该篇可以看出，豆酱制作包括两个步骤，技术已相当精细：第一步是接种培养霉菌。方法是将豆黄和曲末、黄蒸末、白盐等混合，加适量水搅拌揉搓均匀，放入瓮中密封发酵，让其"彻底生衣"，即培养大量菌丝体。目的是得到足够的蛋白酶和淀粉酶，以满足第二阶段酶解反应的需要。制作好的酱曲表面会长满黄衣，酿造学将其称为"干酱酪"，俗称"酱黄"，它对酱的品质和风味起着决定性作用。第二步是促进霉菌分泌酶的反应。方法是按比例将加工好的盐汁和黄蒸汁倒入瓮中，然后敞开瓮口曝晒，以提高品温，加快酶解速度，并根据酿造进程搅动酱料，搅拌次数由多到少，到三十天基本停止。不断搅拌可以促进酶解进程，最后使整个豆粒崩溃。五十天后大部分蛋白质已分解，酱可以食用了。再经五十天，蛋白质降解的中间产物继续分解，成为氨基酸或小肽，酱便成熟了。

唐代以后，制酱技术有了新突破，这主要表现在两个方面。一是制酱周期大为缩短，也不再限定作酱的时间。唐代《四时纂要》中出现一种"十日酱法"，制酱过程十天即可完成，并且是在七月作酱，不像《要术》所说的最好在十二月和正月作酱。二是发明豆、面原料同时参与制曲的"全料制曲"工艺，制作工序简便实用。"十日酱法"将豆与曲混合改为豆与面混合，制作酱曲，强化了微生物的酶解作用，工艺比《要术》前进了一步。其制酱流程只需五步：豆黄蒸烂→拌面裹豆再蒸→制曲收贮→加料密封发酵→成熟。唐代的这种制酱传统，更适合家庭制作，基本延续到现在。

酒酸化后就成为醋，所以醋在古代还被称为"苦酒"。

作酢法第七十一

凡醋瓮下，皆须安砖石，以离湿润。为妊娠妇人所坏者，车辙中干土末一撅着瓮中，即还好。

作大酢法[1]：七月七日取水作之。大率麦䴷一斗，勿扬簸；水三斗；粟米熟饭三斗，摊令冷。任瓮大小，依法加之，以满为限。先下麦䴷，次下水，次下饭，直置勿搅之。以绵幕瓮口[2]，拔刀横瓮上。一七日，旦，着井花水一碗。三七日旦，又着一碗，便熟。常置一瓠瓢于瓮[3]，以挹酢；若用湿器、咸器内瓮中，则坏酢味也。

又法：亦以七月七日取水。大率麦䴷一斗，水三斗，粟米熟饭三斗。随瓮大小，以向满为

《要术》的醋，大多用麦作为糖化和醋发酵的催化剂，此外也用笨曲、黄蒸等。

七月七日即传统"七夕节""乞巧节"，既是牛郎织女在天上相会的日子，也是古代民间作醋的日子。

度^[4]。水及黄衣，当日顿下之。其饭分为三分^[5]：七日初作时下一分，当夜即沸；又三七日，更炊一分投之；又三日，复投一分。但绵幕瓮口，无横刀、益水之事。溢即加甑^[6]。

又法：亦七月七日作。大率麦麸一升，水九升，粟饭九升，一时顿下，亦向满为限。绵幕瓮口。三七日熟。

前件三种酢，例清少淀多。至十月中，如压酒法，毛袋压出，则贮之。其糟，别瓮水澄，压取先食也。

［注释］

[1]酢：同"醋"。《要术》"酢"一般用作名词，而"醋"多作形容词"酸"字用。　[2]绵：丝绵，蚕丝结成的片状或团状物。幕：覆盖。　[3]"常置一瓠瓢于瓮"五句：是说常常放一个葫芦瓢在瓮里，用来舀醋；如果用湿的或者咸的器皿来舀醋，醋的味道就会变坏。瓠（hù）瓢，即葫芦瓢。瓠：指葫芦，古人常用短颈大腹的老熟葫芦制作水瓢。　[4]向：接近、邻近。　[5]"其饭分为三分"七句：是说饭要分为三份，初七日开始酿造时投下一份，当夜就发酵冒气泡；到第七天，再炊一份投下；又过二十一天，再投下一份。据《校释》校记，"又三七日……又三日"，似乎有错误，应作"又七日……又三七日"。　[6]溢即加甑：如果醋醅发酵上浮，可能溢出瓮外，就要加上甑圈防止。甑：古代

用于蒸饭的炊具，底部有许多透蒸汽的小孔，这里指加高瓮口的甑圈。

秫米神酢的配料，是用秫米作原料，接着还要淘米，炊为再馏饭。而上文的作大酢法用粟米饭作原料，省去了炊饭程序。

秫米神酢法[1]：七月七日作。置瓮于屋下。大率麦䴷一斗，水一石，秫米三斗——无秫者，黏黍米亦中用。随瓮大小，以向满为限。先量水，浸麦䴷讫；然后净淘米，炊为再馏，摊令冷，细擘饭破，勿令有块子，一顿下酿，更不重投。又以手就瓮里搦破小块，痛搅令和，如粥乃止，以绵幕口。一七日，一搅；二七日，一搅；三七日，亦一搅。一月日，极熟。十石瓮，不过五斗淀。得数年停[2]，久为验。其淘米泔即泻去，勿令狗鼠得食。馈黍亦不得人啖之[3]。

这种醋是粟米加笨曲末所作的，没有用麦䴷。

粟米、曲作酢法：七月、三月向末为上时[4]，八月、四月亦得作。大率笨曲末一斗，井花水一石，粟米饭一石。明旦作酢，今夜炊饭，薄摊使冷。日未出前，汲井花水，斗量着瓮中。量饭着盆中，或栲栳中[5]，然后泻饭着瓮中。泻时直倾下，勿以手拨饭。尖量曲末[6]，泻着饭上，慎勿挠搅，亦勿移动[7]。绵幕瓮口。三七日熟。美酽少淀[8]，久停弥好。凡酢未熟、已熟而移瓮者[9]，率多坏矣；熟则无忌。接取清，别瓮着之。

秫米酢法：五月五日作，七月七日熟。入五月则多收粟米饭醋浆[10]，以拟和酿，不用水也。浆以极醋为佳。末干曲，下绢筛。经用[11]，粳秫米为第一[12]，黍米亦佳。米一石，用曲末一斗，曲多则醋不美。米唯再馏。淘不用多遍。初淘沈汁泻却。其第二淘泔[13]，即留以浸馈，令饮泔汁尽，重装作再馏饭。下，掸去热气[14]，令如人体，于盆中和之，擘破饭块，以曲拌之，必令均调。下醋浆，更搦破，令如薄粥。粥稠即酢克[15]，稀则味薄。内着瓮中，随瓮大小，以满为限。七日间，一日一度搅之；七日以外，十日一搅，三十日止。初置瓮于北荫中风凉之处，勿令见日。时时汲冷水遍浇瓮外，引去热气，但勿令生水入瓮中。取十石瓮，不过五六斗糟耳。接取清，别瓮贮之，得停数年也。

为什么在醋未熟及快熟的时候移动醋瓮，醋就会变坏，原因不明。

此法用粟米饭酸浆来调和秫米饭，不用水。山西陈醋用一种特制的醋浆（用粟米、高粱和醋曲混合制成）作为醋母投入生产，其酿造工艺在这一点上与《要术》相似。

发酵大量产热，醋醅温度升高，抑制微生物活动，所以要浇水降温。

[注释]

[1]秫米：黏性粟米。　[2]"得数年停"二句：是说这种醋可以存放数年，这已被以往的经验所证实。久，同"旧"，从前的、

先前的。验，验证、证实。　[3] 饙黍：这里泛指炊熟的饭，即"再馏饭"。　[4] 向末：指近月末的时候。　[5] 栲（kǎo）栳（lǎo）：用柳条编成的圆形盛物器，形状像斗，也叫笆斗。　[6] 尖量曲末：斗中盛的曲末要堆尖，满满量够一斗。　[7] 移动：这里指醋未熟时移动醋瓮。　[8] 美酽少淀：指成醋味道美、酸度高，糟子也少，说明这种醋出醋率和醋酸含量都相对较高。　[9] 已熟：将熟、快熟。已，有"随即"之意。　[10] 醋浆：淀粉质的酸化浆液，用作接种剂。　[11] 经用：曾经应用过。　[12] 粳秫米：粳和秫是相对的，若说是粳性的秫米，有些讲不通。这里"粳"可能是衍文，也可能是指粳米或秫米。　[13]"其第二淘泔"四句：是说第二次的淘米泔水，就留下来浸饙饭，到泔水被饙饭吸尽了，重新装上甑蒸成再馏饭。　[14] 㪃：指铺开来并且不断翻动，使蒸饭温度适当而均匀。㪃，有时也作"摊"字用。　[15] 酢克：指醋量减少。由于醋醅过稠，液比低，醋液因之减少。

大麦酢法：七月七日作。若七日不得作者，必须收藏取七日水，十五日作。除此两日则不成。于屋里近户里边置瓮。大率小麦麨一石，水三石，大麦细造一石 [1]——不用作米则利严 [2]，是以用造。簸讫，净淘，炊作再馏饭。㪃令小暖如人体，下酿，以杷搅之，绵幕瓮口。三日便发。发时数搅，不搅则生白醭 [3]，生白醭则不好。以棘子彻底搅之 [4]：恐有人发落中，则坏醋。凡醋悉尔 [5]，亦去发则还好。六七日，净淘粟米五升，米亦不

大麦醋也是七月七日作。

大麦醋以大麦为主料，并加入粟米。下文还说，投黍、秫米更好。

用过细，炊作再馏饭，亦㧑如人体投之，杷搅，绵幕。三四日，看米消，搅而尝之，味甜美则罢；若苦者，更炊二三升粟米投之，以意斟量。二七日，可食；三七日，好熟。香美淳严，一盏醋，和水一碗，乃可食之。八月中，接取清，别瓮贮之，盆合，泥头，得停数年。未熟时，二日三日，须以冷水浇瓮外，引去热气，勿令生水入瓮中。若用黍、秫米投弥佳，白、苍粟米亦得。

回酒酢法：凡酿酒失所味醋者[6]，或初好后动未压者，皆宜回作醋。大率五石米酒醅[7]，更着曲末一斗，麦䴷一斗，井花水一石；粟米饭两石，㧑令冷如人体，投之，杷搅，绵幕瓮口。每日再度搅之。春夏七日熟，秋冬稍迟，皆美香。清澄后一月，接取，别器贮之。

动酒酢法[8]：春酒压讫而动不中饮者，皆可作醋。大率酒一斗，用水三斗，合瓮盛，置日中曝之。雨则盆盖之，勿令水入；晴还去盆。七日后当臭，衣生，勿得怪也，但停置，勿移动、挠搅之。数十日，醋成衣沉，反更香美。日久弥佳。

又方：大率酒两石，麦䴷一斗，粟米饭六斗，

此法是将酿酒时变酸了的发酵醪或成熟醪改酿成醋。下文"动酒醪法"则是在已经压榨后的成品清酒变酸后，将其改酿成醋。

酸酒作醋法的原理：醋酸菌在自然界到处存在，低醇度的淡酒难以抑制空气中落入的醋酸菌，就会氧化变酸。《要术》正是利用这一原理，因势利导，重新加入曲米配料，使醋酸菌大量繁殖，从而将酸败的酒转酿成好醋，避免因酒坏而浪费粮食。

小暖投之，杷搅，绵幕瓮口。二七日熟，美酢殊常矣。

[注释]

[1]造：一种谷物粗加工方法，这里指将大麦粒初步舂烂或磨碎，主要目的在于脱去皮壳，相当于民间俗称的"喘（chuàn）"。"细造"则指喘得细致一些或多喘几次。造，又通"糙"，脱去皮壳的米叫"糙米"。清许旦复《农事幼闻》称米舂得白净为"双糙"，更精白为"三糙""四糙"。 [2]不用作米则利严：（大麦）不磨成米面酿成的醋爽口而醇酽。利，有利口、爽口之意。严，借作"酽"字用，醇酽。下文"香美淳严"同。 [3]白醭（pú）：长在醋醅上面的白色菌醭。 [4]棘子：长有棘刺的酸枣枝条，用来捞取落在瓮中的头发。 [5]悉尔：都是这样。 [6]"凡酿酒失所味醋者"三句：是说凡是酿酒由于不得法而使发酵醪变酸的，或者起初还好，后来变酸而未经压榨的成熟醪，都该索性转变成醋。 [7]酒醅（pēi）：没有滤去糟子的酒。 [8]动酒酢法：指将变酸了的酒转变成醋的方法。

此条以上都是直接用粮食酿醋，以下则是用麦麸、粟糠以及酒糟等粮食加工副产品酿醋，节省粮食。

神酢法：要用七月七日合和。瓮须好。蒸干黄蒸一斛[1]，熟蒸麸三斛[2]。凡二物，温温暖，便和之。水多少，要使相淹渍，水多则酢薄不好。瓮中卧经再宿，三日便压之，如压酒法。压讫，澄清，内大瓮中。经二三日，瓮热，必须以冷水浇；不尔，酢坏。其上有白醭浮，接去之。满一月，酢成可食。初熟，忌浇热食，犯之必坏酢。若无黄蒸及麸者，用麦𥶶一石，粟米饭三斛合和之。方与黄蒸同。盛置如前法。瓮常以绵幕之，不得盖。

作糟糠酢法：置瓮于屋内。春秋冬夏，皆以穰茹瓮下，不茹则臭。大率酒糟、粟糠中半。粗糠不任用，细则泥，唯中间收者佳。和糟、糠，必令均调，勿令有块。先内荆、竹筻于瓮中[3]，然后下糠、糟于筻外，均平以手按之，去瓮口一尺许便止。汲冷水，绕筻外均浇之，候筻中水深浅半糟便止。以盖覆瓮口。每日四五度，以碗挹取筻中汁，浇四畔糠糟上。三日后，糟熟，发香气。夏七日，冬二七日，尝酢极甜美，无糟糠气，便熟矣。犹小苦者，是未熟，更浇如初[4]。候好熟，乃挹取筻中淳浓者，别器盛。更汲冷水浇淋，味薄乃止。淋法，令当日即了。糟任饲猪。其初挹淳浓者，夏得二十日，冬得六十日；后淋浇者，止得三五日供食也。

酒糟酢法：春酒糟则酽，颐酒糟亦中用。然欲作酢者[5]，糟常湿下；压糟极燥者，酢味薄。

冷水浇瓮降温。凡是在未成醋前因温度过高而坏醋者，酿造学上称为"烧醅"。压榨出来的醋液，仍在发酵旺盛前期，会释放出大量的热。如果温度过高，醋酸菌不能存活，乙醇氧化为乙酸（醋酸）的反应过程停止，醋就会变坏。

糟糠醋是用酒糟中的残余酒精和粟糠中的残余淀粉酿造，不加任何曲料和醋醅，单纯借助酒糟的余势发酵成醋。

江苏镇江醋用酒糟、砻糠为原料，加入成熟醋醅，采用固态发酵法酿成。山西醋以粟糠为原料，和入粟米、高粱和大麦豌豆曲制成的醋浆酿成，也采用固态发酵法。

糟糠醋法，用竹隔糟取醋，方法巧妙。

《要术》作醋法，只有此醋为固态发酵，其余都是液态发酵。因为是固态发酵，所以其醋醅成熟后要加水淋醋。淋水之后，醋液会通过瓮底的醋孔流出。液态发酵者，多采用压榨法。嘉峪关魏晋墓壁画"滤醋图"表现的应是固态发酵法。

作法：用石硙子辣谷令破[6]，以水拌而蒸之。熟便下，掸去热气，与糟相拌，必令其均调，大率糟常居多。和讫，卧于醋瓮中[7]，以向满为限，以绵幕瓮口。七日后，酢香熟，便下水，令相淹渍。经宿，醋孔中下之。夏日作者，宜冷水淋；春秋作者，宜温卧，以穰茹瓮，汤淋之。以意消息之。

[**注释**]

[1]蒸干黄蒸：将干黄蒸重新加蒸，是对黄蒸的一种特殊处理法。 [2]麸：四川各地酿醋亦多用麸皮，其酿造法采用固态发酵，成熟后加水淋醋，过滤出醋液。 [3]荆：荆条。竹篘（chōu）：竹篾编的长筒形器具，用于隔糟挹取醋液。竹篘将糟糠原料隔开，在篘外的原料上浇水，使原料经酵解作用而将醋液渗入篘中。但第一次的醋液酸度极低，于是多次将篘中醋液作为醋母，浇淋篘外的糟糠，使其继续酵解，醋酸不断地渗入篘中，最后把篘中积累的淳浓醋液舀取出来，盛在另外的容器中。 [4]更浇如初：指再度舀篘中汁浇淋在篘外糟糠上，不是指再浇冷水。 [5]"然欲作酢者"四句：是说想用酒糟酿醋，总要用湿一些的糟下酿；糟榨得极为干燥，醋味就会淡薄。此醋完全用酒糟酿成，不加任何曲料，需要酒糟中多一些酒精残余量，所以用湿酒糟为好。 [6]石硙（wèi）子：石磨（图8-1）。辣谷令破：用石硙粗粗磨破的意思。辣：借作同音的"挒"字，是将谷物碾磨破碎到一定程度的口语，北方沿用至今。与上文"造""揣"属同类词语。 [7]卧：将醋

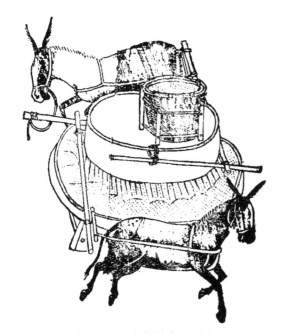

图 8-1　王祯《农书》"石磨"

图 8-2　嘉峪关魏晋墓壁画"滤醋图"

料投入瓮中，覆盖瓮口，以利保温发酵。酮（juān）瓮：底部有
酮孔的瓦瓮。酮：本指以孔下酒。这里的酮孔是指用以放出瓮中
醋液的嘴孔，开在瓮底的中心或者靠近瓮底的侧壁（图 8-2）。

[点评]

酸、甜、苦、辣、咸，酸居五味之首，自古以来就在中国人的膳食体系中发挥着不可替代的作用。因此，民间很早就形成了酿醋传统，历史上曾出现多种地方名醋。一般认为，先秦典籍中记载的"醯"就是醋。汉代，醋的酿造和消费已很普遍，"通邑大都，酤一岁千酿，醯酱千缸"。不过，上古典籍中一直未见关于酿醋方法的具体记载。

该篇首次总结了北魏及其以前酿醋的原理和方法。书中所记作醋法二十三种，其中大多数是贾氏从民间调研采访得来的。从中可以看出，当时的制醋原料有粮食、酒、麦麸、糟糠、酒糟、乌梅、蜂蜜等，有加曲的，有不加曲的，酿造时间或长或短，每种方法各有特点。这反映出自先秦经两汉到《要术》时代，中国传统制醋技术已趋于成熟，不论是在制曲、用料，还是在温度、水分、酸度控制以及贮藏等食醋生产的关键环节，都积累了丰富经验。

贾思勰所总结的作醋法，以粟米、秫米、大麦、小麦等粮食醋为主，也最能体现古代的酿醋水平。不同的粮食醋，所采用的酿造方法也不尽一致。但无论采取何种措施，都是为了更有利于微生物对物料的分解和发酵。其中包含的酿醋原理主要有三点：一是以淀粉质谷物为原料，经微生物的淀粉酶和糖化酶作用分解为糖；二是经过酵母酒化酶系的作用，把糖转化为酒精和二氧化碳；三是酒精经醋酸菌酶系作用，转化为醋酸。在酿造工艺中，这三个原理揭示的就是在同一醪液中交叉连续进行的三种生化反应过程。有关淀粉水解和糖化为酒精的过程，本书在酿酒篇的评注中已有所提及，以下仅讨论由酒精到醋酸的发酵现象。

食醋的主要成分是醋酸，而醋酸是由醋酸菌这种微生物氧化酒精生成的。在北魏时期，人们不能直接观察到醋酸菌的个体，也不了解其中的生物化学反应细节，却能看到发酵液表面形成的细菌群体菌膜。据"动酒酢法"记载，在变酸了的酒中加水曝晒，"七日后，当臭，衣生，勿得怪也，但停置，勿移动、挠搅之。数十日，醋成衣沉，反更香美"，索性把变酸了的酒制成醋，不致浪费粮食。《要术》确认酒精变为醋是由"衣"来完成的，并第一次用"衣生""衣沉"来描述醋酸菌在醋酸发酵过程中的生长繁殖和变化。从此，"衣"成为食品微生物的代名词。它不仅包括霉菌，还包括细菌，概念范围比汉代《四民月令》所指的"酱曲"明显扩大。

对醋酸菌进行接种培养，《要术》的记载也是最早的，如秫米酢法："入五月则多收粟米饭醋浆，以拟和酿，不用水也。浆以极醋为佳。"当农历五月时，用粟米饭浆作培养基，空气中的醋酸菌落入饭浆后生长繁殖，并产生醋酸，使饭浆变酸。饭浆变酸，不仅醋酸菌的量多，杂菌也少，这是熟知和掌握醋酸菌生理特征的又一例证。"白醭"，在《作酢法》篇有两处提到，可能是有膜的糙膜酵母。白醭的形成只会消耗酒精，而没有对酒精的氧化作用，是一种有害杂菌，与以醋酸菌为主的"衣"不同。所以，应当在它刚形成时就去除掉，以控制有害微生物的污染。

　　还要提及的是，《要术》作醋的时间大多选择在农历"七月七日"，认为这个日期酿造容易成功。这一点看似过于拘泥，但有其合理性。因为酿醋是利用微生物发酵的复杂过程，而微生物及其产生的酶系均需在一定的温度范围内才能较好地发挥作用。在当时的条件下，人们对于温度的控制手段很有限，只得选择一个具有适宜温度范围的时间段进行生产，这个时间段就是七月份。七月份是高温潮湿的季节，特别适合微生物的生长繁殖，在这个时间段酿醋，前后大约一个月时间，醋就成熟了。而其他月份，如四月、五月，由于气温低，醋的发酵时间就要延长很多。不过，问题也来了，一个月有三十天左右，到底哪一天开始作醋最合适呢？如果说无论哪天都可以，反而让人无所适从。作为一部技术指导书，《要术》干脆把复杂问题简单化，一般将酿醋时间定在"七月七日"这个吉日，不失为一个巧妙而有效的办法。

作豉法第七十二

豆豉是中国人利用霉菌分解大豆的杰作。其制作原理与豆酱相同，但二者的外观形态不同，对蛋白质的分解程度不同，所以采取的生产工艺也有所区别。

先要盖一个半地穴式的茅草屋，而且要密闭保温。

作豉法：先作暖荫屋，坎地深三二尺[1]。屋必以草盖，瓦则不佳。密泥塞屋牖[2]，无令风及虫鼠入也。开小户，仅得容人出入。厚作藁篱以闭户[3]。

四月、五月为上时，七月二十日后八月为中时；余月亦皆得作，然冬夏大寒大热，极难调适。大都每四时交会之际，节气未定，亦难得所。常以四孟月十日后作者[4]，易成而好。大率常欲令温如人腋下为佳[5]。若等不调[6]，宁伤冷，不伤热：冷则穰覆还暖，热则臭败矣。

三间屋，得作百石豆。二十石为一聚[7]。常作者^[8]，番次相续，恒有热气，春秋冬夏，皆不须穰覆。作少者，唯须冬月乃穰覆豆耳。极少者，犹须十石为一聚；若三五石，不自暖，难得所，故须以十石为率。

作豆豉一次最少需要十石豆子，显然是一种规模化的商品生产。

［注释］

［1］坎地深三二尺：掘地二三尺深，做成半地穴式的密闭暖屋。 ［2］密泥塞屋牖（yǒu）：用泥塞严窗户。牖，窗户。 ［3］厚作藁篱以闭户：用秸秆编成厚厚的篱笆门扇密闭小门。 ［4］四孟月：四季的头一个月，即正、四、七、十月。 ［5］温如人腋下：指罨制豆豉的品温。 ［6］若等不调：如果"如人腋下"这样的温度难以掌握时，宁可冷一些，也不要过热。若，如果、假若。等，相等。 ［7］一聚：一堆。 ［8］"常作者"五句：经常作豆豉者，一次接着一次，屋里常常保持着热气，无论春夏秋冬都不需要用黍穰盖豆子。番次，依次。番，轮番。

用陈豆弥好；新豆尚湿，生熟难均故也。净扬簸，大釜煮之，申舒如饲牛豆^[1]，掐软便止；伤熟则豉烂。漉着净地摊之，冬宜小暖，夏须极冷，乃内荫屋中聚置。一日再入，以手刺豆堆中候看：如人腋下暖，便须翻之。翻法^[2]：以杷枚略取堆里冷豆为新堆之心，以次更略，乃至于尽。冷者自然在内，暖者自然居外。还作尖堆，勿令

手感测温。作豆豉的关键是控制好品温，即原料内部的温度，不能过热。

婆陀[3]。一日再候，中暖更翻，还如前法作尖堆。若热汤人手者[4]，即为失节伤热矣。凡四五度翻，内外均暖，微着白衣[5]，于新翻讫时，便小拨峰头令平，团团如车轮，豆轮厚二尺许乃止[6]。复以手候，暖则还翻。翻讫，以杷平豆，令渐薄，厚一尺五寸许。第三翻，一尺。第四翻，厚六寸。豆便内外均暖[7]，悉着白衣，豉为粗定。从此以后，乃生黄衣[8]。复掸豆令厚三寸，便闭户三日。——自此以前，一日再入[9]。

先在屋内密闭发酵，并依据品温反复翻动，使豆堆内外暖度均匀，豆子表面生成白色菌衣（毛霉菌）。然后继续闭户保温，进入生成黄色菌衣（曲霉）的阶段。

［注释］

[1]申舒如饲牛豆：豆子涨开到像喂牛的豆子那样。申舒，涨开。 [2]"翻法"六句：翻豆的方法是，用杷或枚掠取豆堆外层的冷豆，再聚拢冷豆成为新堆的中心，依次掠取堆起，直到把所有豆堆翻完。这样，内层的热豆自然处于新堆的外面，而外层的冷豆则处于新堆的里面。杷，这里指一种头部有齿的长柄竹木农具，用以聚拢或散开谷物。略，意同"掠"，即从外层掠取。 [3]婆陀（tuó）：即陂（pō）陀，有毁坏、崩塌的意思，这里指豆堆没有堆高堆尖，北方口语也说"铺塌"。 [4]汤：通"烫"。 [5]白衣：呈白色的毛霉菌菌丝，对人无害，它的作用是分解豆子中的蛋白质，产生氨基酸和一些B族维生素。 [6]豆轮：像车轮形状的豆堆。 [7]"豆便内外均暖"三句：是说豆堆里外暖度均匀，而且都长满了白色菌衣，豉便初步做成了。 [8]黄衣：应是曲霉产生的黄色菌衣。曲霉种类很多，广泛分布在谷物、空气、土壤和

各种有机物上，主要作用是酿酒制醋作豉等。　[9]一日再入：一天进去看两次。

将豆子用枚摊成田垄状，便于人在垄间翻構豆子，促进黄衣生长。

三日开户[1]，复以枚东西作垄構豆，如谷垄形，令稀稬均调。枚划法，必令至地——豆若着地，即便烂矣。構遍，以杷構豆，常令厚三寸。间日構之。后豆着黄衣，色均足，出豆于屋外，净扬簸去衣。布豆尺寸之数[2]，盖是大率中平之言矣。冷即须微厚，热则须微薄，尤须以意斟量之。

先通过扬簸，再经水冲洗，将豆子表面的毛霉菌和曲霉菌清除干净。

扬簸讫，以大瓮盛半瓮水，内豆着瓮中，以杷急抨之使净。若初煮豆伤熟者，急手抨净即漉出；若初煮豆微生，则抨净宜少停之。使豆小软则难熟[3]，太软则豉烂。水多则难净[4]，是以正须半瓮尔。漉出，着筐中，令半筐许，一人捉筐，一人更汲水于瓮上就筐中淋之，急斗擞筐，令极净，水清乃止。淘不净，令豉苦。漉水尽，委着席上[5]。

［注释］

[1]"三日开户"四句：是说三天后，把门打开，再用杴把摊开的豆子贴地铲起来，做成东西向的垄，就像谷垄的形状，垄要稀密均匀。耩，这里指将豆子翻起来。 [2]"布豆尺寸之数"二句：是说摊开豆层的厚薄尺寸，只是大概适中的说法。 [3]使豆小软则难熟：据《校释》校记，"使豆小软"以连上句为顺，这样，"则难熟"上应脱"不软"一类字。这句应是："则抨净宜少停之，使豆小（稍）软；[不软]则难熟，太软则豉烂。"小软，即稍软。 [4]水多则难净：水少时在抨击过程中容易摩擦掉豆子外层的污物，水多时则浮荡不相冲击，污物不易除去，反而将豆豉冲淡了。 [5]委着席上：倒在席上。委，指放下物品，或将物品堆积起来。

先多收谷䅕[1]，于此时内谷䅕于荫屋窖中，掊谷䅕作窖底[2]，厚二三尺许，以蘧蒢蔽窖[3]。内豆于窖中，使一人在窖中以脚蹋豆，令坚实。内豆尽，掩席覆之[4]，以谷䅕埋席上，厚二三尺许，复蹋令坚实。夏停十日，春秋十二三日，冬十五日，便熟。过此以往则伤苦；日数少者，豉白而用费；唯合熟，自然香美矣。若自食欲久留不能数作者，豉熟则出曝之，令干，亦得周年。

进一步发酵熟化，气温高低不同，发酵时间长短有差别。

豉法难好易坏，必须细意人，常一日再看之。失节伤热，臭烂如泥，猪狗亦不食；其伤冷者，

《要术》酿制豆豉不加任何曲类作接种剂（现在加米曲霉菌种接种），单纯用大豆酿制，而且大豆是整粒未经粉碎的，煮到七八成熟就进入密闭的罨室中罨黄，比麦曲造酒要困难得多。所以，掌握好温度十分关键，不能伤热也不能伤冷。必须时时留心观察，及时倒翻豆堆，使里外受热均匀，酵解正常，长满黄衣。然后把罨黄了的半成品豆豉搬到户外，簸去黄衣杂质，盛入瓮中，先加水冲洗再捞出来用清水淋洗，使豆豉变得非常干净。最后埋入罨坑内进一步熟化变色，制成柔软香美的豆豉。

虽还复暖，豉味亦恶：是以又须留意，冷暖宜适，难于调酒。

如冬月初作者，须先以谷薿烧地令暖，勿焦，乃净扫。内豆于荫屋中，则用汤浇黍穄穰令暖润，以覆豆堆。每翻竟，还以初用黍穰周匝覆盖。若冬作，豉少屋冷，穰覆亦不得暖者，乃须于荫屋之中，内微燃烟火，令早暖，不尔则伤寒矣。春秋量其寒暖，冷亦宜覆之。每人出，皆还谨密闭户，勿令泄其暖热之气也。

[注释]

[1] 谷薿（yì）：指谷壳或谷糠。薿：同"秋""烎"。北方口语中将谷子或麦子碾打脱粒后形成的颖壳称为薿子。 [2] 掊（póu）：扒开铺平。 [3] 蕖（qú）蒢（chú）：粗席。蔽窖：指以粗席覆盖在窖底的谷薿上面。 [4] 掩席覆之：豆子放置完毕后，把原先垫在底下的席子遮掩过来，再用谷薿盖在上面。

[点评]

豆豉是中国四大豆制品之一，但豆豉制作始于何时，至今没有定论。多数人认为，中国的豆豉出现于战国时期，西汉时期豆豉制作和食用已相当普遍了。西汉史游编的儿童启蒙读物《急就篇》有"芜荑盐豉"的句子，司马迁《史记·货殖列传》有"蘖曲盐豉千苔"的记载，班固《汉书·食货志》又有长安樊少翁、王孙卿以豆豉致富的事例。东汉许慎《说文解字》释"豉"为"配盐幽尗也"，说明豆豉是将豆与盐相配，幽闭于瓮中发酵所制成。这里的尗（shū）即"菽"，是上古时期大豆的称呼。上述几条资料表明，豆豉在汉代已成为人们的日常调味品，加工方法基本成熟，还出现了较大规模的商品性豆豉生产。

汉代文献以及相关考古资料还传达出这样一个信息，就是齐鲁一带，豆豉生产向来有名。汉末训诂学家刘熙《释名·释饮食》云："豉，嗜也，五味调和，须之而成，乃可甘嗜也。故齐人谓豉，声如嗜也。"意思是说，"豉"可以调和各种菜品，风味独特，齐人嗜食，于是就用"嗜"的发音来称呼它。这里把豆豉名称的由来与齐人联系起来，反映出豆豉与其饮食生活关系密切。此外，古代社会常以食盐和豆豉作为简单有效的烹饪调味品，于是，便有了专门盛装食盐和豆豉的共享器皿"盐豉共壶"。而目前发现的几件汉代"盐豉共壶"明器，上面都刻有"齐盐鲁豉"的文字，可见汉代前后，齐鲁出产的食盐和豆豉非常有名，用它们作陪葬品可表达对逝者的孝敬之情。古谚语也说，"白盐河东来，美豉出鲁门"（虞世南《北堂书钞》）。总之，汉魏两晋南北朝时期，鲁地出产的豆豉质量上乘，令人称道。

贾思勰为山东齐郡人，自然对齐鲁地区的特产非常关注，加之豆豉是当时最重要的调味品之一，于是专设《作豉法》篇，详细记录和总结豆豉的制作方法，以便于人们学习和利用。另从《要术》记载的菜肴制作方法来看，民间对于"豆豉"与"豉汁"的运用非常广泛，几乎达到了无肴不用的程度。据统计，书中有关豆豉的用法有七十条之多，而用酱作调味品的只有七条。贾氏在书中至少有五六处称豆豉为"香美豉"或"香豉"，而对于用麦豉提取的"豉汁"更是认为"热、香、美，乃胜豆豉"。这些赞美之辞与汉代人的"嗜豉"情结一脉相承。当时豆豉的生产规模也比较大，"三间屋，得作豆百石，二十石为一聚""极少者，犹须十石为一聚"。这明显是一种商品性生产，反映出豆豉的消费需求比较旺盛。

《作豉法》应是贾思勰实地调研得来的，内容具体切实，对于豆豉的制作时间、温度控制、原料选择及处理、工艺等都有详细说明，操作性很强。具体工艺流程如下：大豆→扬簸干净→煮豆→捞出→摊晾→堆积→制曲→翻曲→洗曲→下窨→发酵→曝晒。这是利用米曲霉制曲，然后进行固态无盐发酵，分解蛋白质成为氨基酸、小肽、胨等产物，生产淡豆豉的方法。此外，《要术》还引用了《食经》（公元3—5世纪）的"作豉法"和"作家理食豉法"。前者是一种咸豆豉的生产方法，后者是一种供自家食用的淡豆豉做法，可与贾思勰采访总结的无盐发酵法互相补充。

从作者的记载来看，豆豉加工制作过程中对品温的控制非常关键，要特别用心。"豉法难好易坏，必须细意人，常一日再看之"。如果失于调节而受热，豆豉就会臭烂，连猪狗也不吃；失节伤冷的，尽管还可以想办法回暖，但味道也会变劣。"须留意冷暖，宜适难于调酒"，即必须小心谨慎，掌握合宜的温度，因为制豉比酿酒更难以调节。能够控制好豆豉的品温，进行规模化生产，表明当时已经知道米曲霉生长和分泌蛋白酶的适宜温度，也了解到抑制腐败性细菌生长所需的温度、水分等生理条件。从文中来看，控制品温的办法是翻堆散热，标准是人腋下暖，即36℃左右。翻堆不仅能够散热降温，还可以减少一部分水分，以利于霉菌生长，同时控制细菌的繁殖。若失去节制，手感发烫时，品温已超过40℃，对霉菌生长有害，而有利于细菌繁殖，这样豉胚就会腐烂发臭。

《要术》记载的豆豉制作采用天然制曲，微生物复杂，酶系丰富，豆豉风味好，对后世影响很大。北魏之后，豆豉制作工艺又有不少进步，豆豉品种也有所增加。既有干豆豉、水豆豉及淡豆豉、咸豆豉之分，也有添加各种辅料而形成的葱豉、椒豉、瓜豉、香油豉、十香咸豉等。从发酵类型上看，有曲霉型、毛霉型、根霉型和细菌型等，但仍以曲霉型为主。

在唐代，中国的豆豉生产技术已流传到朝鲜、日本以及菲律宾、印度尼西亚等国家和地区，演变成日本的纳豆（natto，日本细菌型豆豉）和印度尼西亚的天培（tempeh，印度尼西亚根霉型豆豉），并成为当地最具特色的传统食品。日本的"滨豆豉""拉丝豆豉"，印度尼西亚的"田北豆豉""昂巧豆豉"等均享有盛名。

今天，全国依然有不少传统豆豉地方名产，如山东临沂八宝豆豉、江西湖口豆豉、四川三台豆豉、四川水豆豉、湖南浏阳豆豉和广东阳江豆豉等。临沂八宝豆豉，就是在传承古法的基础上，使用大黑豆、茄子、鲜姜、杏仁、紫苏叶、鲜花椒、香油、白酒等八种原料酿制而成的，在明清年间成为贡品，应该与久负盛名的"鲁豉"有渊源关系。若联系《要术》来看，齐鲁地区有豆豉生产的历史传统，"齐盐鲁豉"曾闻名天下，书中所记录的豆豉制作方法，值得今人传承和利用。

脯腊第七十五[1]

作五味脯法[2]：正月、二月、九月、十月为佳。用牛、羊、獐、鹿、野猪、家猪肉。或作条，或作片罢[3]。凡破肉，皆须顺理，不用斜断。各自别搥牛羊骨令碎，熟煮取汁，掠去浮沫，停之使清。取香美豉，别以冷水淘去尘秽。用骨汁煮豉，色足味调，漉去滓。待冷，下盐；适口而已，勿使过咸。细切葱白，捣令熟；椒、姜、橘皮，皆末之，量多少。以浸脯，手揉令彻。片脯三宿则出，条脯须尝看味彻乃出。皆细绳穿，于屋北檐下阴干。条脯浥浥时[4]，数以手搦令坚实。脯成，置虚静库中[5]，着烟气则味苦。纸袋笼而悬之[6]。置于瓮

獐、鹿、野猪今天都属于保护动物，不能随意捕猎。

调配五味骨豉汁，并用它浸透肉料，是重要加工环节。

则郁浥；若不笼，则青蝇、尘污。**腊月中作条者，名曰"瘃脯"**[7]，**堪度夏。每取时，先取其肥者。**肥者腻，不耐久。

[注释]

[1] 脯腊（xī）：混称时都是干肉，分指则有区别。将牛、羊、猪、獐、鹿等大型动物的肉切成条或片干制叫作脯；脯加姜桂等辛香料并轻捶使坚实叫作"锻脩"，"脩"指干肉条；将鸡、鸭、鹅、雁、兔、鱼等小动物整只干制谓之腊。　[2] 五味脯：五香腊肉。五味指葱白、花椒、生姜、橘皮和豉汁，五味脯法以及下文"五味腊法"，都是用这五味来调和。　[3] 罢（bì）：剖析的意思，这里指切成片。　[4] 浥浥：指一种半干半湿的状态。　[5] 虚静库：空闲洁净的贮藏室。静，同"净"，清洁。　[6] 笼：套起来。　[7] 瘃（zhú）脯：指经腊月风冻而成的"腊肉"。瘃，冻疮，这里指将肉冻干。

作度夏白脯法[1]：腊月作最佳。正月、二月、三月，亦得作之。**用牛、羊、獐、鹿肉之精者。**杂腻则不耐久。**破作片罢，冷水浸，搦去血**[2]，**水清乃止。以冷水淘白盐，停取清，下椒末，浸。再宿出，阴干。浥浥时，以木棒轻打**[3]，**令坚实。**仅使坚实而已，慎勿令碎肉出。**瘦死牛羊及羔犊弥精**[4]。**小羔子，全浸之。**先用暖汤净洗，无复腥气，乃浸之。

加白盐、椒末并用木棒轻捶坚实而制成的干肉条，相当于先秦文献中的"脩"。《论语·述而》："自行束脩以上，吾未尝无诲焉。"束脩，十条干肉，用作拜孔子为师的学费。

作甜脆脯法^[5]：腊月取獐、鹿肉，片，厚薄如手掌。直阴干，不着盐。脆如凌雪也。

作鱧鱼脯法：<small>一名鮦鱼也。</small>十一月初至十二月末作之。不鳞不破，直以杖刺口中，令到尾。<small>杖尖头作樗蒱之形</small>^[6]。作咸汤，令极咸，多下姜、椒末，灌鱼口，以满为度。竹杖穿眼，十个一贯，口向上，于屋北檐下悬之，经冬令瘃。至二月三月，鱼成。生刳取五脏^[7]，酸醋浸食之，俊美乃胜"逐夷"^[8]。其鱼，草裹泥封，煻灰中燋之^[9]。去泥草，以皮、布裹而搥之。白如珂雪，味又绝伦，过饭下酒，极是珍美也。

"草裹泥封"煨鱼法，好像源自野外食鱼的经验，类似"叫花鸡"的做法。

[注释]

[1] 白脯：相对"五味脯"而言，就是加工过程中只用盐、椒，不加豆豉等上色增香。　[2] 搦（nuò）：按捏。　[3] 以木棒轻打：加入香辛料后，用木棒轻轻搥打肉条，使其坚实，这就是古时所谓的"锻脩"。下文"鱧鱼脯""五味腊"，也采用此法。　[4] 弥精：指瘦肉更多，非谓更精美。　[5] 甜：北方指不加盐或加盐较少的味道，南方称为"淡"。　[6] 樗蒱之形：指杖的上端削成尖锐形。"樗蒱"，或写作"樗蒲"，亦称"五木"。古代用樗木制成的棋类博戏用具。这种木制掷具两头圆锐，中间平广，如杏仁形。　[7] 刳（kū）：挖出。　[8] 逐夷：即"鱁（zhú）鮧（yí）"，指用盐腌制的鱼肠鱼鳔。　[9] 煻（táng）灰中燋（āo）：埋在热灰中煨熟。

塘灰，很烫的热灰。爊，指在热灰中煨。

五味腊法：腊月初作。用鹅、雁、鸡、鸭、鸧、
鸹、凫、雉、兔、鹌鹑、生鱼[1]，皆得作。乃净
治，去腥窍及翠上"脂瓶"[2]。留"脂瓶"则臊也[3]。
全浸，勿四破。别煮牛羊骨肉取汁，牛羊科得一
种[4]，不须并用。浸豉，调和，一同五味脯法。浸
四五日，尝味彻，便出，置箔上阴干。火炙，熟
搥。亦名"瘃腊"，亦名"瘃鱼"，亦名"鱼腊"。
鸡、雉、鹑三物，直去腥藏，勿开膱[5]。

作脆腊法：腊月初作。任为五味腊者，皆中作，唯
鱼不中耳。白汤熟煮，接去浮沫；欲出釜时，尤须
急火，急火则易燥。置箔上阴干之。甜脆殊常。

作浥鱼法：四时皆得作之。凡生鱼悉中用，唯
除鲇、鳜耳[6]。去直鳃[7]，破腹作鲏，净疏洗，
不须鳞。夏月特须多着盐；春秋及冬，调适而已，
亦须倚咸[8]；两两相合。冬直积置，以席覆之；
夏须瓮盛泥封，勿令蝇蛆。瓮须钻底数孔，拔引去腥
汁，汁尽还塞。肉红赤色便熟。食时洗却盐，煮、
蒸、炮任意[9]，美于常鱼。作鲊、酱、爊、煎悉得[10]。

野生鸟类今天不能随意捕杀。

一种作咸鱼的方法。

[**注释**]

[1] 鸧（cāng）：水鸟名，也叫鸧鸹（guā），鸧鸡。似鹤，苍青色。鸨（bǎo）：同"鸨"，鸟名，形似雁而略大，背上有黄褐色和黑色斑纹，常群栖草原地带，腿长，适于奔跑而不善飞。凫（fú）：又叫野鸭、鹜。雉（zhì）：俗称野鸡。含鸟（ān）鹑：鹌鹑。　[2] 腥窍：指生殖腔。翠：《广韵》释为"鸟尾上肉"。脂瓶：指尾上突出的脂腺。　[3] 臊（sāo）：腥臊，气味难闻。　[4] 科：据《校释》校记，科，疑是"则"字。"则"有"仅""只"义。　[5] 膉：胸部。　[6] 鳠（hù）：鱼名，生活在淡水中，分布于中国南方。　[7] "去直鳃"四句：只去掉鳃，破开腹，斩成两半，洗干净，不用去鳞。据《校释》校记，"去直鳃"，疑为"直去鳃"倒错，是说只去鳃，与下文"不须鳞"（不去鳞）相应。鲏（pí），指将鱼破成两片。　[8] 倚咸：偏咸，稍稍多放些盐。倚，偏重。　[9] 炮（páo）：肉用物包裹起来，在火上烤炙。　[10] 作鲊：将腌鱼再做成鲊。鲊，一种用米饭加盐腌制的鱼块。用相同的方法腌制肉类，也可以叫"鲊"。其特点是利用淀粉糖化之后，最后经乳酸菌作用产生乳酸，有一种酸香味，并有防腐作用。酱：指作成酱鱼。燺：用火煨。煎：油炸。

[**点评**]

脯腊法是古代肉类干制，以延长保质期和食用期的重要方法，起源很早。该篇记载有三种脯法和两种腊法，以"五味脯"为重点。

脯、腊加工技术简单，工序接近，可使肉类保存较长的时间，有的还可以"度夏"，即能在气温较高的夏季保持不坏。在传统社会，这种简便实用的肉品加工贮藏方法，应用比较普遍。另外，脯腊要求选择在气温低的时候制作。"瘃脯""白脯"可度过夏天，必须在腊月作；"甜脆脯"不加任何辅料，直接切片阴干，也是在腊月生产。前二者主要是利用低温抑制微生物的生长，从而延长产品的贮存期。后者则是利用低温进行冷冻脱水，使产品具有脆嫩的口感。

脯腊与今天的腊肉很相似，有明显的传承关系，但又有所不同。其一，脯腊不用烟熏，而很多地方的传统腊肉加工，烟熏是一道重要工序。其二，脯腊只能阴干，而腊肉常常要日晒。其三，脯腊保存的时间相对较短，最长者也只是度夏而已；腊肉则可经年不坏，有的保存时间更长。

齐民要术卷九

炙法第八十

炙，指直接在火上烤肉，游牧民族最为擅长。

炙豚法：用乳下豚极肥者，獳、牸俱得[1]。挦（xián）治一如煮法[2]，揩洗、刮削，令极净。小开腹，去五藏，又净洗。以茅茹腹令满[3]，柞木穿，缓火遥炙，急转勿住。转常使周匝，不匝则偏焦也。清酒数涂以发色。色足便止。取新猪膏极白净者，涂拭勿住。若无新猪膏，净麻油亦得。色同琥珀，又类真金。入口则消，状若凌雪，含浆膏润，特异凡常也。

炙豚即烤乳猪。

烤牛脊、牛腿。

捧炙：大牛用膂[4]，小犊用脚肉亦得。逼火偏炙一面，色白便割；割遍又炙一面。含浆滑美。若四面俱熟然后割，则涩恶不中食也。

烤肉块。

腩炙[5]：羊、牛、獐、鹿肉皆得。方寸脔切。葱白研令碎，和盐、豉汁，仅令相淹。少时便炙，若汁多久渍，则韧。拨火开，痛逼火[6]，回转急炙。色白热食，含浆滑美。若举而复下，下而复上，膏尽肉干，不复中食。

肝炙：牛、羊、猪肝皆得。脔长寸半，广五分，亦以葱、盐、豉汁腩之。以羊络肚膅脂裹[7]，横穿炙之。

牛䏶炙[8]：老牛䏶，厚而脆。划穿[9]，痛蹙令聚，逼火急炙，令上劈裂，然后割之，则脆而甚美。若挽令舒申，微火遥炙，则薄而且肕。

烤羊肉灌肠。

灌肠法：取羊盘肠[10]，净洗治。细剉羊肉，令如笼肉[11]，细切葱白，盐、豉汁、姜、椒末调和，令咸淡适口，以灌肠。两条夹而炙之。割食甚香美。

[注释]

[1] 豮（fén）：公猪。牸（zì）：雌性牲畜，这里指母猪。　[2] 挦（xián）：拔取，这里指拔毛。　[3] "以茅茹腹令满"四句：用茅草塞进小猪腹腔里，塞得满满的，用柞木棒贯穿猪身，在缓火上放远些烤，快速不停地回转着。茹，塞入。柞木，应是柞栎或蒙古栎（学名：*Quercus mongolica* Fisch. ex Ledeb），属壳斗科、栎属，落叶乔木，材质坚硬，耐火烧，主要分布在中国东北、华北、西北各地。　[4] 膂（lǚ）：指整条脊肉。　[5] 腩：这里指将肉类用调料汁加以浸渍。腩后，随即炙烤，称为"腩炙"。　[6] 痛逼火：尽量地靠近火。痛：尽情、彻底。逼：靠近、接近。　[7] 羊络肚䐈（shān）脂：指羊腹部大网膜上的网状油脂，即网油。　[8] 牛肶（xián）：牛百叶。反刍类动物的重瓣胃，通名为"肶"。　[9]"划穿"六句：老牛的百叶，要把它割穿，尽力地挤压使其皱缩聚拢，再靠近火急速地炙烤，让原来割穿的地方裂开口子，然后割下来吃，质脆而味美。蹙（cù），挤压。　[10] 羊盘肠：这里应指羊的大肠。盘肠一般是指小肠，而北方民间传统上使用羊大肠制作灌肠。　[11] 笼肉：指馅子肉。

[点评]

炙，从肉，在火上，指将肉直接在火上烧烤，贾思勰自己所总结的各种炙法，均有此意。如果把《要术》本文的"炙法"与引文加以比较，我们会发现两者的含义有所不同，前者显然受到了游牧民族饮食文化的影响。

该篇引自《食经》和《食次》的炙法，如"炙蚶""炙蛎"等是隔着火烤，"饼炙"则是以油炸饼，并非直接在火上烤肉。另外，《要术》本文和《食经》《食次》的各种炙食，用料和口感要求也有明显不同。贾氏炙烤的食材，常用羊、牛，也用小猪，没有用到鱼、禽；两部引书则多用鱼、鹅、鸭，贝壳类如蚶、牡蛎等也很有特色，偶尔用羊、猪，没有用牛。贾文对烤肉的口感要求是嫩滑油润，忌老硬坚韧，做到半生半熟或七八成熟即可，注意保留食物的养分；引文中的炙法则要求全熟，有的炙后还要煮。

这些差异绝非偶然，应是由南北方饮食习惯之不同而造成的。《食经》《食次》二书应出自南方人手笔，反映的是南方地区的饮食习俗，所以书中未见那些带有游牧民族特点的烹制法及食用法。明末，南方人沈汝纳（士龙）曾说，《要术》中的酪酥、肴馔为"羌煮貊炙，使名庖呕下者"（《秘册汇函》本《要术》"跋"），意思是《要术》记载的一些北方游牧族烹饪法，让内地名厨非常嫌弃。这反映出有些南方民众对游牧族的饮食习惯，比较排斥。

而在贾思勰所生活的黄河中下游地区，地理上与北方游牧区毗邻，农牧文化碰撞与交流频繁。北魏时期，鲜卑族拓跋氏入主中原，统治北方一百多年，游牧民族的饮食习惯也影响了中原人的日常生活。贾氏记载了不少胡食的做法，尤其是各种肉食、乳制品的加工烹制以及食用方法，应该都与北方游牧民族的饮食文化传入中原，并逐渐被接受有密切关系。

除了脯腊、炙法以外，《要术》卷八和卷九还有其他多种肉食加工法，如作鱼酢、羹臛法、蒸缹法、胚腤煎消法、脎奥糟苞等，其中的资料大多来自《食经》和《食

次》两部文献，本书未录。此外，我们还可以从考古发现
的汉代及魏晋古墓壁画中，了解到当时北方地区各种食品
加工烹饪的情景，加深对《要术》相关内容的理解（图9-1）。

图9-1　山东诸城前凉台汉画像石上的"庖厨图"

《释名·释饮食》："饼,并也,溲面使合并也。"饼,即水与面合并的意思。

制作白饼、烧饼、髓饼的资料均引自《食经》。文中未提白饼是水煮、蒸制还是烤制的。

胡饼是汉唐文献中最负盛名的饼食,相当于今天的芝麻烧饼。其得名一说缘自表面撒有胡麻(芝麻),一说缘自西北胡人。《食经》不提胡饼,却提到"胡饼炉"。也许是因其主要为西北人所食,而南方不常见。

饼法第八十二 [1]

《食经》曰 [2]："作饼酵法 [3]:酸浆一斗,煎取七升;用粳米一升着浆,迟下火 [4],如作粥。六月时 [5],溲一石面,着二升;冬时,着四升作。"

"作白饼法 [6]:面一石。白米七八升,作粥,以白酒六七升酵中 [7],着火上。酒鱼眼沸,绞去滓,以和面。面起可作。"

"作烧饼法 [8]:面一斗。羊肉二斤,葱白一合,豉汁及盐,熬令熟。炙之 [9]。面当令起。"

"髓饼法:以髓脂、蜜,合和面。厚四五分,广六七寸。便着胡饼炉中,令熟。勿令反复 [10]。饼肥美,可经久。"

［注释］

[1] 饼：凡溲和面粉、米粉做成的面米食品，古时都叫"饼"，与今称的概念有所不同，如馒头叫"蒸饼""笼饼"，面条叫"索饼""水引饼"等。　[2]《食经》：古代关于食物贮藏加工的专书，据说是北魏崔浩所撰，原书已佚。《要术》收录有未署作者姓名的《食经》内容，包括酿酒、制酱、作豉、臛羹法、蒸焦法、饼法、炙法、粽法、麦饭法、葵菹法、藏瓜法等大量条文，内容相当丰富。　[3] 饼酵：发面酵，俗名酵子、老酵、起子。　[4] 迟下火：多煮一会，迟些下火。　[5]"六月时"五句：六月里，和一石面粉，用二升酵子；冬天，用四升酵子。　[6] 白饼：不加作料的白面饼。　[7] 酵中：据《校释》校记，该词不可解，应是"酘中"之误，指将白醪酒加入粥中作酵母。　[8] 烧饼：指加肉馅炕熟的饼，不是现在所称的无馅"烧饼"。　[9] 炙：炕、烤。　[10] 勿令反复：烧饼一面贴在炉壁上炕熟，自然不能两面翻覆。

細環餅、截饼：環饼一名"寒具"[1]。截饼一名"蝎子"[2]。皆须以蜜调水溲面；若无蜜，煮枣取汁；牛羊脂膏亦得；用牛羊乳亦好，令饼美脆。截饼纯用乳溲者，入口即碎，脆如凌雪。

餲餻[3]：起面如上法。盘水中浸剂[4]，于漆盘背上水作者，省脂，亦得十日软，然久停则坚。干剂于腕上[5]，手挼作，勿着勃。入脂浮出，即急翻，以杖周正之，但任其起，勿刺令穿。熟乃

《本草纲目》卷二十五："寒具，即今馓子也。""冬春可留数月，及寒食禁烟用之，故名寒具。又因其整体形状像环形，故称环饼。"

类似于今天北方油饼的做法。

出之，一面白，一面赤，轮缘[6]亦赤，软而可爱。久停亦不坚。若待熟始翻，杖刺作孔者，泄其润气，坚硬不好。法须瓮盛，湿布盖口，则常有润泽，甚佳。任意所便，滑而且美。

[注释]

[1]寒具：以小麦面粉为主料的油炸馓子，因其能贮存较长时间，可供冬春季节和寒食节食用，故名。它用的是"溲面"，即经过发酵的面，和面时还要加入蜂蜜或牛羊油等配料，油炸时膨化程度较高，吃起来很松脆。　[2]蝎子：一种头大尾小、形状像蝎子的油炸食品，属麻花类。　[3]餢（bǒu）䭔（tǒu）：一种油炸圆饼，类似今天北方人仍在吃的"油饼"。　[4]剂：面剂子、小面团。　[5]"干剂于腕上"三句：将干面团用手拉抻成圆形，放在手上，大小到手腕部位，不要放面粉。挽，拉抻。勃，指面粉。　[6]轮缘：圆饼的边缘。

水引、馎饦法[1]：细绢筛面，以成调肉臛汁，待冷溲之。水引：挼如箸大[2]，一尺一断，盘中盛水浸；宜以手临铛上，挼令薄如韭叶，逐沸煮。馎饦：挼如大指许，二寸一断，着水盆中浸，宜以手向盆旁挼使极薄，皆急火逐沸熟煮。非直光白可爱，亦自滑美殊常。

类似于今西北扯面和揪面的做法。

切面粥、一名"棋子面。䅉䄫粥法[3]：刚溲面，揉令熟，大作剂，挼饼粗细如小指大。重萦于干面中[4]，更挼如粗箸大。截断，切作方棊。簸去勃，甑里蒸之。气馏，勃尽，下着阴地净席上，薄摊令冷，挼散，勿令相黏。袋盛，举置[5]。须即汤煮，别作臛浇，坚而不泥。冬天一作得十日[6]。

　　豂𥻘：以粟饭馈，水浸，即漉着面中，以手向簸箕痛挼，令均如胡豆。拣取均者，熟蒸，曝干。须即汤煮，笊篱漉出[7]，别作臛浇，甚滑美。得一月日停。

一种蒸制晾干的方块状面食，属方便食品。

一种蒸熟晒干的颗粒状方便面食。

[注释]

[1] 水引：面条。馎（bó）饦（tuō）：也作"䬪饦"，又作"不托"，相当于手撕面片。宋程大昌《演繁露》："古之汤饼，皆手搏而擘置汤中。后世改用刀儿，乃名'不托'，言不以掌托也。" [2]"挼如箸大"六句：将面揉搓成筷子粗细的条，再切成一尺长的段，放在盘子里用水浸着；手应靠近铛上边，把面条按压得如韭菜叶那样厚薄，赶着沸水去煮。挼（ruó），用手揉搓、挤压。箸（zhù），筷子。 [3] 豂（luò）𥻘（suǒ）：应是一种面粉裹粟饭粒，蒸熟晒干后制成的颗粒状方便食品。《集韵》释为"粟粥"。 [4] 重萦：来回盘绕。 [5] 举置：收藏放好。举，这里作"藏"解释。 [6] 冬天一作得十日：冬天作一次可以保存十天。下文"得一月日停"，指可以保存一个月。 [7] 笊（zhào）篱：

用竹篾、柳条等编成的勺形捞具，有漏水眼，用于在汤里捞取食物，其功能相当于漏勺，今北方口语中仍有此称呼。

"粉饼"，用精白度很高的米粉为原料做成，类似于今日的"米线"。

豚皮饼类似一种陕西凉皮的做法。文中是将铜钵中的热面饼倒入锅中煮熟，然后捞出来放入冷水中。陕西凉皮的做法是将盛有面水的白铁圆盘浮在开水上，直接将面饼烫熟，然后提出白铁盘，放进冷水中，待其中的面饼冷却后揭下来。面饼摊好后切成条，加入醋汁、辣椒等调料食用。

粉饼法：以成调肉臛汁，接沸溲英粉[1]，若用粗粉，脆而不美；不以汤溲，则生不中食。如环饼面，先刚溲，以手痛揉，令极软熟；更以臛汁溲，令极泽铄铄然[2]。割取牛角，似匙面大，钻作六七小孔，仅容粗麻线。若作"水引"形者，更割牛角，开四五孔，仅容韭叶。取新帛细绌两段[3]，各方尺半，依角大小，凿去中央，缀角着绌。以钻钻之，密缀勿令漏粉。用讫，洗，举，得二十年用。裹盛溲粉，敛四角，临沸汤上搦出[4]，熟煮。臛浇。若着酪中及胡麻饮中者[5]，真类玉色，积积着牙[6]，与好面不殊。一名"搦饼"。着酪中者，直用白汤溲之，不须肉汁。

豚皮饼法：一名"拨饼"。汤溲粉[7]，令如薄粥。大铛中煮汤；以小勺子挹粉着铜钵内，顿钵着沸汤中[8]，以指急旋钵，令粉悉着钵中四畔。饼既成，仍挹钵倾饼着汤中，煮熟。令漉出，着冷水中。酷似豚皮。臛浇、麻、酪任意[9]，滑而且美。

[注释]

[1] 英粉：指精白度很高的米粉，即"白米英粉"（见卷五《种红蓝花栀子》）。 [2] 铄（shuò）铄然：浓稠却可以流动的样子。 [3]"取新帛细绅两段"五句：取两段新织的白色细绸，每段一尺半见方。按牛角片的大小，把绸子的中心剪去一块，将牛角片缝在绸上。绅，同"绸"。缀，缝合、连接。 [4] 搦（nuò）出：用力挤压出来。 [5] 胡麻饮：芝麻糊。 [6] 稹（zhěn）稹：细腻黏软。 [7] 汤溲粉：用热水调和英粉。 [8] 顿钵：将铜钵放入沸汤中。顿，停放。 [9]"臛浇、麻、酪任意"：是说用肉羹浇上吃，或者下在芝麻糊里、奶酪里吃，随人意愿，嫩滑而美味。

[点评]

饼以面粉或米粉制成，在先秦时即已有之。汉代饼食已很普遍，饼的种类很多，城市中还常见卖饼之家，《汉书·宣帝纪》载，宣帝每到一家饼店买饼，店家销量就会大增。《后汉书》卷九十四记载了东汉经学家赵岐曾在街市上卖饼的故事。东汉刘熙《释名》卷四《释饮食》中说，蒸饼、汤饼、蝎饼、髓饼、金饼、索饼之属，都是按照形状来取名的。东汉《四民月令》则提到煮饼、水溲饼、酒溲饼。不过，汉代的饼似乎都是死面饼，尚未见到发面饼的具体记载。发面技术的发明、应用或者说发面饼的出现，当在魏晋南北朝时期，这在《要术》一书中有明确反映。

《要术》记载的饼法（包括所引《食经》《食次》的饼法），有名称的共计十五种。依贾氏所记顺序，这些饼大致可分为烘烤、油炸、水煮三类。烘烤类包括白饼、烧饼、髓饼三种；油炸类包括膏环、粲（一名乱积）、鸡鸭子饼、细环饼（一名寒具）、截饼（一名蝎子）、饆饠六种；水煮类包括水引、馎饦、切面粥（一名棋子面）、䅹䭔、粉饼（一名搦饼）、豚皮饼（一名拨饼）六种。可以看出，《要术》中关于饼的概念，与今天明显不同，实际上包括所有面食以至米粉类食品。其中有些饼的名称也与当今所指有所不同，但大多数饼还能与当今人们所熟知的食品对应起来，或者具有传承关系。

值得注意的是，《要术》中没有记载"蒸饼"，或者说类似于今天的"蒸馍""馒头"这类食品。该篇所讲的"饆饠"，是用起面作的一种油炸圆饼，即今天北方依然常见的"油饼"，显然不是蒸饼或馒头。蒸饼之名，汉代刘熙《释名》已有记载。西晋束皙《饼赋》中则有曼（馒）头的叫法，况且当时有人"蒸饼上不坼作十字不食"（《晋书》卷三十三），即蒸饼上面没有开裂成十字形就不吃。这种上面开裂的蒸饼今俗称"开花馒头"，应是用酵母发面，大火蒸成的，其口感较好。相比油炸饼而言，蒸饼是烧水"笼蒸而熟"，既简单又经济，在《要术》之前，民间制作蒸饼应很普遍，且方法已成熟了。

有一种说法是，《要术》本来记有蒸饼，但后来的版本中缺失了。唐代段公路《北户录》卷二《食目》中记有"曼头饼"和"浑沌饼"，唐崔龟图注："《齐民要术》书上字。"这说明唐本《要术》中原有如上写法的两种饼，但今本《要术》却没有，显然已佚阙。

我们推想，贾思勰之所以没记蒸饼，也可能是因为它太普通了，北方人家都会做，没有必要将其加工方法写在书中。有趣的是，后来《水浒传》中的武大郎就以卖炊饼为生。他所卖的炊饼即蒸饼或馒头，卖炊饼的地方则在清河县城。对于该小说中的清河县，有人说在山东，有人说在河北，但总不出这两个省的范围。就是说，在山东、河北这样的小麦产区，炊饼的历史源远流长。

总之，《要术》所记的饼法名目众多，反映出当时南北各地以面粉和米粉为原料的食品加工制作已达到较高水平，并对后世中国面食文化的发展产生了很大影响。

粽䊦法第八十三[1]

北方糯米少，且缺箬叶，当时就用茭白叶包裹粘糜子来做粽子。据说用淳浓灰汁来煮，粽子就会有一种特殊的香味和好看的颜色。

用"阴阳"观念来解释五月五日及夏至食粽的意义。

《风土记》注云[2]："俗先以二节一日，用菰叶裹黍米，以淳浓灰汁煮之，令烂熟，于五月五日、夏至啖之[3]。黏黍一名'粽'[4]，一曰'角黍'，盖取阴阳尚相裹未分散之时象也。"

《食经》云："粟黍法[5]：先取稻，渍之使释。计二升米，以成粟一斗[6]，着竹筥内[7]，米一行，粟一行，裹，以绳缚。其绳相去寸所一行[8]。须釜中煮，可炊十石米间，黍熟。"

《食次》曰[9]："䊦：用秫稻米末，绢罗，水、蜜溲之，如强汤饼面。手搦之，令长尺余，广二寸余。四破，以枣、栗肉上下着之，遍与油涂，竹箬裹之，烂蒸。奠二[10]，箬不开，破去两头，解去束附。"

[注释]

[1] 粽（zòng）：粽子。䊚（yē）：就本条所记，应是一种竹箬包裹的条形嵌果肉糯米粉蒸糕。粽与䊚为同类食品。　[2]《风土记》：西晋周处撰，书已佚，内容在其他书中有征引。　[3] "俗先以二节一日" 五句：习俗是在端午、夏至两个节日的前一天，用茭白叶子包裹黍米粽子，拿纯净浓厚的草木灰汁来煮，煮到熟透，在五月初五、夏至这两个节日吃。以，作 "于" 解释，指在二节的前一日。二节，指端午、夏至两个节日。菰叶，即茭白叶子。　[4] "黏黍一名'粽'" 三句：是说黏黍称 "粽"，又叫 "角黍"。粽子这样包起来，应是取法于阴阳二气还相互包裹着没有分散开来的时令现象。　[5] 粟黍：是 "角黍" 的代称，下文 "黍熟" 也是指角黍熟了。　[6] 成粟：整治好的粟米。　[7] 筊（xì）：竹笋。《今释》疑是 "箬" 或 "篛" 之误。　[8] 其绳相去寸所一行：相隔一寸左右缠一道绳。寸所：一寸左右。　[9]《食次》：中国古代的一部食品加工与烹饪书，作者不详，约为南北朝或更早的著作。原书早已失传，只有部分文字或肴馔名称被其他古籍录存。《要术》标明引自《食次》的肴馔有熊蒸、脭炙、苞朡、膏环、䊚、煮糫、折米饭、葱韭羹、油豉、薤白蒸、瓜菹、白茧糖等 40 余种。　[10] "奠二" 四句：是说上席时盛上两个，箬叶不要打开，只破开两头，解掉缚着的绳子就可以了。奠，指盛放、放置。

[点评]

粽子，古又称 "角黍" "裹蒸" "包米" 等，是一种用箬叶或芦叶、槲叶等包裹黏黍或糯米，经过蒸煮而成的食品，多呈三角形或四角形，也是中国端午节的传统节庆食品。

粽子出现很早，最初用于祭祀祖先和神灵。到了汉代，端午节包粽子、食粽子已成为一种民间习俗。魏晋南北朝时期，五月五日吃粽子的习俗非常盛行，文献中还出现了端午节吃粽子祭祀屈原的传说。《要术》设《粽䉽法》专篇，引用了《风土记》《食经》及《食次》的三条粽法，内容不多却独立成篇，具有重要的民俗学价值。

从前两条引文来看，北方缺少糯米，当时的粽子多是用黍米和粟米包成的。南北朝之后，人们开始更多地使用糯米来包粽子，粽子的种类也逐渐增多，食粽习俗盛行不衰。北宋《岁时杂记》曰："端午粽子名品甚多，形制不一，有角粽、锥粽、菱粽、筒粽、秤锤粽。"明李时珍《本草纲目》总结说："糉，俗作粽。古人以菰芦叶裹黍米煮成，尖角，如棕榈叶心之形，故曰粽，曰角黍。近世多用糯米矣。今俗，五月五日以为节物，相馈送，或言为祭屈原。作此投江，以饲蛟龙。"在历史上，中国的粽子习俗还先后传播到朝鲜、日本及东南亚诸国，对其饮食文化产生了重要影响。

今天，粽子制作无论是粽叶选材还是馅料搭配等，都更加丰富多彩，并保持一定的地域特色。从馅料看，北方以糯米配枣肉的枣粽较为流行，南方则有糯米配豆沙、鲜肉、火腿、蛋黄、八宝等多种馅料。端午节吃粽子的风俗，数千年盛行不衰，相关节庆文化也得以延续和传承。

醴酪第八十五

煮醴酪[1]：昔介子推怨晋文公赏从亡之劳不及己[2]，乃隐于介休县绵上山中[3]。其门人怜之，悬书于公门。文公寤而求之[4]，不获，乃以火焚山。推遂抱树而死。文公以绵上之地封之，以旌善人[5]。于今介山林木，遥望尽黑，如火烧状，又有抱树之形。世世祠祀[6]，颇有神验。百姓哀之，忌日为之断火，煮醴酪而食之，名曰"寒食"[7]，盖清明节前一日是也。中国流行，遂为常俗。然麦粥自可御暑[8]，不必要在寒食。世有能此粥者，聊复录耳。

"寒食"在清明节前一天或两天，但在历史上它持续的时日是有变化的。据《后汉书·周举传》记载：东汉时太原等地的旧俗是冬季冷食一月，断火时日过长，又在冷天，民众多有冻饿而死者。周举为并州刺史，曾予以革除，此后冷食时日减少。这种习俗后来传播到南方地区，并流行开来。据南北朝梁宗懔《荆楚岁时记》记载，寒食节南方要禁火三日，以饴大麦粥为食。

[注释]

[1]醴酪：一种呈果冻状的饴糖杏仁大麦粥，用麦芽糖调和杏仁汁再加入穬麦米煮成，是供寒食节吃的。醴，本来是带滓的甜米酒，这里指一种液态的麦芽糖食品。酪，本来是奶酪，这里指一种像奶酪样的凝固状杏仁汁。醴酪实际上是把二者混合加工而成的。　[2]介子推：介之推，春秋时晋国名臣。相传，晋国公子重耳逃亡在外十九年，介子推是伴从者之一，有割股啖君之功。后重耳回国为君（即晋文公），论功行赏，却把介子推忘记了，他就带着母亲隐居在介休绵上的山林中。晋文公意识到了自己的错误，又求贤不得，于是就用放火烧山的办法逼他出来，结果反而把介子推烧死了。文公非常悲痛，封绵山为介推田，敕令子推忌日百姓不得烧火煮饭，只吃寒食，遂为寒食节。事见《左传·僖公二十四年》《国语·晋语》等。　[3]介休县：今山西省介休县。绵上：古地名，在界休县南，其地有山，称绵山，后亦名介山。　[4]寤：通"悟"，醒悟、觉悟。　[5]旌：表彰。善人：指有道德的人。　[6]祠祀：在祠庙祭祀。　[7]寒食：传统节日，民间有禁烟火、吃冷食的习俗，在清明节前一日或两日。源于春秋时期，传说是为纪念介子推而设。历史上，寒食清明两节相近，后来便合为一个节日。　[8]"然麦粥自可御暑"四句：麦粥本来就可以解暑，不一定要在寒食节吃。现在有会煮这种粥的人，所以我就把它的做法记录下来。

治釜令不渝法[1]：常于谙信处买取最初铸者[2]，铁精不渝，轻利易燃[3]。其渝黑难燃者，皆是铁滓钝浊所致。治令不渝法：以绳急束蒿，斩两头令齐。着水釜中，以干牛屎燃釜，汤暖，以蒿三遍净洗。抒却水[4]，干燃使热[5]。买肥猪肉脂合皮大如手者三四段，以脂处处遍揩拭釜，察作声[6]。复着水痛疏洗，视汁黑如墨，抒却。更脂拭，疏洗。如是十遍许，汁清无复黑，乃止；则不复渝。煮杏酪，煮饧，煮地黄染[7]，皆须先治釜，不尔则黑恶。

铁锅一般用生铁铸成，烧水煮饭，必不可少。像其他铸铁器具一样，铁锅难免有砂眼、气孔、缩孔以及夹渣、杂质等，表面也不会很光滑，这些都会影响锅的使用，甚至造成铁锅渗水漏水。所以，不仅新锅的购买和挑选有一定讲究，而且新锅使用前，还要经过一番打磨和擦洗。

[注释]

[1]釜（fǔ）：古代的一种锅，圆底无足，必须安置在炉灶之上或是以其他物体支撑起来，才能煮饭烧水。渝：改变，这里指变黑，即新的铸铁锅褪出灰黑色杂质，污染食物。　[2]谙信处：熟识且信得过的地方。谙（ān），熟悉、精通。　[3]轻利易燃：指铁锅轻薄导热快，容易烧热。　[4]抒却：倒掉。　[5]干燃：空锅干烧。　[6]察作声：应指在揩拭过程中，仔细听铁锅所发出的声音。好锅声音清亮圆润，有砂眼或裂纹的锅则会发出烂音。　[7]煮地黄染：煮地黄取汁作染料。

煮醴法：与煮黑饧同[1]。然须调其色泽，令汁味淳浓，赤色足者良。尤宜缓火，急则焦臭。传曰[2]："小人之交甘若醴"，疑谓此，非醴酒也[3]。

煮杏酪粥法：用宿穬麦[4]，其春种者则不中。预前一月，事麦折令精[5]，细簸拣。作五六等，

《庄子·山木》曰："且君子之交淡若水，小人之交甘若醴；君子淡以亲，小人甘以绝。"意思是交朋友不能有功利性，酒肉朋友不长久。

据《校释》校记，"其大如胡豆者"，应指杏仁。但是上下文有错简，疑应作："……事麦折令精，细簸拣。如上治釜讫，先煮一釜粗粥，然后净洗用之。打取杏人，作五六等，必使别均调，勿令粗细相杂，其大如胡豆者，粗细正得所。曝令极干。以汤脱去黄皮，熟研，以水和之，绢滤取汁。"惟杏仁拣作五六等，还要均匀而不混杂，为什么要这样处理，依然不能理解，文句当有脱误。

必使别均调，勿令粗细相杂，其大如胡豆者，粗细正得所。曝令极干。如上治釜讫，先煮一釜粗粥，然后净洗用之。打取杏人[6]，以汤脱去黄皮，熟研，以水和之，绢滤取汁。汁唯淳浓便美，水多则味薄。用干牛粪燃火，先煮杏人汁，数沸，上作豚脑皱[7]，然后下穬麦米。唯须缓火，以匕徐徐搅之，勿令住。煮令极熟，刚淖得所[8]，然后出之。预前多买新瓦盆子容受二斗者，抒粥着盆子中，仰头勿盖。粥色白如凝脂，米粒有类青玉。停至四月八日亦不动[9]。渝釜令粥黑，火急则焦苦，旧盆则不渗水，覆盖则解离。其大盆盛者，数卷亦生水也[10]。

[**注释**]

[1]黑饧：用青麦芽饼糵熬制成的青黑色饴糖。　[2]传曰：古书上说。　[3]醴酒：带滓的甜米酒。　[4]宿穬麦：越冬穬麦。《要术》所称的"穬麦"是皮大麦，不是裸大麦（或称元麦、青稞）。　[5]事麦折令精：指彻底舂去大麦外皮。折，折（shé）损。皮大麦的籽粒与稃壳粘连紧密，舂磨时不易脱粒，折损也大。　[6]杏人：杏仁。　[7]上作豚脑皱：沸汤上面形成像猪脑那样的皱褶。　[8]刚淖得所：指稀稠软硬合适。刚，坚硬。淖，湿润、柔和。　[9]停：存放。不动：不变质。　[10]数卷亦生水：指多次舀取搅动，也会使胶冻状的杏仁酪粥解离而产生水分。卷，

疑是"把"的形似之误。

[点评]

"醴酪"属粥类食品，从该篇的记载来看，它的产生与寒食节有关，熬制也有一定讲究。

"醴"，是用缓火熬成的一种带渣麦芽糖稀，贾思勰指明它不是甜米酒的醴。据《吕氏春秋·重己》高诱注："醴者，以蘖与黍相醴，不以曲也，浊而甜耳。"可见醴就是用麦芽糖化黍饭而制成的有甜味的稀粥。

"杏酪粥"是文中记述的重点，制作较为复杂。从所用原料看，这种粥实际上是一种大麦粥，只是在制作过程中要使用杏仁汁作为凝固剂。其制作过程大致可分为四个步骤：第一步，提前将大麦粒舂捣去皮壳，并仔细簸拣；同时，将精挑细选的杏仁晒干备用。第二步，在釜中初煮麦仁，捞出洗净待用；杏仁要脱去黄皮，研细后加入适量水的调和，滤出杏仁汁。第三步，把杏仁汁倒在釜中用牛粪火煮成胶冻状，加入煮过的麦仁，继续缓火熬煮，并用长柄浅勺不停地慢慢搅动。第四步，将煮好的杏酪粥装入提前准备好的新瓦盆中，瓦盆不要太大，每个能装二升即可。据说，这样制成的杏酪粥"白如凝脂，米粒有类青玉"，从寒食节放到四月八日也不会变坏，可供食用二十多天。

从书中可以看出，杏酪粥对原料加工要求高，作法也很精细，不是为普通老百姓准备的，更像是有钱人才能够享用的保健养生粥。不过，贾思勰在注文中提到的麦粥，应是平民老百姓日常的粥食。实际上，古代除了麦粥以外，还有豆粥、粟米粥、黍米粥、稻米粥等，其中粟米粥、黍米粥在《要术》其他篇章中出现过。粟、黍北魏时期仍是北方地区的主粮，民间用它们来熬粥应当很常见。而稻米粥当时似乎只有北方的富裕人家才能吃得上，穷人家日常只能吃麦粥。与此相关，古人守孝常以麦粥充饥，以寄托哀思之情，史书中有不少这样的事例。

《陈书》卷二十六《徐孝克传》记载："孝克性清素，好施惠，故不免饥寒……。家道壁立，所生母患，欲粳米为粥，不能常办。母亡之后，孝克遂常啖麦。有遗粳米者，孝克对而悲泣，终身不复食之焉。"意思是，徐孝克对母亲很孝顺，其母患病后，想吃粳米粥，但因家里穷而吃不起。后来母亲去世，他自己就经常吃麦粥。有人来给他送粳米，他便想起了母亲食粳米而不得的情景，不由得对着来人伤心地哭了，从此再也不食粳米。

作菹、藏生菜法第八十八[1]

葵、菘、芜菁、蜀芥咸菹法[2]：收菜时，即择取好者，菅、蒲束之[3]。作盐水，令极咸，于盐水中洗菜，即内瓮中。若先用淡水洗者，菹烂。其洗菜盐水，澄取清者，泻着瓮中，令没菜把即止，不复调和。菹色仍青[4]，以水洗去咸汁，煮为茹，与生菜不殊。

其芜菁、蜀芥二种，三日抒出之[5]。粉黍米，作粥清[6]，捣麦𪍿作末，绢筛。布菜一行，以𪍿末薄坌之[7]，即下热粥清。重重如此，以满瓮为限。其布菜法：每行必茎叶颠倒安之。旧盐汁还泻瓮中。菹色黄而味美。

咸菹即盐腌菜。腌菜一般在秋季进行，主要供冬季缺乏蔬菜时食用。这几种叶菜菹在民间最为常见，所以被排在篇首。

古人对盐水的灭菌作用已有感性认识。食盐具有高渗透压，高浓度盐水能使附着在蔬菜上的微生物，因失水而造成生理干燥，难以生存。盐水浓度越大，防腐效果越佳。

经过发酵的盐渍菜，菜色发黄，有酸香味。加入粥清主要是为了促进发酵，产生较多的乳酸。这些经过乳酸发酵的腌菜，应与今天的酸白菜及泡菜类似。

作淡菹[8]，用黍米粥清，及麦䴷末，味亦胜。

［注释］

[1] 菹：指腌菜，包括盐腌菜和酸泡菜等，主要利用盐渍和乳酸发酵加工而成。　[2] 菘（sōng）：应是一种散叶大白菜，适合作腌菜。　[3] 菅：菅草［学名：*Themeda villosa*（Poir.）A. Camus］，禾本科，多年生草本，叶片细长，可用于缠束物品。蒲：香蒲（学名：*Typha orientalis* Presl.）香蒲科香蒲属，多年生水生或沼生草本植物，叶片狭长，可用于编织蒲席、蒲包等，也可扎束物品。　[4]"菹色仍青"四句：腌好的咸菹菜，颜色仍然是绿的，用水洗去咸汁，煮作菜来吃，和鲜菜没有两样。这主要是因为高浓度的盐分渗入蔬菜细胞后，能抑制果胶酶及原果胶酶对细胞组织的分解作用，从而避免腌制过程中蔬菜的软烂，保持腌菜的脆嫩。同时，"咸菹"是非发酵性腌渍，蔬菜的叶绿素得以保持，因而产品能达到"菹色仍青"的效果。茹，泛指蔬菜。　[5] 抒出：取出。　[6] 粥清：粥上层澄出的清汁，即青粥浆，含有多量淀粉，腌菜时可弥补蔬菜中碳水化合物的不足。淀粉经糖酵解，再经过乳酸菌作用，产生乳酸，从而使腌菜具有酸香味，并保持长时间不坏。　[7] 坋（bèn）：同"坌"，尘埃。这里指撒上一层麦䴷粉末。　[8] 淡菹：以清水渍，不加盐，经乳酸发酵而成。

汤菹腌制，除了用盐以外，还要用醋，并加入胡麻油。

作汤菹法[1]：菘菜佳，芜菁亦得。收好菜，择讫，即于热汤中炸出之。若菜已萎者，水洗，漉出，经宿生之，然后汤炸。炸讫，冷水中濯之[2]，盐、醋中；熬胡麻油着。香而且脆。多作者，亦得至春不败。

醸菹法^[3]：菹，菜也。一曰：菹不切曰"醸菹"。用干蔓菁，正月中作。以热汤浸菜冷柔软，解辫^[4]，择治，净洗。沸汤炸，即出，于水中净洗，复作盐水暂度^[5]，出着箔上。经宿，菜色生好。粉黍米粥清，亦用绢筛麦麹末，浇菹布菜，如前法；然后粥清不用大热^[6]。其汁才令相淹，不用过多。泥头七日，便熟。菹瓮以穰茹之，如酿酒法。

作卒菹法^[7]：以酢浆煮葵菜，擘之，下酢，即成菹矣。

藏生菜法：九月、十月中，于墙南日阳中掘作坑，深四五尺。取杂菜，种别布之，一行菜，一行土，去坎一尺许，便止。以穰厚覆之，得经冬。须即取，粲然与夏菜不殊。

醸菹、卒菹是把菜烫熟或煮熟后腌制，但发酵程度不一样，风味自然有差别。

据《校释》，到"藏生菜法"止，《要术》本文的作菹和鲜藏生菜法叙述完毕，此后几乎全是引用《食经》《食次》及《四民月令》等书中的材料，其间补充贾氏总结的"世人作葵菹不好"的原因，以及作"木耳菹"的方法。

[注释]

[1]汤菹：烫菜做成的菹，即腌菜之前先用开水将蔬菜淖过，加盐、醋发酵而成。　[2]濯（zhuó）：冲洗。　[3]醸菹：此菹加麦麹和粥清腌酿，泥瓮、保温方法与酿酒相似。　[4]解辫：指将收割时编的蔓菁辫子解开来。　[5]度：通"渡"，指在盐水中过

一下。　[6] 然后：据《校释》校记，后（後），疑为"浇"，或是衍文。　[7] 卒菹：指煮过后临时拌成的酸味菜。卒，同"猝"，急速、速成。

专门提出作葵菹的问题，反映出葵菜和葵菹的重要性。

据宋代《集韵》和《类篇》解释，"糣"有两种含义：一是"糁"，《要术》中有"时时糣之"；二是指"粽子"，南齐虞悰作扁米糣。后世大多数人都把糣视为粽子，如陆游《春晚叹》诗："便当裹米糣，烂醉作端午。"

世人作葵菹不好，皆由葵太脆故也。菹菘，以社前二十日种之[1]；葵，社前三十日种之。使葵至藏[2]，皆欲生花乃佳耳。葵经十朝苦霜，乃采之。秫米为饭，令冷。取葵着瓮中，以向饭沃之[3]。欲令色黄，煮小麦时时糣之[4]。

木耳菹：取枣、桑、榆、柳树边生犹湿软者，干即不中用。柞木耳亦得。煮五沸，去腥汁，出置冷水中，净淘。又着酢浆水中洗，出，细缕切。讫，胡荽、葱白，少着，取香而已。下豉汁、酱清及酢，调和适口，下姜、椒末。甚滑美。

［注释］

[1] 社前：秋社之前。社，这里指秋社，日子在秋分前后。　[2]"使葵至藏"二句：是说让葵菜长到接近收获，都要开花的时候就好了。　[3] 以向饭沃之：以前面作好的秫米饭浇上去。向，从前。　[4] 糣（sè）：即"糁"，煮熟的米粒。这里作动词用，指在腌菜上面随时撒上些煮熟的小麦粒。

［点评］

中国古代所称的"菹"，相当于今天的盐腌菜、泡菜等。它实际上是利用腌渍及发酵的办法来保藏蔬菜，使其不易腐烂变质。这样做主要在于解决蔬菜的季节性丰歉问题，还可改进某些蔬菜的口感和风味。

作菹的方法由来已久，《诗经·小雅·信南山》中已有"田中有庐，疆埸（yì）有瓜，是剥是菹，献之皇祖"的句子。《周礼·天官·醢人》则记载了菁菹、茆菹、芹菹等七种菹菜。这些年来在河北、浙江等地考古遗址中发现汉代的泡菜坛，形制已与今天没有多大差别，说明作菹的方法很早就成熟了。《要术》时代，作菹已成为普遍的蔬菜加工手段。

该篇总结了北魏及其以前多种叶菜及瓜菜的腌制保藏法，归结起来包括咸菹、淡菹、汤菹、酿菹、卒菹等五种类型。咸菹，简单来说就是用很浓的盐水将菜腌起来瓮藏，以葵、菘、芜菁、蜀芥制作咸菹，大约是最常见的，所以贾思勰将其置于篇首。其中葵菹在咸菹中排在第一位，作者还分析了世人作葵菹不好的原因和解决办法，反映出葵菜在人们生活中的重要性。

用作腌制的叶菜，在采收时要择取好菜，再用菅草或蒲草捆扎成小把，这样可以保证腌菜的品质，并便于以后取用和贮藏。菜下瓮之前要用"极咸"的盐水清洗过。若用淡水洗，菹会腐烂。这里所说的极咸，应指接近饱和浓度，即常温下含盐量达到26%的盐水，这种盐水具有较强的抑菌作用。然后把洗过的菜放入瓮中，用洗过菜后澄清的高浓度盐水腌起来，而且盐水要没过菜把，即"封缸"。其目的在于使菜与空气隔开，防止氧化变质。这样，腌出来的菜还是青色的，洗去盐汁后口味变化也不大，所谓"与生菜不殊"，达到了久藏目的。

上述咸菹还可进一步加工成一种带酸香味的腌菜。它实际上是利用乳酸菌的发酵作用，使芜菁、蜀芥等腌菜变色并产生特殊的酸香味。乳酸菌等有益菌只有在含盐量较低的时候才能旺盛生长并产生大量的乳酸，起到抑制有害微生物的作用。因此，为了促进乳酸菌发酵，古人将腌菜捞出来，加入黍米粉做成的粥清及麦䴷末，重新加工。经过一段时间的发酵，"菹色黄而味美"。菹色由绿变黄的主要原因在于乳酸发酵造成的酸环境使得叶绿素分解，使腌菜失去绿色；蔬菜中的蛋白质等在腌制过程中分解为氨基酸，引起褐变，则使腌菜产生淡黄、金黄色。而这种咸菹味美，可以从鲜与香两个方面来理解。鲜味主要来自蛋白质分解后产生的氨基酸；香味则主要来自蔬菜中所含某些甙类分解的芳香物质，也有发酵时产生的各种有机酸与乙醇生成的酯类，以及所添加辅料的香气。

淡菹，即不加盐进行发酵，也称清水发酵。"作淡菹，用黍米粥清，及麦䴷末，味亦胜。"显示出当时已有无盐发酵腌制蔬菜的方法。现在也有不加盐腌菜的方法，如酸白菜，以及家庭制作的泡菜等。汤菹，就是烫菹，是指原料处理时把菜坯放入沸水中淖过，然后捞出来浸凉，入瓮发酵。酿菹，取酿酒之意，也是一种发酵腌渍法。

总之，北魏时期，腌菜既有不发酵型的，如咸菹，也有发酵型的，如淡菹、汤菹、酿菹，种类和品种很丰富。今天人们腌制的咸菜、泡菜、酸菜等，都可以从《要术》中找到原型。

饧铺第八十九

甜味是人们喜欢的美好味道，古代甜味剂（糖）主要来自于蜂蜜、麦芽发酵、甘蔗和甜菜。该篇讲各种麦芽糖的制作方法。

煮白饧法：用白芽散蘖佳[1]；其成饼[2]者，则不中用。用不渝釜，渝则饧黑。釜必磨治令白净，勿使有腻气。釜上加甑，以防沸溢。干蘖末五升，杀米一石。

米必细舂，数十遍净淘，炊为饭。摊去热气，及暖于盆中以蘖末和之，使均调。卧于醡瓮中[3]，勿以手按，拨平而已。以被覆盆瓮，令暖，冬则穰茹。冬须竟日，夏即半日许，看米消减离瓮[4]，作鱼眼沸汤以淋之，令糟上水深一尺许，乃上下水洽[5]。讫，向一食顷，使拔醡取汁煮之[6]。

每沸，辄益两勺。尤宜缓火，火急则焦气。

盆中汁尽^[7]，量不复溢，便下甑。一人专以勺扬之，勿令住手，手住则饧黑。量熟，止火。良久，向冷，然后出之。

用粱米、稷米者^[8]，饧如水精色。

黑饧法：用青芽成饼蘖。蘖末一斗，杀米一石。余法同前。

琥珀饧法：小饼如棋石，内外明彻，色如琥珀。用大麦蘖末一斗，杀米一石。余并同前法。

煮餔法^[9]：用黑饧蘖末一斗六升，杀米一石。卧、煮如法。但以蓬子押取汁^[10]，以匕匙纥纥搅之^[11]，不须扬。

[注释]

[1]白芽散蘖：刚长出白芽就收取晒干的散状小麦芽蘖，专用于熬制白饧。 [2]成饼：小麦白芽继续生长，发生叶绿素，由白转青，同时根、芽相互盘结成一片。这种成饼的芽蘖是专用以熬制黑饧的，不能作白饧。 [3]卧：相当于"罨"，就是将原料密闭在瓮中并保持较高温度，促使糖化作用顺利进行。 [4]离瓮：指饧饭随着糖化作用的进行而逐渐液化，因而离瓮下沉。 [5]洽：融合。 [6]拔醡取汁：拔去醡孔塞子，让糖汁流注出来。 [7]盆中汁尽：指承接在大盆中的糖汁，在加汁止沸的熬煮过程中，已取用净尽。 [8]粱米：品质好的粟米。稷米：粟米。 [9]餔（bù）：比饧重浊一些的饴糖。 [10]蓬子：未详，疑是一种用蓬草编织

成的过滤工具。　　[11] 纥（hé）纥：应为矻（kū）矻，不断地。

[**点评**]

　　饴饧即饴糖，是古代一种重要的糖类食品及甜味剂，利用麦芽中的糖化酶作用于淀粉而制成，主要成分为麦芽糖。传统食品糖葫芦及糖人就是以麦芽糖稀为主要原料做成的。《要术》是现存最早总结中国传统饴糖制作方法的文献。

　　《诗经·大雅·绵》已有"周原膴膴，堇荼如饴"的记载，意思是周原一带土地肥沃，长出的叶菜也像饴糖一样甜。可见饴糖的产生很早。西汉时饴饧已很常见了，史游《急就篇》曰："枣杏瓜棣馓子饴饧。"颜师古注，"以蘖消米取汁而煎之，澳（nuǎn）弱者为饴，厚强者为饧"。

　　该篇记载了多种饴饧的制作法，反映出北魏时期人们已经认识到小麦芽与大麦芽之间的差别，发现不同的原料制作出来的饴糖也不一样，并已开始用饴糖生产糖果，称为"琥珀饧"。前者属于灶糖类，后者是将过滤的糖汁熬得很稠，再做成棋子状小块，其内外透明、色如琥珀，类似牛皮糖。

　　《要术》卷十《五谷、果蓏、菜茹非中国物产者》，还记有中国古代另一种重要糖料作物"甘蔗"，并引用《异物志》资料，说它可以"取汁为饴饧，名之曰'糖'"。这说明在南方甘蔗产区，已有蔗糖生产。而在非甘蔗产区，人们的甜食来源主要靠蜂蜜、果沙和麦芽糖。《要术》时代，以大小麦芽蘖为主要原料的传统饴糖制作已经比较成熟。

明代宋应星《天工开物》也记载了饴饧的制法，并说"凡饴饧，稻、麦、黍、粟，皆可为之"。现代食品工业依然存在饴糖生产，其工艺流程与《要术》的记载没有太大差别。

附 录

西汉、魏晋、北魏度量衡亩折合今制表

西汉制	折合今制
1 尺	231 毫米（0.69 市尺）
1 升	200 毫升（0.2 市升）
1 斤	240 克（0.48 市斤）
1 亩	460 平方米，0.046 公顷（0.69 市亩）
魏晋制	折合今制
1 尺	242—245 毫米（约 0.73 市尺）
1 升	200 毫升（0.2 市升）
北魏制	折合今制
1 尺	280 毫米（0.84 市尺）
1 升	400 毫升（0.4 市升）
1 石（斛）	40 升（4 市斗）
1 斤	444 克（0.89 市斤）
1 亩	677.33 平方米，0.0677 公顷（1.016 市亩）

（据《校释》改绘）

主要参考文献

1. 从齐民要术看中国古代的农业科学知识　石声汉著　科学出版社 1957 年版

2. 齐民要术研究　李长年著　农业出版社　1959 年版

3. 中国农学史（初稿）（上、下）　中国农业遗产研究室编著　科学出版社　1959、1984 年版

4. 山东古代三大农学家　中国科学院山东分院历史研究所编著　山东人民出版社　1962 年版

5. 中国古代农书评介　石声汉著　农业出版社　1980 年版

6. 王祯农书　王毓瑚校　农业出版社　1981 年版

7. 中国农业科学技术史稿　梁家勉主编　农业出版社　1989 年版

8. 中国古农书考　（日）天野元之助著　彭世奖 林广信译　农业出版社　1992 年版

9. 齐民要术考证　栾调甫著　台湾文史哲出版社　1994 年版

10. 中国农业百科全书·农业历史卷　游修龄等主编　农业出版社 1995 年版

11. 魏晋南北朝经济史（上、下）　高敏主编　上海人民出版社 1996 年版

12. 中国农家　张云飞著　宗教文化出版社　1996 年版

13. 齐民要术校释　缪启愉著　中国农业出版社　1998 年版

14. 中国农书概说　惠富平、牛文智著　西安地图出版社　1999 年版

15. 中古华北饮食文化的变迁　王利华著　中国社会科学出版社 2000 年版

16. 贾思勰王祯评传　郭文韬、严火其著　南京大学出版社　2001 年版

17. 贾思勰志　山东省志诸子名家志编纂委员会　山东人民出版社 2001 年版

18. 汉晋唐农业　张泽咸著　中国社会科学出版社　2003 年版

19. 中国农学书录　王毓瑚著　中华书局　2006 年版

20. 齐民要术译注　缪启愉、缪桂龙著　上海古籍出版社　2006 年版

21. 中国饮食文化史　赵荣光著　上海人民出版社　2006 年版

22. 齐民要术导读　缪启愉著　中国国际广播出版社　2008 年版

23. 齐民要术今释　石声汉著　中华书局　2009 年版

24. 齐民要术中农产品加工的研究　杨坚著　九州出版社　2011 年版

25. 中国古代农家文化研究　熊帝兵、惠富平著　黄山书社 2014 年版

26. 齐民要术研究　孙金荣著　中国农业出版社　2015 年版

27. 中华农圣贾思勰与齐民要术研究丛书　李昌武、刘效武主编　中国农业科学技术出版社　2017 年版

《中华传统文化百部经典》已出版图书

书　名	解读人	出版时间
周易	余敦康	2017 年 9 月
尚书	钱宗武	2017 年 9 月
诗经（节选）	李　山	2017 年 9 月
论语	钱　逊	2017 年 9 月
孟子	梁　涛	2017 年 9 月
老子	王中江	2017 年 9 月
庄子	陈鼓应	2017 年 9 月
管子（节选）	孙中原	2017 年 9 月
孙子兵法	黄朴民	2017 年 9 月
史记（节选）	张大可	2017 年 9 月
传习录	吴　震	2018 年 11 月
墨子（节选）	姜宝昌	2018 年 12 月
韩非子（节选）	张　觉	2018 年 12 月
左传（节选）	郭　丹	2018 年 12 月
吕氏春秋（节选）	张双棣	2018 年 12 月
荀子（节选）	廖名春	2019 年 6 月
楚辞	赵逵夫	2019 年 6 月
论衡（节选）	邵毅平	2019 年 6 月
史通（节选）	王嘉川	2019 年 6 月
贞观政要	谢保成	2019 年 6 月
战国策（节选）	何　晋	2019 年 12 月
黄帝内经（节选）	柳长华	2019 年 12 月
春秋繁露（节选）	周桂钿	2019 年 12 月
九章算术	郭书春	2019 年 12 月
齐民要术（节选）	惠富平	2019 年 12 月
杜甫集（节选）	张忠纲	2019 年 12 月
韩愈集（节选）	孙昌武	2019 年 12 月
王安石集（节选）	刘成国	2019 年 12 月
西厢记	张燕瑾	2019 年 12 月
聊斋志异（节选）	马瑞芳	2019 年 12 月